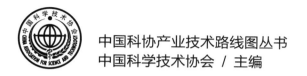

中国科协产业技术路线图丛书

中国科学技术协会 / 主编

可再生能源制氢
产业技术路线图

中国电工技术学会　编著

U0188968

中国科学技术出版社
·北　京·

图书在版编目（CIP）数据

可再生能源制氢产业技术路线图 / 中国科学技术协
会主编；中国电工技术学会编著 . —北京：中国科学
技术出版社，2024.6
（中国科协产业技术路线图丛书）
ISBN 978–7–5236–0692–6

Ⅰ.①可… Ⅱ.①中… ②中… Ⅲ.①再生能源 – 制
氢 – 研究 – 中国 Ⅳ.① TE624.4

中国国家版本馆 CIP 数据核字（2024）第 090150 号

策划编辑	刘兴平　秦德继
责任编辑	夏凤金
封面设计	菜花先生
正文设计	中文天地
责任校对	张晓莉
责任印制	徐　飞

出　　版	中国科学技术出版社
发　　行	中国科学技术出版社有限公司
地　　址	北京市海淀区中关村南大街 16 号
邮　　编	100081
发行电话	010–62173865
传　　真	010–62173081
网　　址	http://www.cspbooks.com.cn

开　　本	787mm×1092mm　1/16
字　　数	316 千字
印　　张	17.25
版　　次	2024 年 6 月第 1 版
印　　次	2024 年 6 月第 1 次印刷
印　　刷	河北鑫兆源印刷有限公司
书　　号	ISBN 978–7–5236–0692–6 /TE・31
定　　价	98.00 元

本书编委会

首席科学家 姚良忠　高克利

编写组组长 韩　毅

编写组副组长 闫华光　刘建国　林　今

编写组成员（按姓名拼音排序）

常喜强　崔玉龙　高　巍　黄静思

康建东　雷金勇　李海东　李海军

李佳蓉　李汶颖　李　扬　梁宁川

刘　森　裴　玮　戚若玫　饶建业

宋　洁　谭文轶　唐成虹　万金明

王剑晓　吴鹏飞　徐桂芝　徐衍会

许传博　姚昌晟　杨函煜　俞红梅

袁铁江　张　达　张　学　张玉广

序

习近平总书记深刻指出，要积极培育新能源、新材料、先进制造、电子信息等战略性新兴产业，积极培育未来产业，加快形成新质生产力，增强发展新动能。产业是生产力变革的具体表现形式，战略性新兴产业、未来产业是生成和发展新质生产力的主阵地，对新旧动能转换发挥着引领性作用，代表着科技创新和产业发展的新方向。只有围绕发展新质生产力布局产业链，及时将科技创新成果应用到具体产业和产业链上，才能改造提升传统产业，培育壮大新兴产业，布局建设未来产业，完善现代化产业体系，为高质量发展持续注入澎湃动能。

中国科协作为党和政府联系科学技术工作者的桥梁和纽带，作为国家推动科学技术事业发展、建设世界科技强国的重要力量，在促进发展新质生产力的进程中大有可为也大有作为。2022 年，中国科协依托全国学会的学术权威性和组织优势，汇聚产学研各领域高水平专家，围绕信息技术、生物技术、先进制造技术、现代交通技术、空天技术等相关技术产业，以及生命健康、新材料、新能源等相关领域产业，开展产业技术路线图研究，研判国内外相关产业的整体发展态势和技术演进变革趋势，提出产业发展的关键技术，制定发展路线图，探索关键技术的突破路径和解决机制，以期引导广大科技工作者开展原创性、引领性攻关，为培育新质生产力奠定技术基础。

产业技术路线图重点介绍国内外相关领域的产业与技术概述、产业技术发展趋势，对产业技术需求进行分析，提出促进产业技术发展的政策建议。丛书整体兼顾科研工作者和管理决策者的需要，有助于科研人员认清产业发展、关键技术、生产流程及产业环境现状，有助于企业拟定技术研发目标、找准创新升级的发展方向，有助于政府决策部门识别我国现有的技术能力和研发瓶颈、明确支持和投入方向。

在丛书付梓之际，衷心感谢参与编纂的全国学会、学会联合体、领军企业以及有关科研、教学单位，感谢所有参与研究与编写出版的专家学者。真诚地希望有更多的科技工作者关注产业技术路线图研究，为提升研究质量和扩展成果利用提出宝贵意见建议。

前　言

随着现代化工业进程的加快，化石燃料消耗增加，全球变暖、绿色低碳发展已成为全球共识。为应对气候变化，全球超过 130 个国家及地区提出碳中和目标，全球能源转型正在提速。2020 年 9 月，习近平主席在第 75 届联合国大会上宣布，中国的二氧化碳排放力争于 2030 年前达到峰值，努力争取 2060 年前实现碳中和。

在能源转型大背景下，可再生能源蓬勃发展。截至 2022 年年底，全球可再生能源装机容量达 33.72 亿千瓦，占全部发电装机容量的 47.3%。我国可再生能源发电累计装机容量 12.13 亿千瓦，在全部电力装机中占比达到 47.3%，可再生能源年发电量 2.7 万亿千瓦时，占全部发电量的 30.8%。据国际能源署（IEA）预测，要实现净零排放，到 2050 年，全球风电装机容量预计达 82.65 亿千瓦，光伏发电装机容量预计达 144.58 亿千瓦。波动性可再生能源的大规模接入，对电力系统电力电量平衡、跨区域大范围优化调度、电能长时间跨季节存储、电能质量提出了更高要求。

氢能作为高效低碳的二次能源，具有清洁零碳、长期存储、灵活高效、多能转换、应用场景丰富等优点，将在能源转型中扮演重要角色。2022 年，全球氢气需求量达到约 9500 万吨，我国的用氢量约为 2850 万吨。预计到 2050 年，全球氢能总需求量达到 5.28 亿吨，发电领域用氢占比达到 11%。据中国氢能联盟预测，到 2030 年、2060 年，我国氢气需求量将分别达 3715 万吨、13 000 万吨，在终端能源中占比分别为 5%、20% 左右，电解水制氢占制氢总量的比例分别为 10%、70%。我国氢能产业呈现积极发展态势，已初步掌握氢能制备、储运、加氢、燃料电池和系统集成等主要技术和生产工艺，开展大量示范工程建设，推动氢能产业高质量发展。

可再生能源制氢是主要发展方向。截至 2021 年年底，全球近 20 个国家制定了国家氢能战略，其中大部分以推动可再生能源制氢为主。2022 年 3 月，我国正式印发《氢能产业发展中长期规划（2021—2035 年）》，对氢能发展作出顶层设计，首次确定可再生能源制氢是主要发展方向。氢能作为连接气、电、热等不同能源形式的桥梁，其主要作用体现在：氢能是促进可再生能源消纳的重要载体，利用电制氢可有效提升可再生能源消纳水平；氢储能具有容量大、时间长、无污染等优点，在跨季节长周期储能场景中更具竞争力；氢能是新型电力系统灵活调节的重要手段，可为电网提供调峰调频等辅助服务；氢能具有能源燃料和工业原料的双重属性，通过电氢转换，实现电力、热力和燃料等多种能源网络的互联互通和协同优化。

为贯彻国家氢能产业发展规划，加快规划建设新型能源体系，全面助力推进能源革命，中国电工技术学会联合中国电力科学研究院有限公司等单位，充分开展了可再生能源制氢产业技术研究，编写了本书。本书阐述了国内外可再生能源制氢发展现状及趋势，分析了可再生能源制氢"制、储、输、用"各环节关键技术及典型应用场景，结合我国及世界主要国家氢能政策机制分析研判，提出适用于我国能源绿色低碳转型的可再生能源制氢产业技术路线图，为我国可再生能源制氢产业发展、技术布局提供战略参考，推动构建新型能源体系，助力实现"双碳"目标。

中国电工技术学会

2024 年 2 月

目 录

第一章

可再生能源制氢发展现状及趋势

当前，在全球能源格局深刻调整的背景下，可再生能源已成为世界各国能源发展的方向，是实现全球能源转型和可持续发展的核心和关键。氢能作为高效低碳的二次能源，能够帮助解决可再生能源并网、消纳等问题；同时，使难以脱碳的行业实现脱碳，进而加快推进能源绿色低碳转型。可再生能源制氢将成为主要发展方向，推动实现能源绿色低碳转型。

第一节　可再生能源制氢发展背景

一、全球能源转型需求

化石能源作为不可再生的能源，全球消耗量巨大，燃烧排放出大量温室气体和污染物，成为全球变暖的主要原因之一。全球气候变化对全球人类社会构成重大威胁，带来了极端气候频发、资源环境承载力负担过重、污染加剧等严重问题。二氧化碳等温室气体排放引发的全球气候变化是人类面临的最大挑战之一。面对日益严峻的全球气候变化形势，推动绿色低碳发展已成为全人类共识。全球一半以上的温室气体排放来自能源行业，能源转型成为实现碳中和、碳达峰的关键。能源与生产生活息息相关，在经济全球化、人口持续增长的背景下，全社会能源消耗迅速攀升。2018 年政府间气候变化专门委员会（Intergovernmental Panel on Climate Change，IPCC）发布报告认为，为了避免极端灾害，必须在 21 世纪中叶实现全球温室气体净零排放，将全球变暖幅度控制在 1.5℃以内。

根据国际能源署统计数据，全球碳排放主要来自发电和供热、交通工业、居民生活等能源领域。发电和供热所占比例最大，为 41.7%，其中电力生产与存储造成的碳排放占总排放量的 27%，因此加快能源转型迫在眉睫。目前，各国积极推动能源转型的措施主要包括三个方面：①能源结构调整，由化石能源向可再生能源转型，从能源生产、输送、转换和存储等方面进行改造或者调整，形成新的能源体系，全面提升可再生能源利用率；②能源利用技术创新，加大电能替代及电气化改造力度，推行终端用能领域多能协同和能源综合梯级利用，推动各行业节能减排，提升能效水平；③管理机制创新，为能源系统转型提供政策与实施保障。

二、碳达峰和碳中和路径

（一）中国碳排放现状与背景

二氧化碳减排是一项艰巨的任务，减排成本效益最好、实用性最高的方法因国家而异。实现二氧化碳减排的影响因素包括经济发展阶段、经济结构，以及现有供能和用能模式。这些差异反映在排放达峰的时间点上，许多发达经济体已经达峰，有些在几十年前就达到了峰值；中国和大多数其他新兴经济体尚未达峰，这些国家的经济增长一般明显较快，且人均用能往往较低。法国、联邦德国和英国在 20 世纪 70 年代率先实现了能源相关二氧化碳排放达峰，而美国、意大利和日本则分别于 2000 年、2005 年和 2013 年达峰，巴西和韩国分别在 2014 年、2018 年达到排放高峰。与中国碳中和承诺的时间框架相比，这些国家从排放达峰到净零排放的时间框架更长。中国的碳减排步伐是世界努力将全球升温幅度控制在 1.5℃的一个重要因素。自 2010 年起，中国发布多项政策，以政策、金融和技术为支撑，从能源系统转型优化、工业系统转型升级、交通系统清洁化发展、建筑系统能效提升、负碳技术开发利用等方面开展碳中和行动。

当前，中国的能源体系主要以化石能源为主，碳减排压力非常大。中国是世界上最大的碳排放国，二氧化碳排放量约占全球总量的 1/4。

此外，由于重工业在中国经济中占据重要地位，中国实现碳中和非常困难（图 1-1）。工业过程的能源密集度高，而且在一些关键的细分领域（特别是钢铁和水泥），几乎没有可以替代传统化石燃料技术的商业化可行的低碳化方案。此外，某些工业产业往往与国际贸易高度融合，碳泄漏（将排放密集型产业转移到排放限制较宽松的国家）风险较高。进一步提高服务业的比重、减少高耗能产业的比重，并且支持产业低碳解决方案创新和成本降低，将有利于中国能源系统的去碳化。

2022 年，交通运输领域占中国能源体系二氧化碳排放总量的 10.4%，属于减排措施的重点领域。随着中国汽车保有量和公路货运量的迅猛增长，道路交通运输领域的

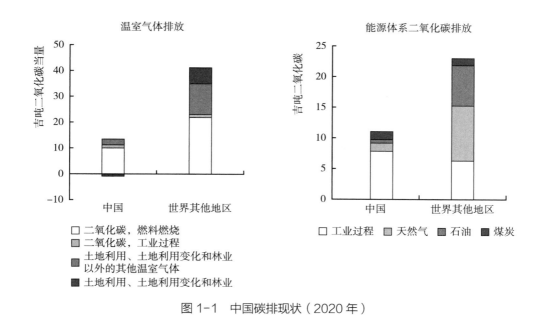

图 1-1　中国碳排现状（2020 年）

油气产品用量在过去 20 年里翻了近两番（年均增速超过 7%），2000 年的用量大致相当于加拿大目前交通运输对石油产品的需求，而现在几乎与欧盟的需求量持平。国内航空对石油的需求增长更快，同期年均增速达到 9% 以上。

中国建筑物的年龄较低，而且供热严重依赖化石燃料，30 年来，在政策努力下，建筑的平均能源强度降低了 40% 以上，而建筑能耗一直都在快速升高。其中平均年龄略高于 15 年的建筑物，现有建筑面积中近一半可能到 2050 年仍在使用，因此降低用能、转向低碳技术的改造措施尤为重要。建筑物终端能源消费总量的 1/3 仍然由化石燃料供应，约 50% 的空间加热使用的是建筑物内部的低效化石燃料设备，这一比例在北方地区高达 80%（包括区域供热）。另外，电力终端使用的爆炸性增长也推高了发电行业的排放。例如，在过去 20 年间，中国的空调拥有量翻了不止一番。在发电和供热方面，中国对化石燃料（尤其是煤炭）的依赖度较高，因此在实现排放达峰并在之后迅速下降的工作中，应当将发电和供热置于重心地位。

在所有已取得重大减排成效的国家中，电力转型无一例外都是主要的驱动力量之一。电力转型涉及增加碳密集度较低的技术在发电燃料结构中的比重，例如，英国和美国从煤炭转向天然气和可再生能源，德国从煤炭转向可再生能源，法国从煤炭和石油转向核能。目前，燃煤发电和供热占中国能源体系二氧化碳排放总量的 45% 以上，占世界排放总量的 16%。因此，在落实新气候目标的工作中，逐步淘汰无减排措施的燃煤发电和供热应居于核心地位。

在"双碳"目标的愿景下，低碳发展的重点是能源结构转型，能源生产与利用加快向更清洁、低碳的方向转变，如何选用更清洁的能源成为中国面临的现实问题。在各地碳达峰、碳中和政策的引导推动下，能源结构转型有望加快推进，化石能源生产与利用将面临更严格的碳排放约束，非化石能源逐渐成为能源增量主力军。

（二）碳中和、碳达峰主要路径

推动能源转型，实现 1.5℃温控目标，需要清晰的碳排放减缓和清洁能源发展目标，这在很大程度上取决于所有终端的脱碳途径，即以电气化和能源效率为主要驱动力，由可再生能源、绿氢和可持续的现代生物能源来实现。要实现这一目标，需要深刻变革全社会的能源生产和消费方式。

根据国际能源署发布的《世界能源转型展望 2022：1.5℃路径》，认为可通过以下方式实现 2050 年前每年减少 37 吉吨的二氧化碳排放量的减排目标：①发展清洁能源，显著提高可再生能源电力的发电量和直接使用量；②大幅提升能源效率；③终端能源消费电气化（例如电动汽车和热泵）；④清洁氢及其衍生物；⑤生物能源与碳捕获与封存（Biomass Energy Carbon Capture and Storage，BECCS）相结合；⑥通过碳捕获与封存（Carbon Capture and Storage，CCS）助力最后一英里。各路径对降碳贡献度如图 1-2 所示。

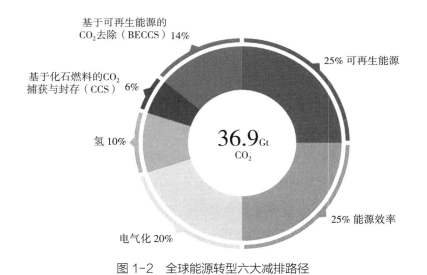

图 1-2   全球能源转型六大减排路径

1. 发展清洁能源

目前，能源领域碳排放总量大、占比高，这主要是源于化石能源的大量开采和利用，使二氧化碳等温室气体排放量急剧增加。为实现碳中和，亟待变革能源利用方式和调整能源结构。一方面，改变化石能源利用方式、提高化石能源转化效率、促进化石能源的清洁高效利用，从而达到节能减排的目的；另一方面，我国目前的资源结构为"富煤、少油、缺气"，亟须改变能源结构，提高新能源和清洁能源的占比，大力推进低碳能源替代高碳能源、可再生能源替代化石能源。可再生能源已经成为几乎所有国家电力部门扩充产能的首要选择，并在当前投资中占主导地位。通过多年发展，全球新增清洁能源装机容量已经是其他电源的四倍多，其中以太阳能和风能发电技术为主，但清洁能源总装机占比仍低于化石能源。全球范围内要实现能源转型，应继续推进清洁能源大规模开发利用，不断降低清洁能源开发利用成本，同时寻找新型替代能源。

2. 推动节能降碳增效技术发展

在基础能源服务交付过程中，提取、转换、运输、传输和终端使用各个环节都会产生潜在的损耗。聚焦能源、资源效率的最大化，尽可能减少经济活动的能源和资源强度，是用最低的成本减少碳排放、推动绿色低碳发展的最佳选择。以建筑行业为例，建筑能耗约占总能耗的40%，主要源自供暖、制冷和电器用电。分布式发电系统可有效降低终端用能需求、电网阻塞和损耗及燃料运输成本，智能化的调控设备可以通过调节温度、照明和电器能耗等方式帮助实现节能。提高能效标准和对现有建筑进行改造，实现产业流程变革、产业转型和循环经济是实现双碳战略目标的关键举措。

3. 促进终端消费电气化

电力是未来清洁能源系统中最主要的能源载体，推进终端消费电气化有助于提高终端用能效率。2030年终端能源消费电气化份额将达到30%，到2050年将超过50%。2030年，工业、建筑、交通等终端用能部门的电气化份额将分别达到28%、56%和9%。亟待广泛采用电力为交通、热力等终端供能，在终端消费中使用无碳的电力来代替化石燃料，改善能源供应服务的整体效率。

4. 创新绿氢及其衍生物技术

对于长途国际航空、海运部门以及陆上交通运输部门等难以通过直接电气化实现脱碳的部门，需积极发展绿氢及生物燃料，通过技术创新赋能绿氢在钢铁、化工、长途运输、航运和航空等排放密集型行业的应用，助力脱碳难度大的行业实现低碳发展。预计到2030年，清洁氢气将增加到1.54亿吨，到2050年，氢气及其衍生物将占总减排量的10%。可再生能源成本的下降和电解槽技术的改进可使绿氢在2030年前具有成本竞争力。

5. 促进生物能源利用

现代生物能源技术（即可再生生物质原料衍生的气体和液体生物燃料，或在电力和热力生产中直接燃烧生物质）有潜力为中国能源系统脱碳做出重要贡献。生物能源的重大优势是它可以转化为某些其他能源形式，兼容于依赖化石燃料燃烧的现有能源技术。生物能源既可以在现有煤电厂中与煤炭共燃，又可以用作化工行业的原料，还可以转换为现有的汽车燃料和生物天然气。中国多个行业正在使用或有潜力使用生物质能或生物质原料来推动脱碳。在中国，每年最多5.8亿吨标煤的可持续生物质供应，可能远远不能满足零碳经济下工业、交通、建筑和电力领域对生物质的需求。因此，生物质能应集中应用在能源替代途径选择较少、经济可行性较低的领域，以推动该领域绿色低碳转型。

6. 碳捕获与封存技术

碳捕捉、利用和封存技术作为降低化石燃料电厂碳排放的关键解决方案，在推进电力系统低碳转型中发挥着重要的作用。燃煤和天然气发电厂是电力系统灵活性的主要来源，为电网运行提供惯性和频率控制等，而碳捕集电厂既可以像传统火电机组一样提供灵活性支撑作用，又能很大程度降低自身的碳排放，有望在未来电力系统中起到"压舱石"作用。工业二氧化碳排放量从现在到2060年将下降近95%，剩余的排放量将由电力和燃料转化部门的负排放所抵消。能效提高和电气化是短期内减排的主要推动力，而新兴的创新近零排放技术，特别是水泥、钢铁和化工领域的氢以及碳捕捉、利用和封存，将在长期发挥主导作用。据国际能源署预测，至2060年全球约97%的燃煤电厂均将配备CCUS，气电和生物质发电配备CCUS装置的比例也将分别达到76%和32%左右。

众多碳中和路径中，氢能作为一种未来能源界极具发展潜力的碳中和能源，因其热值高、来源多样、储量丰富及适于大容量、长时间存储的特性得到了学者和专家的广泛关注，被认为是21世纪的"终极能源"，加速部署绿氢和可持续生物质是使难以减排的行业实现脱碳目标的关键解决方案。

三、可再生能源制氢发展的重要意义

（一）不同制氢方式的碳排放

作为在元素周期表中排位第一的氢很少单独存在，一般情况下会与其他化学元素结合，如与氧气结合的水、与碳结合的天然气等。因此，需要通过物理或化学的方法来获得氢气。工业制氢生产技术有煤气化法、甲烷蒸汽转化法、重油部分氧化法、甲醇蒸汽转化法、水电解法、副产含氢气体回收法、生物质气化制氢等。目前，大规模获取氢气仍以煤和天然气制氢方式为主。

目前，我国氢气总产量达到 3500 万吨，主要来源于化石能源制氢（煤制氢、天然气制氢等）。其中，煤制氢占我国氢能产量的 62%，天然气制氢占比 19%，而电解水制氢受制于技术和高成本，占比仅 1%。从国际上看，化石能源也是最主要的制氢方式，其中天然气占比 59%，煤占比 19%。近年来由于煤制氢、天然气制氢技术的大规模应用，基于石油替代及经济性方面的原因，重油（常、减压渣油及燃料油等）部分氧化制氢技术在工业上已经很少采用（图 1-3）。化石能源制氢过程中碳排放巨大，在"双碳"目标进程中将逐渐被淘汰，而工业副产氢既可减少碳排，又可以提高资源利用率与经济效益，可以作为氢能发展初期的过渡性氢源加大发展力度（图 1-4）。根据生产来源和碳排放量的不同，氢气可分为灰氢、蓝氢、绿氢三大类。

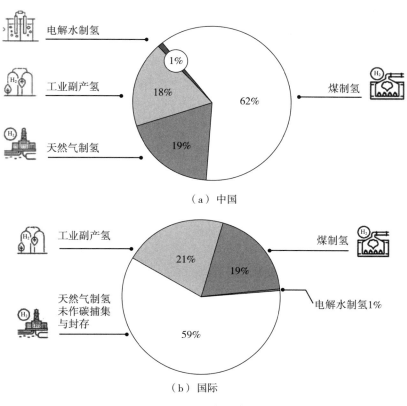

（a）中国

（b）国际

图 1-3　2020 年制氢结构

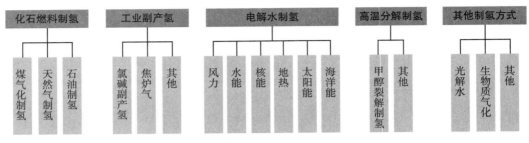

图 1-4　制氢方式

1. 灰氢

灰氢指来自化石燃料（例如石油天然气、煤）燃烧产生的氢气。

其中，煤气化制氢是工业大规模制氢的首选方式之一，其典型工艺过程如图 1-5 所示。由煤产生氢气的方法污染度高，对环境的破坏较大。以煤为原料制氢气的方法主要有两种。一是煤气化制氢。煤气化是指在高温常压或高温高压下，煤与水蒸气或氧气（空气）反应转化为以氢气和一氧化碳为主的合成气，再将一氧化碳经水煤气变换反应得到氢气和二氧化碳的过程。煤气化制氢工艺成熟，目前已实现大规模工业化。传统煤制氢采用固定床、流化床、气流床等工艺，碳排放较高。二是煤超临界水气化制氢。超临界水气化过程是在水的临界点以上（温度高于 341.67℃，压力大于 22MPa）进行煤的气化，主要包括造气、水气变换、甲烷化三个变换过程，可以有效、清洁地将煤转换为氢气和纯二氧化碳。煤的超临界水气化是新型煤制气工艺。

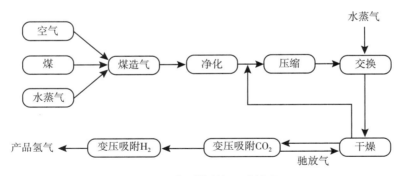

图 1-5　典型煤制氢工艺流程

我国的煤炭资源相当丰富，煤化工产业发展较为成熟，煤制氢的产量较大且分布较广。煤制氢产能适应性强。煤制氢产能可以根据氢气消耗量的不同，通过设置氢气提纯规模灵活调整产能，在燃料电池汽车产业发展初期对制氢企业的运营影响较小。

例如一台投煤量 2000 吨/天的煤气化炉，只需把其 2%～3% 的负荷用作提纯制氢，就可提供 1560～2340 千克/天的氢气，按照车辆氢耗 0.07 千克/千米、日均行驶 200 千米计算，可满足 111～167 辆氢燃料电池公交车的用氢需求。

从成本来看，煤气化制氢具有明显优势。从全生命周期的角度看，在不考虑碳价的情况下，当前煤气化制氢的成本最低。煤气化制氢价格受煤价波动，原料成本是煤制氢成本的重要一环，且煤气化制氢碳排放强度高，面临碳成本压力和环保约束。煤制氢技术的碳足迹远高于天然气制氢、电解水制氢等其他主要制氢技术。在全球开启碳市场的背景下，煤气化制氢成本优势恐难持续，在考虑碳价的情况下，煤气化制氢的成本优势将逐渐消失，到 2030 年、2050 年不结合 CCUS 技术的煤气化制氢将成为成本最昂贵的制氢方式。

天然气制氢是北美、中东等地区普遍采用的制氢路线。工业上由天然气制氢的技术主要有蒸汽重整转化法、部分氧化法以及天然气催化裂解制氢。通过天然气蒸汽重整得到氢气是国际上主流的制氢方式，占比约 59%。其基本原理是在催化剂存在及高温条件下，使甲烷等烃类与水蒸气发生重整反应，生成氢气、一氧化碳等混合气体，该反应是强吸热反应，需要外界供热（天然气燃烧）。天然气水蒸气重整制氢技术成熟，广泛应用于生产合成气、纯氢和合成氨原料气的生产，是工业上最常用的制氢方法。天然气蒸汽重整反应要求在 750～920℃高温下进行，反应压力 2～3 兆帕，催化剂通常采用 Ni/Al_2O_3。

受"富煤贫油少气"的国情制约，中国氢气制取方式与全球存在很大不同，天然气制氢占比仅 19%。2020 年，我国天然气产量为 2178 亿立方米，进口量达到 10 925 万吨，国内因缺乏天然气资源，大部分都依赖进口，因此天然气制氢份额并不高。天然气资源丰富区域发展天然气制氢具备优势，而我国天然气资源分布极不平衡，主要分布于四川、陕西、新疆和内蒙古。各地天然气供需情况差异性较大，各省份天然气基准门站价存在较大价格区间，根据天然气制氢成本变化趋势可知，当天然气价格在 1 元/标准立方米时，天然气制氢的成本为 7.5 元/千克。考虑到天然气制氢更低的碳排放（同不加 CCUS 的煤气化制氢相比）和技术储备需求，且天然气制氢也可以叠加 CCUS 技术以取得更低的碳排放，天然气制氢有望短期内在天然气资源丰富、价格低廉的地区快速发展。

工业副产氢也属于灰氢，是指将富含氢气的工业尾气（如氯碱尾气、焦炉煤气等）作为原料，通过变压吸附（pressure swing adsorption，PSA）等技术将其中的氢气分离提纯的制氢方式。该技术是通过固体吸附剂对一定压力下的混合气体中某些组分进行选择性吸附，气体组分在吸附床层中高压下吸附、低压下解吸，从而实现目标组分的净化与富集。我国炼油、化工、焦化等主要工业副产气中大多含有氢气，且部分副产气氢气含量较高。工业副产气制氢过程中除能源动力等能量外不引入其他碳源，故其二氧化碳排放量即为原排放气的二氧化碳排放和制氢过程耗费能量带来的间接二氧化碳排放之和，间接二氧化碳排放强度介于化石燃料制氢和可再生能源电解水制氢之间。工业副产制氢相较于化石燃料制氢流程短，能耗低，且与工业生产结合紧密，配套公辅设施齐全，下游氢气利用和储运设施较为完善，故工业副产气是目前较为理想的氢气来源。

常见的工业副产氢包括焦炉煤气制氢、炼厂副产气制氢、氯碱副产氢。

焦炉煤气制氢方面，焦炉煤气是炼焦的副产品，焦炉煤气制氢工序主要有压缩和预净化、预处理、变压吸附和氢气精制。提氢后的焦炉煤气解吸气返回燃料气管网，也可以用作制液化天然气或其他富甲烷气转化原料进一步利用。

炼厂副产气制氢主要有丙烷脱氢和乙烷裂解等两种路径。氢气杂质含量低于焦炉气制氢，纯度较高。炼厂副产气制氢的主要意义在于炼厂本身就是氢气需求大户，传统炼厂氢气来源主要有天然气制氢、炼厂干气（石脑油）制氢等工艺。与传统制氢方式相比，副产气直接制氢流程简单，无直接二氧化碳排放，且提氢后的副产气中乙烯等烃类得到有效提浓，可作为炼厂原料再次利用，实现资源的回收利用。

氯碱副产氢方面，氯碱工业生产以食盐水为原料，利用隔膜法或离子交换膜法等生产工艺，生产烧碱、聚氯乙烯、氯气和氢气等产品。氯碱副产氢具有氢气提纯难度小、耗能低、自动化程度高以及无污染的特点，氢在提纯前纯度可达 99% 左右，通过氯碱工业得到的副产氢纯度一般在 99.99% 以上，且含碳量较低。

2. 蓝氢

蓝氢是在灰氢的基础上，将二氧化碳副产品捕获、利用和封存而制取的氢气，是灰氢过渡到绿氢的重要阶段。虽然该技术在回收过程中具有低碳排放、环境友好和适合大量制氢的优点，但纯化过程相对复杂。CCS/CCUS 技术是实现低碳煤制氢的重要手段。其中碳捕提（CCS）技术是从空气中捕集二氧化碳并以防止其重新进入大气的方式进行封存的过程。CCS 技术的技术体系还不完善且工程规模比较庞大，需要高额的投资成本和运营成本并产生额外能耗，因此结合我国国情，示范项目在 CCS 原有环节的基础上增加了二氧化碳利用的环节，即 CCUS 技术（图 1-6）。

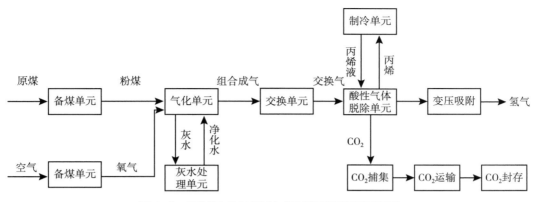

图 1-6 煤制氢 CCUS 技术改造工艺流程示意图

现有制氢设施加装 CCUS 是减少排放和扩大低排放氢供应的关键举措。结合 CCS/CCUS 技术，煤炭制氢碳排放显著下降。中国拥有一些全球最为年轻的化工生产和炼油设施。目前甲醇厂和氨厂的平均使用年限分别为 8 年和 17 年，而典型的化工厂寿命一般为 30 年。较低的平均使用年限意味着这些工厂的二氧化碳排放有在未来几十年被锁定的风险。如果维持近年来典型运行条件，中国现有的所有能源基础设施和工厂将在 2020—2060 年累计排放约 1750 亿吨二氧化碳。为工厂加装 CCUS 技术能够使其继续运行，同时显著减少排放。

在现有技术条件下，安装 CCUS 相关装置将产生较大的额外成本。以煤制氢为例，煤制氢与 CCUS 技术耦合当前还是一项新兴技术，缺乏产业规划支持，尚处于技术验证阶段。国际能源组织针对我国煤制氢的评估结果显示：在煤制氢生产中加入 CCUS 技术预计将导致项目资本支出和燃料成本增加 5%，运营成本增加 130%。CCUS 技术的最重要贡献在于减少碳排放，我国目前碳市场建设仍不完善，相关企业在投资大量费用在 CCUS 项目后却无法实现减排收益，严重影响企业开展 CCUS 示范项目的积极性。在没有 CCUS 辅助的前提下，煤气化制氢项目将面临较大环保审批压力。尽管配备 CCUS 技术会提高煤制氢成本，但中期内配备 CCUS 技术的煤制氢仍可能是清洁氢气生产中最经济的选择，其原因在于中国的煤炭产业基础设施完备且其余制氢方式降本仍需较长时间。CCUS 技术的进步将进一步降低成本，使得煤制氢 + 脱碳综合工艺所制得的氢能成本得到一定程度下降。

其他蓝氢技术，如生物质气化制氢和光解水制氢技术虽然具有来源广泛、环境友好的特点，由于其转化率低、成本高，目前还处于科研阶段。虽然蓝氢能够减少约 90% 的碳排放，但二氧化碳的封存条件太过严格，蓝氢发展受到限制。

3. 绿氢

绿氢是利用可再生能源（如风能、太阳能、水能、生物质能、地热能、海洋能等非化石能源）制取氢气，是新能源技术发展到一定阶段的产物。我国每年能够获得大量的可再生能源资源，对于这些资源的利用率还比较低。当前可再生能源制氢主要有两种方式：一是利用太阳能与生物质能直接制氢；二是利用其他可再生能源，通过发电，依靠电能制氢。绿氢的制取技术路线主要为可再生能源电解水制氢，太阳能光解水制氢、生物质发酵制氢两种制氢方式均处于实验室阶段。

其中，太阳能光解制氢是利用光照条件下半导体吸收能量，激发自身电子跃迁，成对出现光生载流子。因为热振动等因素，表面光生载流子将会跃迁，部分光生载流子将被水分子捕获，从而导致水分子的分解，由此制取氢气。当前，太阳能光解制氢还处于理论研究阶段，制约其投入工业化生产的主要原因是光转率还不够。普遍认为只有光转率达到10%以上，才能够达到工业应用的标准。

生物质发酵制氢主要是利用产氢细菌等微生物对天然有机物中的能量进行转化。根据微生物种类的不同，主要有光解水产、光发酵产氢、暗发酵产氢3种制氢方式。目前常用的方法是将光发酵与暗发酵相结合，同时利用2种发酵方式。光发酵能够有效处理暗发酵产生的小分子有机酸，将产氢量增长为原来的2倍。

电解水制氢是一种比较方便的制绿氢方法，现阶段全球大约有1%的氢气通过水电解的方法制成。主要方法为在充满电解质的电解装置上施加直流电，水分子在电极上发生电化学反应，分解为氢和氧。如果这个过程是由绿色可再生能源驱动的，如风能、太阳能等，则产生的氢气可以被称为零碳氢。以这种方法制氢不会产生任何碳排放，目前绿氢制取的技术不如化石燃料制氢成熟，绿氢成本较高。

按照电–氢耦合方式划分，则有风电制氢、风光制氢等。按照制氢技术路线划分，目前电解水制氢主要有4种技术路线：碱性电解（Alkaline Water Electrolysis，AWE）、质子交换膜（Proton Exchange Membrane，PEM）电解、固体氧化物（Solid Oxide Electrolysis，SOEC）电解和固体聚合物阴离子交换膜水电解（Anion Exchange Membrane，AEM）。其中碱性电解水制氢技术相对最为成熟、成本最低，更具经济性，已被大规模应用。PEM电解水制氢技术已实现小规模应用，且适应可再生能源发电的波动性，效率较高，发展前景好。固体氧化物电解水制氢目前以技术研究为主，尚未实现商业化。PEM电解装置的双极板需使用镀金或镀铂的钛材料，电堆核心也要使用稀有金属。考虑到阳极侧容易氧化，为增强耐用性，还要使用铱这种地球上最稀有的金属（目前全球的年产能仅 7 吨左右）。阴极侧也需要使用稀有金属铂。稀有金属占 PEM 电解系统整体成本的近 10%，其高成本和供应链的局限性成为目前推广 PEM 电解技术的主要瓶颈。为避免关键材料供应短缺和降低成本，PEM 电解技术的发展也将努力减少稀有材料的使用，并用价格低廉的常见材料来替代稀有金属。

绿氢是唯一具有全链路零碳排放核心优势的氢气。虽然使用化石燃料制氢（煤、天然气等）拥有 80% 的能量转换效率，但其制氢的生命周期平均二氧化碳排放量达到近 14kg CO_2/kg H_2。可再生能源制氢是将本来废弃的风电、光伏电能转化为氢能储存起来，虽然利用效率约为 30%，但其全生命周期平均二氧化碳排放量不到 1kg CO_2/kg H_2。

与灰氢和蓝氢相比，基于可再生能源制成的绿氢在降低碳排放方面具有显著优势（表 1-1）。当风电、光伏等可再生能源逐步替代传统化石能源，占据能源领域主导地位，未来使用太阳能、风能等新能源制取氢气将成为主流，可再生能源电解制氢是未来能源产业的发展方向，也是本书研究的核心内容。

表 1-1　制氢方法对比

制氢方法		反应原理	优点	缺点
化石燃料制氢	煤制氢	煤焦化和煤气化	我国煤储丰富、产量丰富、成本较低、技术成熟	温室气体排放
	天然气制氢	蒸汽转化法为主，部分氧化法及催化裂解	成本较低、产量丰富	温室气体排放
工业副产制氢	焦炉气制氢	采用变压吸附法直接分离提纯氢气	工业副产、成本低	空气污染、建设地点易受原料供应限制
	氯碱制氢	氯酸钠尾气：脱氧脱氯、PSA 分离纯化	产品纯度高、原料丰富	建设地点受原料供应限制
电解水制氢	碱性电解	直流电分解水	技术较成熟、成本较低	产气需要脱碱，需稳定电源
	质子交换膜电解		操作灵活、装备尺寸小、输出压力大、适用于可再生发电的波动性	需使用稀有金属铂、铱等，成本高且供应链局限大
	固体氧化物电解		转化效率高	实验室阶段
生物质能、光解水等制氢法		太阳光催化水分释放氢气，微生物催化水分解制氢	环保	技术不成熟、氢气纯度低

（二）可再生能源制氢的应用领域

氢能作为洁净能源利用是未来能源变革的重要组成部分。利用可再生能源制氢，不仅可以解决一部分"三弃"问题，还可为燃料电池提供氢源，为工业领域提供绿色燃料，或将实现由化石能源到可再生能源的过渡，在各行业脱碳路径中承担多样化的角色，或是未来能源革命的颠覆性方向。《氢能产业发展中长期规划（2021—2035年）》指出，"2035年形成氢能产业体系，构建涵盖交通、储能、工业等领域的多元氢能应用生态"。根据产业链划分，氢能产业链可以分为上游的氢气制备、中游的氢气储运和下游的氢气应用等众多环节，产业链条比较长，如图1-7所示。目前氢能成本较高，使用范围较窄，氢能应用处于起步阶段。氢能源主要应用在工业领域和交通领域中，在建筑、发电和发热等领域仍然处于探索阶段。

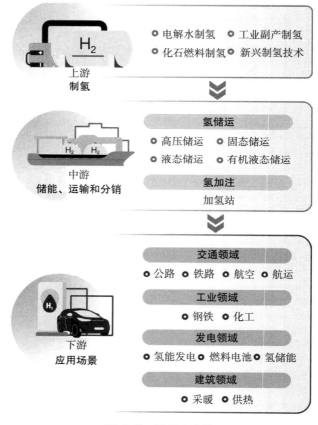

图 1-7　氢能产业链

1. 工业领域

氢在化工领域应用极其广泛，其主要市场是用于氨、甲醇、聚合物和树脂的生产和石油精炼。在化工行业的数千种产品中，仅氨、甲醇总量就占到该行业的 1/2 左右。与此同时，这些基础化工产品还是生产整个化工行业各类产品的关键组分。氢气是合成氨、合成甲醇、石油精炼和煤化工行业中的重要原料，还有小部分副产气作为回炉助燃的工业燃料使用。炼油厂是工业领域第二大耗氢部门。氢气用于加氢裂化和燃料的脱硫处理（加氢处理）。石油炼化是目前氢气的最大应用领域，全球每年消耗超过 4000 万吨氢，约占总需求的 42%。此外，氢在工业领域的其他主要用途还包括合成氨、甲醇制备和直接还原铁生产。在这些工业环节中，氢气被广泛用作原料或还原剂。化工行业所生产的产品无处不在，已成为现代社会不可或缺的组成部分。其他几种工业制程也使用氢气，但总共仅占全球氢气需求量的 1%。这些制程包括：玻璃、食品（脂肪加氢）、散装化学品、特性化学品和半导体的制造、发电机冷却，以及用作航空航天火箭的推进燃料。目前，化工行业是中国最大的氢气需求源（图 1-8）。中国的化工行业仍然属于以化石燃料为主要能源基础和原料的高耗能高碳排放行业，未来通过低碳清洁氢替代应用的潜力巨大。

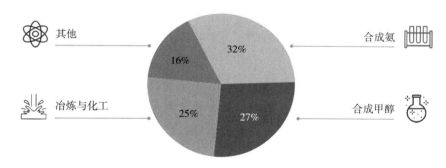

图 1-8　2020 年我国化工行业氢气消费领域分布

（1）合成氨和甲醇

近年来，甲醇和氨这两种化学品在中国的产量都有所增加，其中甲醇产量的增幅较大。

氨是氮和氢的化合物，广泛应用于氮肥、制冷剂及化工原料。氨目前是世界上生产及应用最广泛的化学品之一，主要用于制作硝酸、化肥、炸药以及制冷剂等。目前全球八成以上的氨用于生产化肥。尽管粮食需求不断增加，但考虑到化肥应用效率的提升和其他施肥方法的发展，预计到 2060 年，用于化肥制造的氨消费量将保持不变或略有下降。氨消费需求的另一来源是用于采矿、采石和隧道工程等的工业炸药制造，随着无减排措施的燃煤电厂的逐步淘汰，氨需求也会随之减少。氨还可作为能源载体储存可再生电力，或用作运输和电力部门的零碳燃料。

甲醇是化学工业中的重要产品，主要用于生产甲醛、乙酸和塑料等其他化学品。作为全球最大的甲醇生产国和消费国，中国的甲醇需求占全球总需求的一半以上。当前甲醇在工业上最常用来制造其他化学品，并进一步加工为塑料、油漆和纺织品。未来甲醇的应用场景包括用作车辆燃料或作为制造诸如烯烃（乙烯、丙烯）和芳烃（苯、甲苯和二甲苯）等重要石化工业产品的基础材料。

以上两种化学品用氢情况对比见表 1–2。

表 1–2　合成氨与甲醇用氢情况对比

	合成氨	合成甲醇
制备工艺	国内合成氨工艺以煤化工路线为主（80%），碳排放来自煤气化制氢过程	合成甲醇与合成氨相似，两者都采用煤气化或天然气重整技术，碳排放体现在合成气制备过程中
CO_2 排放规模	国内合成氨的年碳排放量约 2 亿吨，接近占国内碳排放总量的 2%	年碳排放量约 2 亿吨，与合成氨碳排放量水平相当
绿氢应用前景	如若未来合成氨年产量保持在 5000 万吨水平，合成氨对于绿氢一年的需求量为 900 万吨左右	可使用绿氢来平衡煤制甲醇或天然气制甲醇过程的氢碳比，绿氢盈亏平衡点须达到与灰氢平价的水平
绿氢规模化替代	2030 年左右	2030 年左右
结论	合成氨工业属于必需但又高耗能、高排放工业，绿氢替代将带来合成氨行业的深度脱碳	推动液态阳光甲醇规模化（万吨至百万吨级）合成的工业化示范试点，并通过项目补贴等手段鼓励绿氢替代技术的研发和应用

（2）石油精炼和煤制化学品

石油精炼和煤制化学品是氢的主要使用途径。炼油厂使用氢气作为生产原料与能源，加氢处理和加氢裂化是炼油厂主要的耗氢工艺。加氢处理用于去除以硫为主的杂质，其耗氢量占炼油厂氢能需求总量的很大一部分。加氢裂化则是一种利用氢气将重质渣油升级为高价值石油产品的工艺流程。除了加氢处理和加氢裂化，炼油厂使用或生产的部分氢气并没有被经济地回收，而是作为混合废气的一部分用作燃料燃烧。在炼油工艺过程，氢气作为副产物，在现场用于满足炼厂内部部分耗氢工艺需求。在煤化工行业中，氢化反应是主要的耗氢工艺。虽然目前该行业在中国的燃料和石油衍生品（如烯烃、芳烃、乙二醇等）的生产中发挥重要作用，但预计在 2030 年以后，随着煤炭逐步淘汰，该行业的产量也将下降。由于对更严苛的成品油品质要求（即更低的硫含量），预计石油精炼中的氢气需求在未来 10 年将略有增长。2030 年后，由于能源效率的不断提高和交通运输部门替代能源渗透率提升，石油精炼工艺的氢气需求预计将大幅下降。

未来，可再生能源制氢在化工行业的典型应用场景将主要包括两种模式，一是传统工艺流程的绿氢替代；二是新型化工生产中的绿氢利用。由于现代化工项目工艺复杂、投资大且周期长，绿氢作为原料在化工生产中大规模利用需要进行较多产线的升级改造，短期内成本较高且风险较大。因此，未来 10 年可再生能源制氢将主要在既有传统工艺流程中发挥对传统化石能源制氢的替代作用，并在条件相对成熟的少部分新型化工项目中逐步开展试点应用。新型化工项目采取的工艺技术不同于现有传统生产路径，对已有项目进行改造的难度大，未来新建项目更适用于可再生能源制氢应用。

案例 1：英国 ASPIRE 新型绿氨示范工厂

2023 年 4 月 13 日，英国国家科研与创新署（UKRI）宣布，向"波动性可再生能源制氨合成工厂"（ASPIRE）计划第二阶段投入 428 万英镑，用于建设绿色制氨小型示范概念工厂。该计划第一阶段完成了模块化反应装置和热管理系统的设计，使得可利用波动性可再生能源电力来生产绿氨。计划建设的绿氨示范工厂将具有从空气中分离氮气的变压吸附系统、电解制氢模块化电解槽，还会集成模块化反应器和热管理系统的制氨装置，这将使整个生产过程能够自主运行，由小型风力涡轮机和一系列太阳能面板提供电力，其产率与可用的可再生能源成正比。该制氨厂的特点在于模块化和可扩展性，将为大规模离网绿氨生产和经济可行的绿氢供应提供解决方案。

案例 2：中能建松原氢能产业园（绿色氢氨醇一体化）项目

2023 年 9 月 26 日，总投资达 296 亿元的中能建松原氢能产业园（绿色氢氨醇一体化）项目正式开工建设。该项目位于吉林省松原市，主要建设新能源电源、年产 60 万吨绿色合成氨 / 醇生产线、年产 50 台套 1000 立方米 / 小时碱性电解水装备生产线和 4 座综合加能站等，基本涵盖制氢、加氢、氢基化工、氢能装备全产业链条。

2. 交通运输

受技术突破和规模化推动带来的降本影响，氢燃料电池汽车在部分场景可实现加速渗透，交通用氢规模逐渐提升，交通领域成为目前氢能应用相对比较成熟的领域。氢能源在交通领域的应用包括汽车、航空和海运等。

（1）公路货运

氢燃料电池汽车是交通领域的主要应用场景，处于起步阶段。燃料电池汽车企业数量较少，技术、成本和规模是主要门槛，导致燃料电池汽车产销规模较小。普通电池储存电能，待需要时释放，属于储能装置，氢燃料电池更像发电装置。氢燃料电池的基本原理为电解水的逆反应，具有噪声低、污染小等特点。与纯电动汽车和传统燃油车相比，燃料电池汽车具有温室气体排放少、燃料加注时间短、续航里程高等优点，较适用于中长距离或重载运输。氢燃料电池汽车主要包括燃料电池系统、车载储氢系统、整车控制系统等。其中，燃料电池系统是核心，成本有望随着技术进步和规模扩大而下降。根据国际能源署研究，随着规模化生产和工艺技术的进步，2030年燃料电池乘用车成本将与纯电动汽车、燃油车等其他乘用车成本持平，燃料电池车适合重型和长途运输，在行驶里程要求高、载重量大的市场中更具竞争力，未来发展方向为重型卡车、长途运输乘用车等。

根据国际氢能协会分析，燃料电池汽车在续航里程大于650千米的交通运输市场更具有成本优势。由于乘用车和城市短程公共汽车续航里程通常较短，纯电动汽车则更有优势。但目前锂离子电池的发展速度非常快，目前的续航时间已经可以达到600千米以上，且固态电池正在涌现，氢燃料电池在重载长途陆地交通上的一定优势已较为勉强，且面临着与换电制的激烈竞争。

MIRAI是由广汽丰田世界首批量产的氢燃料电池车，自2014年推出以来，全球销量已超过2万台。它搭载了使氢气和氧气进行化学反应并产生电能的燃料电池堆，依靠电动机驱动汽车。一次添加氢气约3分钟，即可实现近800千米的长续航行驶，在行驶过程中只排水不排碳。

（2）铁路运输

氢能在铁路交通领域的应用主要是与燃料电池结合构成动力系统，替代传统的内燃机。目前氢动力火车处于研发和试验阶段，德国、美国、日本、中国等走在前沿。德国在2022年开始运营世界上第一条由氢动力客运火车组成的环保铁路线，续航里程可达1000千米，最高时速达到140千米。中国在2021年试运行国内首台氢燃料电池混合动力机车，满载氢气可单机连续运行24.5小时，平直道最大可牵引载重超过5000吨；于2022年建成国内首个重载铁路加氢科研示范站，将为铁路作业机车供应氢能。氢动力火车的优点在于不需要对现有铁路轨道进行改建，通过泵为火车填充氢气，并且噪音小、零碳排放。但是现阶段发展氢动力火车也存在一些挑战。一方面，氢燃料电池电堆成本高于传统内燃机，组成氢动力系统后（含储氢和散热系统等）成本将进一步增加，搭载氢能源系统的车辆成本较高；另一方面，由于技术不成熟、需求少等因素，目前加氢站等氢能源基础设施的建设尚不完善。由于世界主要国家重视以氢能为代表的清洁能源的发展，氢动力火车作为减碳的有效途径，未来发展空间广阔。以欧洲国家为例，法国承诺到 2035 年、德国提出到 2038 年、英国计划到 2040 年把以化石能源（柴油）驱动的国家铁路网络替换成包括氢能源在内的清洁能源驱动的铁路网络。

（3）航运运输

随着航运业迅速发展，柴油机动力船舶引发的环境问题日益显现。我国航运业的二氧化碳排放量约占交通运输领域排放量的 1/8。随着航运业绿色转型加速发展，燃料替代迫在眉睫。氢能作为清洁能源有望在航运领域减碳中发挥积极作用。根据国际能源署发布的《中国能源体系碳中和路线图》，航运业的碳减排主要取决于氢、氨等新型低碳技术和燃料的开发及商业化；在承诺目标情景中，2060 年基于燃料电池的氢能应用模式将满足水路交通运输领域约 10% 的能源需求。氢及氢基燃料是航运领域碳减排方案之一。通过氢燃料电池技术可实现内河和沿海船运电气化，通过生物燃料或零碳氢气合成氨、甲醇等新型燃料可实现远洋船运脱碳。

我国部分企业和机构基于国产化氢能和燃料电池技术进步已经启动了氢动力船舶研制。现阶段，氢动力船舶通常用于湖泊、内河、近海等场景，作为小型船舶的主动力或大型船舶的辅助动力。海上工程船、海上滚装船、超级游艇等大型氢动力船舶研制是未来发展趋势。从现阶段已有燃料电池船舶应用来看，主流的氢燃料电池类型是低工作温度（100℃左右）的质子交换膜燃料电池（PEMFC）和工作温度约 200℃ 的高温质子交换膜燃料电池（HT-PEMFC）。PEMFC 对纯氢的依赖性较高，从近十余年燃料电池产业链的发展来看，大规模工业制氢已有数十年的历史，相当成熟，使得 PEMFC 有望在船舶领域形成一定规模应用，但高压氢气体积能量密度较低，对存储材料及绝热要求极高，其液化需要的能量占燃烧释放能量的 30%，并且氢燃料内燃机尚不成熟，燃料电池输出功率有限，当前难以规模化使用，因此主要局限在内河和近海应用，很难在长航程的远洋船舶上使用。而 HT-PEMFC 由于可以使用多种燃料，在一定程度上拓展了 PEMFC 的应用场景。但高温燃料电池可以直接采用 LNG、甲醇、乙醇等易于储存的液态燃料，避免了对于氢气的依赖，大大减少了推广难度，且功率等级正在向兆瓦级突破，远期来看有望成为适用于远洋船舶的技术路线。

①在远洋航运方面，甲醇易于储存和运输，绿甲醇可规模化生产，继液化天然气作为船用燃料之后逐步受到市场青睐。甲醇作为全球大宗化学品之一，具有产业链成熟、产能充足、储运方便、环境友好等优势，且作为内燃机燃料应用已有近 50 年历史，在目前节能减碳的大背景下，正得到航运业的广泛关注，已有相关航运巨头将甲醇燃料作为实现航运中长期减碳目标的重点发展方向。②甲醇制备方面，利用煤、天然气、焦炉气等原料制备化石基甲醇的技术已经非常成熟，如需从全生命周期角度考虑燃料碳排放，化石基甲醇不能满足未来碳减排目标，应大力发展电合成绿色甲醇和生物质甲醇。③安全性方面，甲醇燃料在船上应用会带来燃爆、毒性、腐蚀 / 溶胀等风险，基于风险评估制定的船舶安全技术标准，可以从泄漏探测、人员防护、材料选择、消防等方面采取措施并合理地控制风险，保证船舶安全。大气污染物排放方面，甲醇发动机具有良好的 NO_x 和 SO_x 减排性能，但也存在潜在的甲醇、甲醛等非常规排放问题，需要进一步研究和评估。④技术成熟度方面，虽然船用甲醇燃料供应系统、船用甲醇发动机目前实船应用经验不足且市场可用产品选择不多，但目前在工业界甲醇燃料动力系统涉及的加注、储存方面技术成熟，经验丰富，船用系统、产品的开发可借鉴工业界的经验。⑤规范法规方面，国际上已制定《甲醇 / 乙醇燃料船舶安全暂行指南》，国内即将出台相关法规和指南，船舶设计、建造和检验的技术标准障碍有望快速解决。就实际而言，仍需考虑甲醇价格、燃料舱舱容等因素对经济性、船舶布置的影响，同时还需加强船用甲醇燃料加注设施建设，完善相关监管要求等。

氨基燃料是未来零碳远洋航运的重要发展方向之一。作为一种重要的化工原料，氨属于定价透明的全球商品，有着丰富的工业使用经验，生产、运输、交易市场相当成熟。从燃料角度考虑，氨不含碳，其能量密度与甲醇相当，是氢的 2 倍，且易于液化，较为安全，便于储存和运输，是一种理想的能量来源。氨作为燃料应用经验极少，燃烧性能较差，直接作为燃料燃烧存在自燃温度高、火焰速度低、可燃极限差、蒸发比热高等问题，且仍会产生氮氧化物排放。因此，氨作为内燃机燃料需掺入其他助燃剂混烧，技术成熟度较低，尚无实际使用的案例。氨基燃料电池几乎不产生有害气体和温室气体，其功率密度较低，不能满足船舶应用需要，目前仍处在研发试验阶段。在现有国际法规框架下，由于氨具有毒性，尚无相关技术法规支持氨基燃料的船舶应用。在安全性方面，氨具有毒性、腐蚀性、可燃性等特点，船上应用时，在储存系统供应系统、加注设施以及发动机等方面均需特别的防护措施，应采取独特的系统设计，开展额外的专业培训，制定完善的标准指南，降低氨在船端应用产生的事故风险。除此之外，从燃料使用的全生命周期角度看，现行的合成氨工艺仍会导致大量碳排放。通过使用氨基燃料减少碳排放的前提是开发基于可再生能源的合成氨工艺，实现氨的廉价、高效、绿色制备。

（4）航空航天

航空业目前面临着向低排放航空运输过渡的挑战。根据《欧盟绿色协议》，2050年欧盟的运输相关二氧化碳排放与1990年相比将减少90%。欧盟航空业的二氧化碳排放量占总排放的3.8%，是运输部门中仅次于道路运输的第二大温室气体排放源，占运输相关排放量的13.9%。虽然运输效率的提高，让二氧化碳排放量的增加得以与运输增长量脱钩。然而，依据目前空运服务需求，长远来看排放量将继续增加。技术上可替代的推进技术主要包括电池动力和燃料电池动力。其中，氢燃料电池方面：空客公司宣布将在2035年推出远程氢能飞机，与之相反，2021年6月，飞机制造商波音公司首席执行官称，在2050年之前氢能不会在航空领域起到重大作用。氢能作为最终用途能源载体，在商业航空中直接使用仍存在很大的不确定性。2021年初，行业推动形成的"目标2050"倡议公布了氢能使用的可行方案。该方案提出欧洲航空业将在2050年实现净零排放，氢能对2050年减排的贡献率将达20%。氢能为航空业提供了可能的减碳方案，美国、英国、欧盟等发达国家和地区纷纷出台涉及氢能航空发展的顶层战略规划。

2022年4月19日，德国H_2Fly氢燃料电池航空应用项目表示，其开发的四架HY_4氢燃料电池技术验证机飞行高度达到2190米，这是氢燃料飞机飞行高度的新世界纪录。HY_4机身由蝙蝠飞机公司制造，经不断升级，2021年11月第六代氢燃料电池电驱动装置试飞。作为验证机，该机巡航速度为145千米/小时，最大巡航速度为200千米/小时，最大航程为1500千米，空重约630千克，最大起飞重量为1500千克。

在航天领域，氢是航天飞机和火箭的核心燃料，是人类走向太空的能量供给系统的优先项。液氢是采用低温制冷设备将常温氢气降温至液化得到的产品，通常被作为火箭推进剂。长期以来，国内液氢主要用于航空航天和军事领域，从静音、红外隐蔽、燃料效率和环境适应性来看，在军用领域里的优势明显。尤其是基于军事和航空的特别性，军事意义和战略目的才是第一考虑要素，经济成本不是最重要的考虑要素，因此民用领域只有零星的示范项目。

我国具备丰富的氢气源和巨大的用氢需求，对液氢的研究和利用较晚，规模化氢液化技术的国际交流存在一定障碍，如美国采取"严格禁运、严禁交流"政策限制我国规模化液氢技术发展，其商务部工业和安全局列出的商业管制清单明确规定禁运大规模液氢生产和储运相关系统装备和组件。相关公司也限制了对我国的设备和技术销售，如法国液化空气公司和德国林德公司，在20世纪末我国自主开发了小型氦膨胀机和氢液化装置后，才开始向我国出售仅够科研用途的产能2吨/天以下装置，严格禁售大产能10吨/天以上相关技术。

我国液氢产能较小，主要服务于火箭发射，当前产能达到吨级的仅有两处航天发射场和北京航天试验技术研究所。国内液氢的民用商业化应用虽然处于起步阶段，距发达国家的产能规模也有较大差距，民用规模化氢液化装置已经开始建设，国内首座民用液氢工厂（产能0.5吨/天）和具有自主知识产权基于氦膨胀制冷循环的国产吨级氢液化装置（产能2吨/天）已分别于2020年4月和2021年9月由北京航天试验技术研究所成功研制，实现了国内民用液氢市场的零的突破，打破了国际壁垒对我国吨级产能液氢装置的限制封锁，为解决用氢与产氢地域错配问题、实现扩大氢能产业应用示范区域、加快国内氢能产业发展形成了有效的技术储备。基于我国潜在的巨大用氢需求，随着具备自主知识产权液氢相关技术的突破和国家政策的支持，我国完全具备在短时间内大力发展规模化氢液化技术产业链的能力，实现液氢在中国市场广泛应用。

3. 电力储能

可再生能源的波动性对传统电网系统提出了新要求。为了适应可再生能源发电的波动特性，电网需要配备绿色储能解决方案，使其能够消纳可再生能源产生的盈余电力并储存至电力短缺时再释放，平抑大规模、长时储能平滑可再生能源的季节性波动。

氢储能系统由于具备大容量、长周期、清洁高效的特性，被认为是能够良好匹配可再生能源电力的储能方式。氢是一种高效清洁的能源载体，能量密度高且零碳。氢储能系统作为一种化学储能形式，可以以月度或季度为单位的长周期储存能量。区别于其他储能方式，氢储能受地理因素限制较小（不像抽水储能），还可通过增加氢气储罐尺寸，以较低的边际成本，独立于发电和制氢的规模而扩大其储能能力。此外，氢的跨区域运输比较容易（而这对于固定式电池来说几乎是不可能的），且作为化工原料已经广泛使用于各种下游应用场景。氢储能具备诸多优势（图1-9），在碳中和的时代背景下前景无限，目前全球各地已开始积极的产业示范。

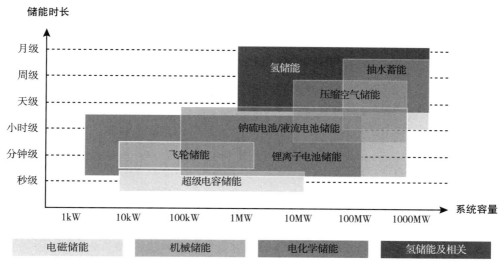

图 1-9 不同储能技术的适用规模与存储时长

氢储能属于广义储能，广义储能是将电力系统中的富余电能转化为其他能源或产品，在利用环节不再转换回电能而是直接利用所存储能量形式的储能方式，是可进行大规模存储、转移并直接利用的储能形式。广义储能仅完成电能—其他形式能量的能量转换过程，终端负荷需求可为不同的能量形式，实现了跨能源品种的季节性储能与优化利用，主要包括电化学储能、热储能和氢储能三类。而氢即利用电力系统如光伏和风电中的富余电能，通过电解水制氢设备将其转化为氢，并在终端应用环节直接使用氢气而非必须转换回电能上网的储能方式，间接改善了用电负荷的季节性特征，实现能量季节性转移。

氢能适用于大规模和长周期的储能，具备无自衰减、扩容成本低等特性。氢储能主要指将太阳能、风能等间歇性可再生能源余电或无法并网的弃电，通过电解水制氢的方式储存，可就地消纳、经燃料电池进行发电或管道、长管车运输等方式供应于下游应用终端。相较于抽水储能、压缩空气储能、蓄电池储能（锂电等）具有无自衰减、扩容成本低、能量密度大、能源发电转移便捷等优点，凭借其无自衰减的特性，尤其适用于跨周和季度的储能。基于扩容成本低的特点，仅需增加氢瓶即可扩充储能容量，适用于大规模储能，在短周期内储能效率较低。

从其优势可见，氢储能非常适合应用在分布式发电储能配套系统上，为电网提供调峰、调频、惯量等服务，如无法并网的分布式风电、光伏的储能配套、水电站的储能配套以及偏远地区的可再生能源就地消纳配套等。通过氢电耦合实现跨季节、跨区域调节、转换、储能以及互联互补，解决区域间歇性能源供求不匹配的问题，降低可再生能源给电网带来的冲击。然而，氢储能这一领域也面临着诸多挑战。由于"电—氢—电"过程往返效率较低，且氢储能基础设施不成熟，目前氢储能系统的总体经济性较差，无论是技术还是商业化层面均存在进一步突破的空间。

4. 钢铁冶炼

钢铁行业是碳排放密集程度最高、脱碳压力最大的行业之一，碳排放约占全球排放总量的 7.2%。钢铁行业迅速脱碳在中国尤为重要，2021 年中国粗钢年产量为 10.3 亿吨，占到全球粗钢总产量的约 53%。由于中国钢铁生产中用于提供高温的燃料燃烧造成的排放和以焦炭为主要还原剂的反应过程排放，难以通过电气化的方式实现完全脱碳，且能效提升和废钢利用等方式的减排潜力有限，因此，利用可再生能源制氢替代焦炭进行直接还原铁生产并配加电炉炼钢的模式将成为钢铁行业完全脱碳最关键、最具前景的解决方案之一（图 1-10）。

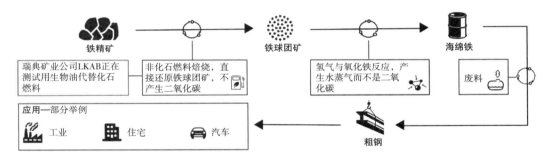

图 1-10　氢在钢铁冶炼环节的应用

在钢铁生产环节，氢能化是唯一可以实现脱碳的方法。氢气主要用作还原气，以便将金属氧化物还原成金属。钢铁行业对可再生能源制氢的利用集中在新增产能生产工艺流程，根据不同炼铁工艺，氢冶金的主要应用场景可分为三类（表 1-3），氢气除了用于还原若干种金属氧化物以制取纯金属外，在高温锻压一些金属器材时，经常用氢气作为保护气，以使金属不被氧化。而利用氢气炼钢，则省去了炼焦等高污染炼铁环节，能助推钢铁行业有效脱碳，其效用高于煤炭 CCUS，是未来 5 年行业的机遇所在。氢能源还可以替代煤炭和天然气作为低排放燃料，为水泥、钢铁、化工和石油精炼等行业提供高品位热。氢能源是为数不多能以低排放方式提供高温热量的燃料之一，锅炉和炉膛须进行改造以支持氢气燃烧的特殊燃烧器。目前，已有部分企业发布了明确的碳减排拆解指标，直接还原铁工艺升级是其关注重点。典型案例列举如下。

表 1-3 氢冶金技术分类及优缺点

用氢场景	技术说明	减排力度	技术成熟度	优点	局限性
高炉富氢冶炼	在高炉顶部喷吹含氢量较高的还原性气体	20%	5～9	改造成本低，具备经济性，具有增产效果	理论压减排潜力有限，技术上难以实现全氢冶炼
氢能直接还原炼铁	在气基竖炉直接还原炼铁中提升氢气的比例	95%	6～8	理论减排潜力较高，可供参考的国际经验相对较多	改造难度较高，基础技术较薄弱
氢能熔融还原冶炼	在熔融还原炼铁工艺中注入一定比例的含氢液体	95%	5	理论减排潜力高	国际先进经验较少，改造难度较高，基础技术较薄弱

案例 1：安赛乐米塔尔：氢气还原铁矿石

跨国钢铁生产商安赛乐米塔尔与弗赖堡大学合作，在汉堡开发建设使用氢气还原铁矿石的工厂。尽管测试中使用灰氢和蓝氢，该公司计划随着绿氢的逐步普及而最终过渡到绿氢。通过变压吸附工艺，从现有工厂的废气中分离出纯度高达 97% 的氢气。预计氢直接还原铁矿石项目示范规模约为 11 万吨。氢技术只是该公司 2.5 亿欧元碳减排投资的一部分。

案例 2：HYBRIT 项目：突破式氢炼铁技术

HYBRIT 项目由瑞典钢铁制造商 SSAB、矿业公司 LKAB 和能源公司 Vattenfall 等三家公司发起。旨在探索钢铁生产中使用由可再生电力生产的氢气，以无碳氢代替焦炭和煤与氧化铁反应。2018 年，HYBRIT 中试厂在瑞典吕勒奥的 SSAB 基地开工建设，瑞典能源署提供了 4400 万欧元的资金援助。试点阶段预计将持续到 2024 年，2025 年至 2035 年将为示范阶段。

（三）可再生能源制氢的意义

可再生能源制氢在生产过程中不易排放空气污染物，对周围环境无不良影响。同时，使用可再生能源制备的氢气不会产生污染物，对环境的污染相对较小。可再生能源可以为绿氢生产提供持续动力，传统能源总量有限，持续大量开采对自然环境造成很大破坏，因此绿氢优于灰氢生产。可再生能源制氢应用领域广泛，可用于生产发电、交通、工业生产、化工原料等领域，具有显著的发展前景。

在重工业方面，氢气可在直接还原反应中作为还原剂，以生产零碳钢铁。以氢气、一氧化碳和二氧化碳的混合物作为原料，可以生产化工行业价值链中的几乎所有主要产品。基于可再生能源电解水制氢的 Power-to-X 技术可以成为化工行业的脱碳选择。零碳氢气也可满足将快速增长的合成氨的需求，包括现有合成氨需求及用作船运零碳燃料的新增氨气需求（每年总计4300万吨氨）。在甲醇方面，用于二氧化碳氢化作用的催化剂已经实现商业化生产，全球范围一些试点工厂也已开始运行。

在道路交通方面，在轻型道路交通领域，纯电电动车很可能在未来占据主导地位，氢燃料电池也可能会受到少数长途旅行需求较大用户的青睐。同时，氢燃料电池车具有续航里程长、燃料补充速度快等优点，在重型长途货运中可起到重要作用。中国也已经制订了打造大规模加氢站基础设施的计划。

在船运方面，在零碳发展目标下，电动汽车和氢燃料电池车也可在河流、沿海等短途船运领域发挥重要作用，随着规模化进程，其经济性也将逐步改善。对于长途船运，由于电池重量过大，电动汽车可行性与经济性较差，燃料存储对空间需求过大，氢燃料电池车也将不具备经济性。对于零碳的长途船运领域，氨气可能会发挥主要作用，而且这些氨气将主要来源于以氢气为主要原料制备，由此将带来每年760万吨的氢气需求。

在航空方面，以氢为燃料的飞机可能成为中短途飞行的一种脱碳选择路径。目前，全世界已有多种机型正在开发，一些专家认为，氢或电池可以应用于驱动100座以下、飞行距离300～500千米的飞机。航空领域的氢燃料电池应用仍需要持续加大研发力度。

在电力系统灵活性调节方面，我国电源与负荷地理分布不均衡，需要借助特高压输电满足用能需求，而远距离外送的技术制约，再加上可再生能源发电所固有的随机性、季节性和反调峰特性进一步加剧了可再生能源调峰难度，利用过剩电力生产氢气有望成为有效的中长期储能机制，有利于提高整个能源系统的灵活性。

氢能委员会针对2050年氢能在全球能源总需求中的占比进行了预测（图1-11），预测到2050年氢能在总能源中的占比将达22%，其余几家机构的预测值在12%～18%间不等。不管基于哪个预测，与氢能目前在全球能源中约0.1%的占比相比，都将实现质的飞跃。自2020年"双碳"目标提出后，我国氢能产业热度攀升，发展进入快车道。

一直以来，我国氢能产量稳步增长（图1-12），中国氢能产业联盟预计到2030年碳达峰期间，我国氢气的年需求量将达到约4000万吨，在终端能源消费中占比约为5%，其中可再生能源制氢供给可达约770万吨。到2060年碳中和情境下，氢气的年需求量将增至1.3亿吨左右，在终端能源消费中的占比约为20%，其中70%为可再生能源制氢，钢铁、化工原料和重型运输部门的需求量最大。由于氢气的生产和使用也和电力部门紧密相关，因此中国如要实现零碳经济，则必须要考虑如何以零碳的方式来生产这些氢气。

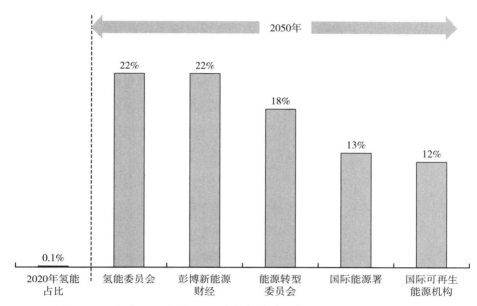

图 1-11　氢能委员会对 2050 年氢能在全球能源总需求中占比的预测

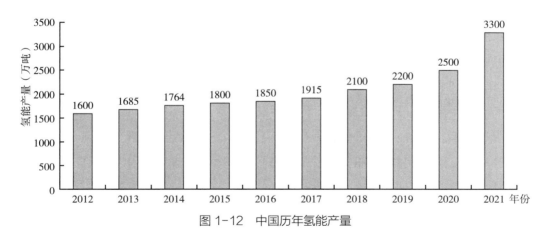

图 1-12　中国历年氢能产量

　　总而言之，氢能是一种新型能源，与传统化石燃料相比，具有清洁零碳、长期存储、灵活高效、多能转换、应用场景丰富等优点。加快发展氢能是应对气候问题、实现"双碳"目标的有效途径，可以减少对化石能源的依赖，帮助交通、工业、建筑等难以减排的领域实现深度脱碳。此外，随着可再生能源发展，氢能作为电力介质和纽带，在新型电力系统中扮演着越来越重要的角色。氢能是促进新能源消纳的重要载体，利用新能源制氢可有效提升新能源消纳水平；氢储能具有储能容量大、储存时间长、清洁无污染等优点，能够在电化学储能不适用的场景发挥优势，在大容量长周期调节的场景中更具有竞争力；氢能是新型电力系统灵活调节的重要手段，先进的电解水制氢装备具有较宽的功率波动适应性，可实现对输入功率秒级、毫秒级响应，为电网提供调峰调频等辅助服务；氢能是拓展电能利用、促进能源互联互通的重要桥梁，作为灵活高效的二次能源，在能源消费端可以利用电解槽和燃料电池，通过电氢转换，实现电力、供热、燃料等多种能源网络的互联互通和协同优化。当前，可再生能源制氢的应用处于产业导入期，未来发展将是一个长期的过程，但具有广阔的发展前景。

第二节　可再生能源发展现状及趋势

一、全球可再生能源发展现状及趋势

（一）全球可再生能源发展现状

全球氢能全产业链关键核心技术趋于成熟，氢能基础设施建设明显提速，区域性氢能供应网络正在形成。据《全球氢能回顾 2022》数据显示，2021 年全球氢气需求量达到 9400 万吨，所含能源占全球能源使用的 2.5%，考虑到各国政府已经采取的政策和措施，到 2030 年氢需求量可能达到 11 500 万吨。国际能源署数据表明，未来五年全球可再生能源制氢规模将增加 100 倍，将有 50 吉瓦的可再生能源产能用于制氢。电解水制氢一标方（11.2 标方氢气为 1 千克）氢气耗电 3 ~ 5 千瓦时，也就是电解水制氢 1 千克耗电 35 ~ 55 千瓦时，电能供应便成了绿氢制备的重要因素。

根据国际可再生能源署公布的最新报告，2022 年化石燃料在全球电力结构中仍然占据主导地位，化石燃料发电占比为 61%。在全球发电中，燃煤发电占比为 36%（10 186 太瓦时），化石气发电占比为 22%（6336 太瓦时），其他化石燃料发电占比为 3%（850 太瓦时）。水电仍是最大的清洁电力来源，占比为 15%（4311 太瓦时），核电第二，占比略超 9%（2611 太瓦时）。风力和太阳能发电量合计占全球发电量的 12%（3444 太瓦时），其中风力发电占比为 7.6%（2160 太瓦时），太阳能占比为 4.5%

（1284 太瓦时）。生物能源发电占全球发电量的 2.4%（672 太瓦时），而其他可再生能源发电占比为 0.4%（图 1–13）。全球可再生能源发电容量在 2022 年达到 3372 吉瓦，相比较 2021 年增加了 295 吉瓦，同比增加了 9.6%。全球可再生能源装机容量创纪录地增加了 300 吉瓦。从全球来看，绿色低碳转型不断为世界经济发展注入新动能。各国日益重视并持续加大对可再生能源领域的投入，相关领域增长势头明显。

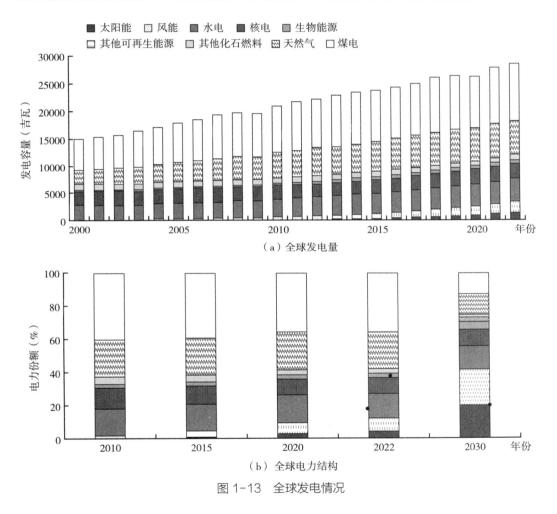

图 1-13　全球发电情况

2022 年，在发电领域最显著的变化是太阳能和风力发电分别同比增长了 245 太瓦时（+24%）及 312 太瓦时（+17%）。核电出现历史性下降，与上一年相比下降 4.7%（-129 太瓦时）。下降主要出现在欧洲，这是由于法国维护问题及德国、比利时电厂关闭。由于计划内维修，日本核电也出现大幅下降（-9.5 太瓦时）。尽管欧盟和其他一些国家的热浪导致水力发电量大幅下降，全球水力发电仍然增长了

1.7%（+73 太瓦时）。俄乌冲突导致天然气价格波动，供应安全令人担忧，在此背景下，全球天然气发电量几乎不变，略微下降了 0.2%（−12.3 太瓦时）。燃煤发电则上涨了 1.1%（+108 太瓦时）。这些变化导致全球电力结构朝着有利于风力和太阳能发电的方向转变，两者发电总计占全球发电量的 12%，较 2021 年的 10% 有所上升。其他清洁能源发电均有所下降，核电占比降幅最大（下降 0.7 个百分点），水电下降 0.1 个百分点，而生物能源发电下降 0.04 个百分点。燃煤发电占电力结构的比重略微下降（下降 0.5 个百分点）至 35.7%。同样，天然气发电份额占比下降 0.6 个百分点至 22.2%。相比起来，其他化石燃料发电增长了 86 太瓦时，占比从 2.8% 增至 3%。

在过去 20 年中，全球对化石燃料发电的依赖仅略微下降，从 2000 年的 64% 下降至 2022 年的 61%。在此期间，燃煤发电绝对值从 2000 年的 5719 太瓦时增至 2022 年的 10 186 太瓦时，占比从 2000 年的 38% 下降至 2022 年的 36%。天然气发电量自 2000 年以来增长了 4 个百分点，占 2022 年全球电力的比重为 22%。在此期间，其他化石燃料发电占比从 7.8% 下降至 3%。2000 年，风力和太阳能发电量几乎为零，在过去的 20 年间占比不断增长，2022 年达到 12%。相比起来，其他形式的低碳电力并未快速增长。在此期间，生物能源发电占比略有增加，而水电和核电在全球电力结构中的占比则出现下降。核电占比降幅最大，从 2000 年占全球电力的 17% 下降至 2022 年的仅占 9.2%。自 2015 年《巴黎协定》签署以来，太阳能发电占全球电力的比重翻了两番，从 2015 年的 1.1% 上升至 2022 年的 4.5%。在此期间，风力发电占比增长了一倍多，从 2015 年的 3.5% 增至 2022 年的 7.6%。生物能源发电在全球电力结构中的占比仅略微上升（增长了 0.3 个百分点），而其他能源发电占比有所下降：燃煤发电占比从 2015 年的 39% 下降至 2022 年的 36%，天然气发电占比从 23% 下降至 22%，其他化石燃料发电占比从 4.3% 下降至 3%，核电占比从 11% 下降至 9.2%，而水电占比从 17% 下降至 15%。

（二）全球可再生能源发电发展趋势

根据国际能源署预测，到 2026 年，全球可再生能源发电量将增至 48 亿千瓦以上，可再生能源将占全球新增发电量的 95%。要实现净零排放，到 2050 年，全球风电装机容量预计达 82.65 亿千瓦，太阳能光伏发电装机容量预计达 144.58 亿千瓦，氢能发电预计达 18.67 亿千瓦。

二、中国可再生能源发展现状及趋势

（一）中国可再生能源发展现状

采用可再生能源制氢的技术路线需要充分考虑可再生能源发电是否充裕。根据国家统计局发布的我国 2011—2022 年风、光、水等新能源装机容量与发电量数据制作表 1-4 和表 1-5。

表 1-4　2011—2022 年我国新能源装机容量　　　　　单位：吉瓦

年份	风电	光电	水电	核电
2011	46.23	12.12	232.98	12.57
2012	61.42	13.41	249.47	12.57
2013	76.52	15.89	280.44	14.66
2014	96.57	24.86	304.86	20.08
2015	130.75	43.18	319.54	27.17
2016	147.47	76.31	332.07	33.64
2017	164	130.42	344.11	35.82
2018	184.27	174.23	352.59	44.66
2019	209.15	194.18	358.04	48.74
2020	281.53	213.43	370.16	49.89
2021	328.48	306.56	391.00	53.26
2022	365.44	392.61	413.50	55.53

表 1-5　2011—2022 年我国新能源发电量　　　　　单位：亿千瓦时

年份	风电	光电	水电	核电
2011	703.3	6	6989.4	863.5
2012	959.8	36	8721.1	973.9
2013	1412	84	9202.9	1116.1
2014	1599.8	235	10 728.8	1325.4
2015	1857.7	395	11 302.7	1707.9
2016	2370.7	665	11 840.5	2132.9

年份	风电	光电	水电	核电
2017	2972.3	1178	11 978.7	2480.7
2018	3659.7	1769	12 317.9	2943.6
2019	4057	2240	13 044.4	3483.5
2020	4665	2613	13 552.1	3662.5
2021	6526	3259	13 390.0	4075.2
2022	7626.7	4272.7	13 522.0	4177.8

随着"十四五"电力规划的实施，我国正加速能源清洁化转型进程，脱碳减排需求日益增长，到 2030 年，我国单位国内生产总值二氧化碳排放将比 2005 年下降 65% 以上，非化石能源占一次能源消费比重将达 25% 左右，风电、太阳能发电总装机容量将达 1.2 吉瓦以上。当前，我国水电、风电、光电装机规模均居世界第一，总装机容量约占全球可再生能源总量的 28%，在"双碳"目标指导下，"十四五"期间风电、光伏等可再生能源将迎来爆发式增长，可再生能源将逐步替代传统化石能源占据能源领域主导地位。

2022 年中国新增可再生能源装机规模 1.52 亿千瓦，占国内新增发电装机的 76.2%，是新增电力装机的主体。其中，风电新增 3763 万千瓦、太阳能发电新增 8741 万千瓦、生物质发电新增 334 万千瓦、常规水电新增 1507 万千瓦、抽水蓄能新增 880 万千瓦。截至 2022 年底，中国可再生能源装机 12.13 亿千瓦，超过了煤电装机规模，在全部发电总装机占比上升到 47.3%；年发电量 2.7 万亿千瓦时，占全社会用电量的 31.6%。其中，风电和光伏年发电量首次突破 1 万亿千瓦时，接近全国城乡居民生活用电量。可再生能源在保障能源供应方面发挥的作用越来越明显。

以沙漠戈壁荒漠地区为重点的大型风电光伏基地建设全面推进，白鹤滩水电站 16 台机组全部投产，以乌东德、白鹤滩、溪洛渡、向家坝、三峡、葛洲坝为核心的世界最大"清洁能源走廊"全面建成；抽水蓄能建设明显加快，全年新核准抽水蓄能项目 48 个，装机 6890 万千瓦，已超过"十三五"时期全部核准规模。陆上 6 兆瓦级、海上 10 兆瓦级风电机组已成为主流，量产单晶硅电池的平均转换效率已达到 23.1%。光伏治沙、绿电制氢等新模式新业态不断涌现，分布式发展成为光伏发展重要方式。

2022 年，中国可再生能源发电量相当于减少国内二氧化碳排放约 22.6 亿吨，出口的风电光伏产品可为其他国家减排二氧化碳约 5.7 亿吨，合计减排二氧化碳 28.3 亿吨，约占全球同期可再生能源折算二氧化碳减排量的 41%，为全球应对气候变化作出重要贡献。

1. 风电

风力发电分为海上风电及陆上风电。我国风电累计装机容量区域分布如图 1-14 所示。截至 2021 年底，我国风电累计装机容量为 328.48 吉瓦，其中华北地区约 88 吉瓦、华中地区约 34 吉瓦、华南地区约 20 吉瓦、东北地区约 26 吉瓦、西北地区约 75 吉瓦、华东地区约 64 吉瓦、西南地区约 22 吉瓦，存在风能资源的地理分布不均衡，总体呈"北方多南方少"的格局。

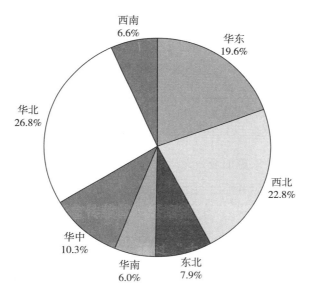

图 1-14　2021 年我国风电累计装机容量区域分布情况

从风电开发利用现状来看，我国风电发展速度非常快（图 1-15），已经成为全球第一风电大国，风电在国内也成为仅次于火电、水电的第三大电源，但与欧美风电大国相比，风电在电力结构中的比例还很小。尽管如此，风电在我国能源结构中的地位已经远超其他非水可再生能源。

从地理分布上来看，风电已遍布全国各省（区、市），但发展规模分布不均衡，区域差异大，与电力负荷中心严重不匹配。内蒙古是我国风电发展规模最大的地区，远远大于第二位的河北。风电开发、生产分布与风能资源理论分布表现出较为明显的一致性，说明风能资源丰富度在很大程度上决定了风电开发的布局。

　　海上风电具有风速更高、风能资源更丰富、单机容量高、靠近东部用电负荷中心、就地消纳方便、噪声污染小的优点。经过连续多年的高速增长，我国海上风电装机总量已居世界第一。因此，大力发展海上风电成为实现"碳达峰、碳中和"目标的主要手段之一。我国海上风电的发展主要集中在东部沿海地区经济较为发达的省份，如福建、广东、江苏、上海等地区。

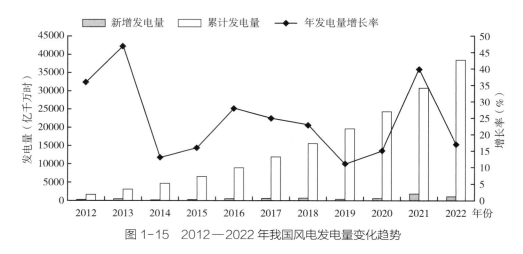

图 1-15　2012—2022 年我国风电发电量变化趋势

　　在我国，陆上风电技术更加成熟，主要分为平原地区的风电场和山区风电场，山区风电场主要建立在西南部山区，发展十分迅速。有关数据显示，中国陆上离地 10 米高度风能资源总储量约 43.5 亿千瓦，占世界第一。海上 10 米高度可开发和利用的风能储量约为 7.5 亿千瓦。中国气象局 2003 年开展的全国风能资源第三次普查显示，我国可开发的（风能功率密度不低于 150 瓦 / 平方米）陆地面积约为 20 万平方千米。2022 年，国内陆上新增吊装规模 44.6 吉瓦，陆上风机招标规模达到 83.8 吉瓦，未来陆上风电开发集中式与分散式并举，乡村分散式风电、风电制氢等应用场景具有较大发展空间，陆上风电需求仍具增长空间。近些年来，风力发电行业发展迅猛，随着陆地优质风能资源的逐步开发，陆上风力发电已趋近饱和，根据国家最新相关政策，许多企业纷纷把目光转向海上风电机的建设。

　　目前，海上风电已成为我国能源战略的重要产业，也是我国实现能源结构优化过程的重要工具。2010 年，作为我国首个海上风电场的东海大桥风电场，在上海开工建设，随后我国海上风电项目逐年增长，我国海上风电装机规模逐渐达到世界先进水平。据世界海上风电论坛统计数据，截至 2022 年，全球海上风电累计装机容量达57.6 吉瓦。2022 年，全球海上风电新增装机容量 9.4 吉瓦。我国海上风能资源丰富，截至 2022 年，我国海上风电累计装机容量达 3051 万千瓦，约占世界海上风电总容量的 44%，持续保持海上风电装机容量全球第一，并加速向深远海发展。

海上相比于陆地有着良好的风况，而风力发电的核心就是风力的大小，据统计，离岸 10 千米海域的海上风速通常比沿岸要高出 20%。风电机组的发电功率（即风功率密度）与风速的 3 次方成正比，因而同等条件下，海上风电机组一年的总发电量比大陆大约高 70%；同时，海上风力常年不衰，不存在陆上的静风期，发电时间更长。目前海上风电制氢的主要形式：一是产生的电量通过海底电缆传送至沿岸的电解槽，将水电解产生的氢气储存并运往各处；二是将风力发电的电能传送至海上油气平台，在油气平台将水电解后利用现有的天然气管道将氢能传送至陆地。虽然海上风电发电成本预计长期高于陆上风电，但由于海上风电本身具备更高稳定性、更大规模的特性，对于电解水制氢来说是一大优势。

2. 太阳能发电

太阳能（光伏）发电技术，是我国目前应用最广泛的新能源之一。太阳能与普通电能相比具有两个显著的特点，一是具有清洁性与节能性，二是具有能源储备丰富，涉及范围较广的特性。截至 2021 年底，光伏发电并网装机容量达到 306.56 吉瓦，连续 7 年稳居全球首位，新增光伏发电并网装机容量连续 9 年居世界首位（图 1-16）。

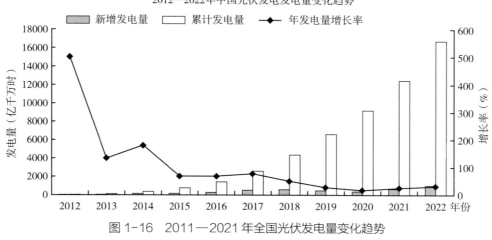

图 1-16　2011—2021 年全国光伏发电量变化趋势

我国纬度跨度大，地形复杂多样，太阳能资源分布极不均匀，辐射分布整体呈现自西北向东南先增加后减少后又增加的趋势，我国西北地区太阳能资源丰富，建有我国大部分的光伏发电站。

　　与光伏电站的普遍性相比，光热发电并不为人们熟知。光伏发电是根据光生伏特效应原理，利用太阳能电池将太阳光能直接转化为电能。光热发电则是将太阳能转化为热能，通过热功转换过程发电的系统。其与火力发电的原理基本相同，后端技术设备一模一样，不同的是前者利用太阳能搜集热量，后者是利用燃烧煤、天然气等获取热量。光热发电机组配置储热系统后，可实现 24 小时连续稳定发电。按照聚能方式及结构，太阳能光热发电技术可分为塔式、槽式、碟式和菲涅尔式四大类。

　　光热发电兼具调峰电源和储能双重功能。光热发电机组配置储热功能后，热量产生时并不全都用掉它们，而是利用加热熔盐的方式存储一部分热量，保存在特制的保温储罐直到需要的时候再取出来。存储在熔盐中的热能可以维持发电数个小时，理论上甚至能达到数天。具备这种特殊能力的光热电站，可实现用新能源调节、支撑新能源，为电力系统提供更好的长周期调峰能力和转动惯量，是新能源安全可靠替代传统能源的有效手段。

　　为推动我国光热发电技术产业化发展，国家能源局于 2016 年启动首批 20 个光热发电示范项目，开启了我国光热发电的商业化进程。通过首批示范项目，带动了相关企业自主创新，突破了多项核心技术，并形成了完整的产业链，目前设备国产化率超过 90%，为后续光热发电技术大规模发展奠定了坚实基础。截至 2022 年底，我国并网发电光热发电示范项目共 9 个，总容量 55 万千瓦。对比"每年新增开工规模达到 300 万千瓦左右"的目标，光热发电规模有望迎来高速增长。

　　3. 生物质发电

　　生物质能是指以化学能形式储存在生物质中的太阳能，是仅次于煤炭、石油、天然气的第四大能源。生物质能是可再生能源利用的一种形式，其中发电利用占比较高，包括沼气发电、直接燃烧发电、垃圾发电、气化发电，以及与煤混合燃烧发电等发电形式和技术。

　　截至 2022 年底，我国生物质发电累计装机容量达到了 4132 万千瓦，年发电量达到 1824 亿千瓦时，年上网电量达到 1531 亿千瓦时。在农林生物质发电、垃圾焚烧发电和沼气发电三大生物质发电类型中，农林生物质发电累计装机容量达到 1623 万千瓦，2022 年发电量累计达 516 亿千瓦时，年发电量与 2021 年持平，总的上网电量较 2021 年有所下降；垃圾焚烧发电总装机容量达到 2386 万千瓦，占生物质总装机容量达到了 58%，2022 年发电量累计达 1268 亿千瓦时，比 2021 年增长了 16.9%，2022

年上网电量累计 1056 亿千瓦时，较 2021 年增长了 17%；沼气发电累计装机容量达到 122 万千瓦，2022 年发电量累计达 39.5 亿千瓦时，比 2021 年增加了 5.4%，年上网电量累计达到 33.2 亿千瓦时，比 2021 年增长了 2.5%。

到 2040 年我国计划将煤炭在能源中的占比从 57% 减少到 35%。与风能、太阳能、地热能、水能和核能等其他可再生能源相比，生物质发电受时间和空间的影响较小，技术水平和运行要求相对较低。

（二）中国可再生能源发展趋势

根据国网能源研究院发布的《中国能源电力发展展望》，在深度减排情景下，预计到 2030 年我国风电装机为 7.8 亿千瓦，光伏装机为 8.4 亿千瓦。通过上述数据对照，本文对于我国未来的可再生能源装机容量及发电量预测结果符合实际，根据预测结果，到 2030 年，我国电力装机总量将增长至 38 亿千瓦，新能源装机占比将达到 68%，即 25.8 亿千瓦；到 2030 年，我国电力需求量将增长至 11 万亿千瓦时，其中，风光提供的发电量达 2.62 万亿千瓦时，水电发电量为 1.8 万亿千瓦时，核电发电量为 1 万亿千瓦时，新能源发电占比将达到 49.3%，即 5.42 万亿千瓦时。

第三节　氢能发展现状及趋势

一、全球氢能发展现状及趋势

（一）全球氢能供给现状及趋势

2021 年全球氢能产量达到 0.94 亿吨，同比增长 5%，当前主要为化石能源制氢。随着全球低碳转型进程的加快，氢能特别是清洁氢能将得到迅速发展。根据国际主要能源机构的预测，到 2050 年，氢能产量将达到 5 亿～8 亿吨，且基本为以蓝氢和绿氢为代表的清洁氢能，绿氢产量将远远高于蓝氢（见图 1-17）。从占比角度来看，氢能有望从目前仅约 0.1% 全球能源占比上升到 2050 年 12% 以上的占比。

以国际能源署的预测为例，到 2050 年实现全球净零排放将大约需要 5.2 亿吨的低碳氢气。其中约 3.06 亿吨绿氢来自可再生能源，1.976 亿吨蓝氢来自结合 CCS 技术的天然气和煤炭；1600 万吨低碳电解氢由核能和有 CCS 的化石燃料发电厂进行电解生产。相比之下，2020 年天然气和煤炭生产了 8700 万吨灰氢，主要用于化工和炼油行业。2030 年、2050 年全球氢能产量预测如表 1-6 所示。

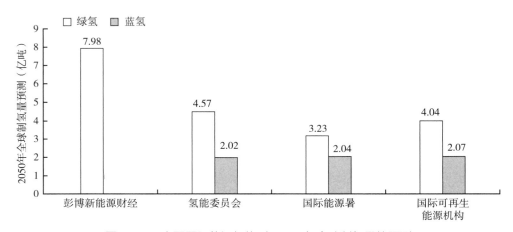

图 1-17　主要国际能源机构对 2050 年全球制氢量的预测

表 1-6　2030 年、2050 年全球氢能产量预测

产量（亿吨）	2030 年	2050 年
氢能总产量	2.12	5.28
低碳氢产量	1.5	5.2
工业副产氢 + 碳捕捉技术	0.69	1.98
绿色能源电解水制氢	0.81	3.06

（二）全球氢能需求现状及趋势

2022 年，全球电力需求创下 28 510 太瓦时的历史新高。全球主要经济体在该需求中的占比：中国 8840 太瓦时（31%）、美国 4335 太瓦时（15%）、欧盟 2794 太瓦时（10%）、印度 1836 太瓦时（6%）、俄罗斯 1102 太瓦时（4%）、日本 968 太瓦时（3%）。

为了实现全球净零排放，国际能源署预测，到 2050 年全球氢能总需求量达到 5.28 亿吨（表 1-7）。对氢的最大需求将来自交通运输，约占总量的 39%，即 2.07 亿吨，其中 9100 万吨将用于公路运输，9000 万吨将用于航运业，5000 万吨氢气用于航空业。工业领域用氢 1.87 亿吨，约占总量的 35%，其中 8300 万吨用于化工行业，5400 万吨用于钢铁行业，1200 万吨用于水泥行业。发电将约占氢气需求总量的 19%，即每年 1.02 亿吨。建筑及农业用氢 0.23 亿吨，约占总量的 4%。按照 2025 年全球氢能总消费量 5.28 亿吨折算，则需消耗电能 232.32 太瓦时（电解 1 吨氢需 4400 千瓦时电能）。

表 1-7 2030 年、2050 年全球氢能需求预测

消费量（亿吨）	2030 年	2050 年
氢能总消费量	2.12	5.28
电力用氢	0.52	1.02
炼化用氢	0.25	0.08
建筑及农业用氢	0.17	0.23
交通运输用氢	0.25	2.07
工业用氢	0.93	1.87

二、中国氢能发展现状及趋势

（一）中国氢能供给现状及趋势

中国是全球最大的氢气生产国和消费国，但生产和消费领域的氢能大多来源于化石燃料，即灰氢，来源于绿氢的比例较低。中国 2021 年氢气产量约为 3533 万吨，较 2020 年增长 33.68%，主要来自石化及化工、炼焦等行业，其中煤制氢占总量 57.06%，天然气制氢 21.90%，工业副产氢 18.15%，电解水制氢 1.42%，其他来源 1.47%。

预计，我国 2030 年氢能需求为 4346 万吨，绿氢占比为 10%；2060 年氢能需求为 1.34 亿吨，绿氢占比为 70%。

（二）中国氢能需求现状及趋势

目前氢能主要以物质属性作为工业原料，应用在工业领域。随着绿氢技术的不断进步，绿氢作为清洁、高效、可持续的二次能源，将助力高耗能、高排放工业节能减碳，同时以物质或能量的形式实现在电力、交通、建筑领域的广泛应用。随着氢能应用领域及应用场景的不断扩展，氢能需求将大幅度、翻番式增长。根据历年氢能消费量，对未来主要年份的氢能需求量进行了预测，结果如图 1-18（b）所示。

根据中国氢能联盟研究院发布的《开启绿色氢能新时代之匙：中国 2030 年"可再生氢 100"发展路线图》，2020—2060 年通过应用氢能有望实现超过 200 亿吨的累计减排量（其中交通行业累计减排量最大，约为 156 亿吨，钢铁行业约为 47 亿吨，化工行业约为 38 亿吨），可再生能源制氢将在交通、钢铁、化工等领域成为主要的零碳原料。在可再生能源制氢发展初期，由于行业用户端对于使用的成本和便利性敏感程度较高，且储运的成本瓶颈在短期内无法得到显著突破，因此，区域内可再生能源制氢产销结合的经济性优势较为明显。西北、华北地区本地应用需求旺盛，成为装机

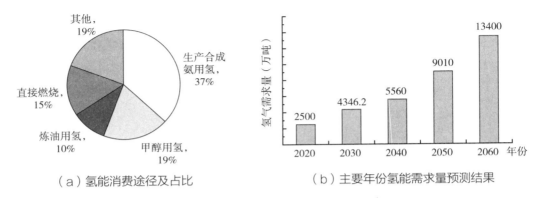

（a）氢能消费途径及占比　　　　　（b）主要年份氢能需求量预测结果

图 1-18　未来主要年份氢能需求量预测

规模最大的区域，其次为华东和华南。三北、西南等地区可再生资源丰富，可再生氢与传统制氢路径成本差异较小，多种应用场景具备经济性。东部和中部地区资源相对匮乏，同时电力需求旺盛导致绿电溢价，海上风电成本尚处于准平价阶段，使得可再生氢成本与传统制氢路径成本差距较大，影响区域需求释放。

中国氢能联盟研究院在绿氢装机预测结果的基础上，对我国三北、西南等七个区域的化工、钢铁、交通的可再生氢需求进行了预测，本节结合化工、钢铁、交通、电力等领域用氢需求及绿氢发展潜力，同时根据《中国氢能产业发展白皮书》发布的我国氢能产量和绿氢占比，对我国各个区域的绿氢需求进行初步预测。在氢能发展初期（2030 年），绿氢需求相对较为平均，各个区域间的绿氢需求差距不大，其中西北绿氢需求最高，华东和华北次之，绿氢需求与我国化工、钢铁等高耗能产业的分布基本一致。在氢能发展后期（2060 年），西北地区由于具备化工产业及可再生电力资源优势，将成为最大的绿氢消费地，年绿氢需求达到 2867 万吨，远高于其他地区。

考虑具有能量和物质双重属性的氢能参与的能源系统与原有能源系统能流的差异，以就近为原则，分配各个区域的氢能，模拟氢能系统的源 – 荷互动与能流分布。2030 年和 2060 年的氢能系统能流分布图如图 1-19 和图 1-20 所示。2030 年氢源结构仍是以化石燃料制氢为主，贡献了 65% 的氢能产量。其中部分氢能通过燃料电池或燃氢轮机的形式，用于交通、电力和建筑领域，电力和建筑领域由于处于示范应用的商业化初期，总共占据 2% 的比重。工业领域作为"用氢大户"，在化工、冶炼等行业具有不可替代性，用氢量始终占据极大比重。除华南地区外，各省氢能产量基本自给自足，西北、华东、东北略有盈余，全部流入华南地区。

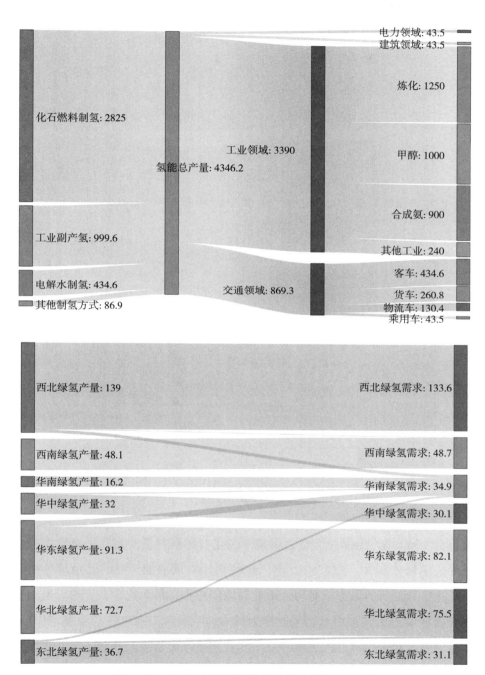

图 1-19 2030 年氢能系统能流图（单位：万吨）

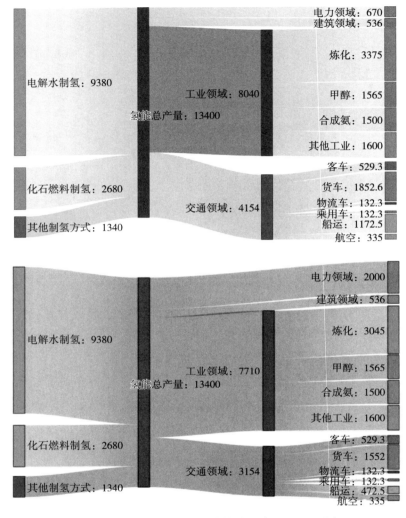

图 1-20　2060 年氢能系统能流图（单位：万吨）

　　预测到 2060 年，氢能总产量大幅提升，化石燃料制氢产量几乎没有增长，甚至略微下降，电解水制氢呈爆发式增长，贡献了 70% 的氢能产量，其余部分由生物质制氢、光化学制氢等制氢方式制得。工业领域仍然占据最大比重，交通、电力和建筑的氢能消耗量及占比显著增加，氢能作为灵活调节资源，在电力行业领域作用凸显，为新型电力系统建设作出巨大贡献。华南和西南地区由于风光资源不足，在中远期氢能生产稍显劣势，西北、华北、东北依靠丰富的风光资源，在新型电力系统建设的大背景下，氢能，尤其是绿氢，产量优势凸显，在满足本地氢能需求的同时，承担起为西南和华南供给氢气的责任。

第四节　可再生能源制氢发展现状及趋势

一、全球可再生能源制氢发展现状及趋势

（一）欧洲

欧洲作为发达国家最多的大洲，环保意识高，发展可再生能源的现实需求和意愿都很强烈，势银（TrendBank）认为欧洲是中国企业海外开拓值得关注的市场。

截至 2022 年，欧洲国家电解槽的总装机容量已达到 1 吉瓦，占制氢总容量的 1.4%。欧洲氢能组织预测，2020—2030 年电解槽的年平均装机容量为 0.83 吉瓦。中国电解槽企业在参与欧洲的项目过程中曾多次遇到因为业主申请欧盟补贴，而不能采用欧盟以外设备的情况。总体来说，欧盟通过欧盟地平线、欧洲之星，各国政府单独补贴，公共事业排外性招标进行企业补贴。随着俄乌冲突的发展，欧洲主要国家对中国企业的态度转向负面。

（二）印度

作为发展中的重要大国，印度也在积极推动本国绿氢事业的发展。当前印度每年消费 670 万吨左右的氢气，其中约有一半用于石油炼化领域，剩下的大部分用于化肥生产。2021 年，印度政府发布了印度的"国家绿氢计划"，将在 2030 年前达成可再生能源制氢产能 500 万吨 / 年的目标，努力使印度成为主要的绿色氢气出口国和生产地区。按照印度政府的预测，到 2050 年印度的氢气年消耗量将增加到 2800 万吨，而这其中的 80% 应当是绿氢。印度绿氢规划将极大刺激其对绿氢的关键设备——电解槽的需求。根据印度政府发布的氢能任务草案，印度正致力于到 2030 年建立每年 24 吉瓦的电解槽生产能力，到 2030 年建立 100 ~ 130 吉瓦的电解槽装机容量。到 2030 年，绿色制氢的可再生能源装机容量预计将达到 160 ~ 200 吉瓦。

印度市场是中国电解槽企业最早开发的海外市场，发展多年，已形成了完善的代理本地化服务体系，获取项目信息的渠道多样，合作伙伴也比较多。印度也在进行能源转型，预计未来在绿氢市场方面会有一个快速的发展。

印度氢能产业面临的最大挑战是本土氢能装备产业链的缺失。当前全球范围内可再生能源电解水制氢装置的供应都很紧张，缺乏本土电解水制氢装置产线是印度推广氢能战略面临的主要障碍。同时，印度正在转向国内工业和政府的保护主义模式，强

烈认为所有国内消费的商品都应该在当地生产。印度的陆地邻国边界方案，对于印度企业进口陆地邻国相关设备的进口关税以及印度国有企业使用陆地邻国产品中的本土化的比例有严格限制。因此，寻求与电解水制氢设备供应商以某种方式建立合资公司在印度本土制造生产电解槽成为首要选项。

印度政府公布的国家氢能任务中，规定了化肥、炼油厂、钢铁业、港口运输业、城市燃气行业具有购买和消耗绿氢的义务，为绿氢的消纳找到了途径。印度政府将在25年内减免输电税费，从而降低制造绿氢所需的可再生能源的电力成本。同时，印度将允许绿氢/绿氨生产工厂优先使用电力，还可从市场上购买可再生能源电力或自行安装可再生能源发电装置，并可以选择将未使用的自发电力存入配电公司，供日后使用。

（三）中东

中东国家是传统的化石能源出口国，由于化石能源的碳排放和不可再生的性质，中东主要国家如沙特、阿联酋和阿曼都在寻求能源转型，希望借助太阳能和风能制取氢气用于出口，将来转变为氢能大国。由于未来对于氢能装备的需求巨大，中东区域各国政府也在考虑和推进本地化制造，在本国建立完整的氢能产业价值链。这个区域也是欧美企业深入开拓的市场，比如美国AP（空气化工公司）与沙特国际电力和水务公司ACWA建立了合资企业建设NOEM新城（沙特新未来城，位于该国西北部）2吉瓦制氢项目，西门子能源公司与阿联酋主权财富基金穆巴达拉（Mubadala）成立了合资公司开拓绿氢市场。

（四）澳大利亚

澳大利亚已经发布国家氢能战略，通过国家氢能战略，澳大利亚计划在2030年成为全球主要的绿氢来源，到2050年实现碳中和。澳大利亚情况与中东区域类似，拥有丰富的太阳能和风能资源，发展可再生能源制氢条件得天独厚，但是人口总数小，国内市场有限，因此澳大利亚政府目标是将氢气出口国外，特别是日本、韩国、新加坡和中国。主流的发展方向是利用太阳能制氢后合成氨，再销往国外。未来5年，澳大利亚绿氢市场的年装机规模将可能突破500兆瓦，澳大利亚也有发展绿氢所需的风、光、土地等资源，中国电解槽企业在澳大利亚市场已经有了一定的知名度，已经签署了澳大利亚Yuri的10兆瓦光伏制氢合成氨项目。

（五）美洲

美洲市场包含了北美和南美市场，是中国企业的弱势市场，项目业绩较少，2020

年通过一个 175 立方米的制氢设备合同打开了美国市场，2021 年又陆续签署了两个美国项目。以美国能源部发布的《氢能计划发展规划》所设定的目标对谷电制氢进行经济性分析，具体来讲，美国能源部设定的氢气能发展到 2030 年的技术和经济指标主要包括：①电解槽成本降至 300 美元 / 千瓦，运行寿命达到 8 万小时，系统转换效率达到 65%，工业和电力部门用氢价格降至 1 美元 / 千克，交通部门用氢价格降至 2 美元 / 千克；②早期市场中交通部门氢气输配成本降至 5 美元 / 千克，最终扩大的高价值产品市场中氢气输配成本降至 2 美元 / 千克；③车载储氢系统成本为 8 美元 / 千瓦时，便携式燃料电池电源系统储氢成本为 0.5 美元 / 千瓦时，储氢罐用高强度碳纤维成本达到 13 美元 / 千克；④用于长途重型卡车的质子交换膜燃料电池系统成本降至 80 美元 / 千瓦，运行寿命达到 2.5 万小时。用于固定式发电的固体氧化物燃料电池系统成本降至 900 美元 / 千瓦，运行寿命达到 4 万小时。

现在加拿大、美国还有南美都在规划新能源制氢项目，未来有望成长为一个重要的制氢设备市场。受限于中美、中加关系，美国、加拿大市场发展受阻，发展重点放在南美市场，比如巴西、智利、阿根廷。其中智利和阿根廷的风能、太阳能资源丰富，中资企业已经在这两个国家承建了不少风电场和光伏电站，预估市场容量也在 100 兆瓦以上。

二、中国可再生能源制氢发展现状及趋势

（一）中国可再生能源制氢发展现状

中国是世界上最大的制氢国，年制氢量约 3300 万吨（工业氢气约 1200 万吨）；可再生能源装机量全球第一，绿氢供应潜力巨大。目前，中国氢能产业发展迅速，已初步掌握氢气制备、储运、加注、燃料电池和系统集成等主要技术和生产工艺。全产业链规模以上工业企业超过 300 家，主要分布在长三角、粤港澳大湾区、京津冀等区域。然而，我国氢能产业仍处于发展初期，产业创新能力不强、技术装备水平不高，支撑产业发展的基础性制度滞后，产业发展形态和路径尚需探索。为促进氢能产业规范有序高质量发展，2022 年 3 月，经国务院同意，国家发展改革委、国家能源局联合印发《氢能产业发展中长期规划（2021—2035 年）》作为中国氢能发展的战略性文件，明确了氢的能源属性，是未来国家能源体系的组成部分，充分发挥氢能清洁低碳特点，推动交通、工业等用能终端和高耗能、高排放行业绿色低碳转型；明确氢能是战略性新兴产业的重要方向，其中电解水制氢是实现碳中和的重要抓手。

电解水制氢技术快速启动和响应的特点能够较好匹配风能、水能、太阳能等可再生能源电力不连续、不稳定的波动性供电，实现可再生能源电力的利用，降低电解水制氢成本。更重要的是，风 – 光 – 水等可再生能源通过制氢、用氢的过程，不仅解决了可再生能源的不稳定性，消纳"弃水、弃风、弃光"的电力，还更加高效节能，使能源存储和供应过程更加方便灵活。因此，可再生能源发电制氢技术会不可避免地成为未来的发展趋势。

随着近几年氢能上升的浪潮和机遇，诸多企业和科研院所致力于在西北部地区开发光伏发电制氢项目。譬如，宁夏宝丰能源集团利用太阳能发电开展建设了制氢用氢为一体的综合应用示范项目，将光伏发电用于 20 000 标准立方米 / 小时碱性电解水制氢设备，并配套组建了下游加氢站，降低碳排放，提高能源利用率。由于太阳能发电具有一定的周期性和间歇性，易受天气等环境因素影响，因此国电投宁东可再生能源制氢示范项目将自备电厂与光伏发电耦合，确保电解水制氢技术不受环境等因素的影响，能平稳、持续性发电。

风电制氢方面，一些风电制氢综合示范项目先后落地，项目利用风力驱动产生电能，再通过电解水制氢技术生产氢气，最终输送至氢能应用终端。譬如，2014 年中国节能环保集团负责的国家"863"计划利用风电直接制氢，氢气用于燃料电池发电。之后，河北建投新能源与德国公司合作建设了沽源风电制氢项目，项目由风力发电、电解水制氢、氢气的应用组成，对风电消纳、氢气综合利用具有重要意义。

水电制氢方面，水力发电技术主要集中在我国水资源丰富的地区，例如，四川、云南、湖北、贵州、广西等地的合计水发电量约占全国水电发电量的 70%。水电大规模开发的地域，其消纳能力不足和弃水严重的现象也更为突出。通过将水电与电解水制氢技术耦合，可实现水能与氢能的合理利用。虽然理论上可以尝试在资源丰富的地域进行该技术的布局，但是结合当地经济发展以及尚未成熟的氢能技术，目前依靠水力发电制氢的项目还没有实际开展。

从技术路线来说，目前主要的制氢工艺包括电解水制氢、热化学循环分解水制氢、光化学制氢、矿物燃料制氢、生物质制氢和各种化工过程副产品氢气的回收。电解槽是绿氢制备的关键设备，其技术路线、性能、成本是影响绿氢市场走势的重要因素。目前，碱式电解槽与质子交换膜电解槽较为成熟，已经商业化。而有很大发展潜力的阴离子交换膜电解槽与固体氧化电解槽仍处于实验室阶段，技术不够成熟。

（二）中国可再生能源制氢产业链布局

氢能全产业链包括上游制氢，中游氢的提纯、储、运和下游加氢站。上游制氢主要分为电解制氢、副产氢、化工原料制氢、石化原料制氢等四条路线。中游储运分为气态、液态、氢化物、固态储运等四种方式。下游加氢站主要分为压缩、储氢和加注等三类设备。与副产氢、化工原料制氢和石化原料制氢等其他制氢路线相比，电力企业在上游中的电解水制氢（绿氢）路线上具有规划和技术研发优势，制氢成本是决定规模化发展的关键因素。2020 年以来中国布局电解水制氢的企业数量在快速增加，电解槽装备企业数量从 2020 年的约 10 家迅速上升到超百家，产业链相关企业超 200 家。

除电解槽生产制造外，相关的零部件如电极涂层、气体扩散层、双极板、隔膜等相关研发制造企业也在逐渐增多。从企业发布的产品来看，布局碱性电解水制氢技术的企业数量要比布局 PEM 电解水制氢技术的企业数量更多，且发布的电解水制氢设备的单槽制氢规模越来越大。碱性电解水制氢设备在国内的出货量远多于质子交换膜电解水制氢设备。2021 年中国碱性电解水制氢设备的出货量约 350 兆瓦，质子交换膜电解水制氢设备约 5 兆瓦。

电解水制氢设备的应用既有传统领域也有新兴领域，传统领域如电力、气象、玻璃、半导体、有色冶金、多晶硅等，近两年开始向钢铁、化工、石化、交通、储能等领域拓展，化工、石化等领域的示范应用使电解槽出货量迅速增长。2022 年中国电解槽出货量在 800 兆瓦左右，在 2021 年基础上实现翻番，2030 年中国电解槽装机量预计将超 100 吉瓦。

制氢技术路线方面，碱性电解槽的技术成熟度和商业化程度均高于其他电解水制氢技术，目前的绿氢示范项目基本都选择碱性电解槽和可再生能源进行耦合。据统计，目前约 80% 的可再生能源制氢项目采用碱性电解水制氢技术，采用质子交换膜电解水技术的项目仅占 20% 左右。采用碱性电解水制氢技术的项目主要集中在炼化、化工和交通领域。绿色炼化和化工项目氢气量大且要求价格低，相比质子交换膜电解水制氢技术，碱性电解水制氢技术的制氢成本更低，单槽规模更大，成为当下工业领域脱碳的选择之一。

由于质子交换膜电解水制氢技术的快速响应特性，PEM 电解槽近两年主要应用于储能和少量制氢加氢一体站项目。中石化在河南中原油田推进的风光制氢示范项目和三峡集团在内蒙古规划的"源网荷储一体化"示范项目，都将应用质子交换膜电解水制氢技术，制氢规模达到 500 标准立方米 / 小时，是目前中国规模最大的 PEM 制氢项目，项目将应用康明斯生产的质子交换膜制氢设备。

国家发改委于 2022 年 3 月发布的《国家氢能产业中长期规划（2021—2035 年）》对绿色氢气的生产和应用做出了明确规划，这将促进未来电解水制氢行业的发展，刺激行业对电解水制氢设备的需求。在绿氢生产方面，国家希望构建清洁低碳化的多元制氢体系，重点发展可再生能源制氢，并于 2025 年达到 10 万～20 万吨的可再生能源制氢规模。在绿氢应用方面，国家希望推动氢能多元化示范应用，在交通和工业等高碳排放的领域内，探索可再生能源制氢替代化石能源的示范应用。

可再生能源制氢迎发展机遇。氢能作为能源低碳化的重要组成部分，是清洁能源转型之路上必不可少的一环，已获得世界各国的重视，可再生能源制氢成为世界各国的发展方向。各地均在将氢能发展写入"十四五"发展规划后继续大力布局氢能产业发展相关规划。预计 2050 年我国氢能产值将达 1.2 万亿元，低碳环保的可再生能源制氢占比将超过 70%。

以煤为主的制氢方式短期难以改变。受资源禀赋、成本等约束，煤炭制氢在未来一段时期内仍是我国氢气的主要来源。然而煤制氢技术的碳足迹远高于工业副产氢和天然气制氢，面临碳成本和环保审批双重压力。CCUS 技术可帮助煤气化制氢减排80%，在电力脱碳仍需要较长时间的背景下，结合 CCUS 技术的煤制氢在成本和减碳上仍具有一定的优势，有望成为中短期的制氢主流方式。

工业副产氢有望迎来快速发展。短期内，我国工业副产气的制氢规模可进一步提高。工业副产氢额外投入少，成本低，能够成为氢气供应的有效补充；同时，在碳排放量方面，相对于现阶段电解水和化石能源制氢也具有相对优势。我们预计在缺氢区域发展工业副产氢将会具备相当高的经济性。

可再生能源制氢成本渐有优势，电解槽市场空间巨大。现阶段碱性电解水制氢和PEM 电解水制氢都面临制氢成本较大的问题。未来，随着电价降低、电解槽成本降低、电解槽工作时间延长等因素叠加，电解水制氢成本将大幅度降低。可再生能源制氢将具备经济性，装机量将迎来爆发式增长，预计电解槽系统装机量 2050 年将达到500 吉瓦，市场规模突破 7000 亿元。

（三）中国可再生能源制氢发展趋势

从氢源侧来讲，全球氢气制取的主流选择是化石能源制氢，主要是由于化石能源制氢的成本较低，其中天然气重整制氢由于清洁性好、效率高、成本相对较低，占到全球 48%。我国能源结构为"富煤少气"，煤制氢成本要低于天然气制氢，因而国内煤制氢占比最大达 62%，其次为天然气制氢占比达 19%，电解水制氢占比仅为 1%。可以看出，我国氢源结构过于依赖化石原料，与世界平均水平仍存在一定差距。

对比四类制氢技术的经济性以及发展潜力，在氢能发展初期，化石燃料制氢与工业副产物制氢凭借较低的成本占据制氢源结构的主体地位，随着电解水制氢技术的成熟及成本的下降，这两种方式占比逐渐下降；到氢能市场发展中期（2030 年左右），煤制氢配合 CCUS 技术、工业副产氢、电解水制氢将成为有效供氢主体，电解水制氢在氢源结构中占比为 10%；在氢能市场发展远期（2060 年左右），我国将形成以可再生能源为主体、煤制氢 +CCUS 与生物制氢等其他制氢方式为补充的多元供氢格局。

我国氢气基本自给自足，产销基本维持供需平衡状态。电解水制取的绿氢占比为氢能总产能的 1%。按照制氢能耗 5 亿千瓦时 / 万吨，用于制氢的新能源电量为 125 亿千瓦时，根据上节所述可再生能源发电量预测结果，2020 年新能源发电量 2.3 万亿千瓦时计算，即有 0.54% 的新能源电力用于制取绿氢；根据前文我国氢能需求总量和氢源结构预测结果，我国 2030 年氢能需求为 4346 万吨，绿氢占比为 10%，为 434.6 万吨 / 年，则 2030 年用于制氢的新能源电量为 2173 亿千瓦时，届时我国可再生能源发电量为 5.42 万亿千瓦时，即有 4% 的新能源电力用于制氢。我国 2060 年氢能需求为 1.34 亿吨，绿氢占比为 70%，为 9382 万吨，届时用于制氢的新能源电量为 37 528 亿千瓦时（我国 2060 年新能源发电量为 134 429 亿千瓦时），有 28% 的新能源电力用于制氢。

根据各省新能源发电量预测结果与历年新能源发电量中用于制氢电量比，同时考虑各个省份中水电和核电占比，分别对我国各省 2030 年和 2060 年的绿氢产量进行预测。西南地区的四川和云南等省份的发电结构中，水电占据极大比重，华东地区的广东等省份的发电结构中，核电占据较大比重，因此在氢能发展初期（2030 年），四川和云南虽然新能源发电量比重甚至略高于新疆、内蒙古等可再生资源丰富的地区，但考虑到水电和核电制取绿氢成长性较差，新疆、内蒙古、宁夏、甘肃等西北四省区绿氢产能将处于国内领先水平。到 2060 年，新疆绿氢产量遥遥领先国内其他省份。考虑西北地区风光资源富集、发展潜力巨大，西北地区将是我国未来潜力最大的绿氢产地。华北地区绿氢产能略有所提升，北京和天津等一线城市绿氢潜能较差。华东地区各省绿氢产能均有不同程度的提升。

绿氢产能分布与国家清洁能源建设基地重合度较高，在未来清洁基地建设过程中，应考虑适当配置电制氢设备，平抑新能源的波动性，实现多余新能源电力就地消纳，并在高耗能工业向西北部转移过程中，应用制得的绿氢助力高耗能工业从源头实现节能降碳，逐步替代工业领域的灰氢与蓝氢。同时将制得的绿氢以物质或能量的形式进行储运，实现氢能在电力、交通等领域的应用。

为了满足各个区域的用氢需求，需对满足氢能需求的管道输氢和输电代输氢进行配置，根据绿氢获取方式不同，可以将其划分为就地制氢、氢网输送、输电代输氢三种模式，并合理规划应用。

第二章

可再生能源制氢技术及场景分析

可再生能源制氢产业呈现积极发展态势，国内已初步掌握氢能制备、储运、加氢、燃料电池和系统集成等主要技术和生产工艺，在部分区域实现燃料电池汽车小规模示范应用。随着技术进步，可再生能源度电成本及电制氢设备成本呈下降趋势，可再生能源制氢经济性优势逐渐显现，氢能系统与电网的耦合关系更加密切，应用场景更加丰富。

第一节　电解水制氢装备与技术

一、碱性电解水制氢技术

碱性电解技术目前发展最成熟。在电流作用下，水通过电化学反应分解为氢气和氧气，并在电解池的阴极和阳极析出。碱性电解水制氢设备系统主要包括电解槽、压力调节阀、碱液过滤器、碱液循环泵、碱液制备及储存装置、氢气纯化装置以及气体检测装置等模块组成。碱性电解水制氢技术成熟，投资、运行成本低，但存在碱液流失、腐蚀、能耗高、占地面积大等问题。

（一）发展概述

特罗斯特维克（Troostwijk）和戴曼（Deimann）在1789年首次发现了电解现象，尽管他们已经演示了用静电发生器分解水，然而，只有在1800年伏特创造了第一个强大的电池，也就是伏打柱，才有可能以一种有针对性的方式使用电解。1834年，法拉第首次提到了电解水的原理。1900年，施密特发明了第一台工业电解槽。仅仅两年后，就有400台电解设备投入使用。由于对氨的高需求，电解工业在1920年至1930年蓬勃发展，加拿大和挪威建立了装机容量为100兆瓦的工厂，主要使用水力发电作为动力源。1924 年，内尔根拉斯（Noeggenrath）获得了第一台压力电解槽的专利，其压力电解槽可达 100bar。1925 年，雷尼镍的发现对电解技术的进一步发展具有重要意义。通过将金属镍和金属硅结合起来，然后用氢氧化钠浸出硅，它能够创造一个巨大的活性催化剂表面。1927 年，一项专利描述了铝作为硅的替代品。镍基电极仍然是碱性电解的基本催化剂。1939 年，单个电解槽的产氢速度首次达到 10 000 标准立方米/小时。1948 年，日丹斯基（E. A. Zdansky）推出了第一台高压工业电解槽。由于系统的效率受工作温度的强烈影响，开发出来抗腐蚀材料，并于 1950 年在 120℃的碱性电解环境中成功地进行了测试。1951 年，卢尔吉（Lurgi）首次设计了 30bar 的压力电解槽。雷尼镍在 1957 年被认可用于碱性电解槽。镍催化剂降低了过电压，并将工作温度降低到 80℃。1967 年，科斯塔（Costa）和格兰姆斯（Grimes）提出了电极排列的零间隙几何结构，目的是通过减小两个电极之间的距离来降低电池电阻。经过几十年的发展，碱电解已经准备好投入市场。商用 AEL 系统目前已在模块化生产，性能范围为 1~1000 标准立方米/小时。这相当于每个模块消耗 5 千瓦~5 兆瓦的电力，通常将几个电解模块并联连接，以获得更大的产氢能力。

在全球大力倡导"碳中和"的背景下，发展高能效、低成本、零排放的先进可再生能源电解制氢技术将成为实现"碳中和"的关键。然而，当前化石能源制氢技术仍处于主流地位，具有成本低的优势，但存在固有的碳排放，而利用可再生能源电解水制氢则被认为是未来氢能的技术路线。近年来，主流的碱性电解制氢技术发展迅速，有望在可再生能源价格持续下降的趋势下，大幅降低其制氢成本。

碱性电解（AWE）技术是目前最成熟、商业化程度最高的电解制氢技术，兆瓦级规模的电解装置已实现商业化应用。AWE 电解槽使用 NaOH 或 KOH 水溶液作为电解液，在阳极水氧化产生氧气，在阴极水还原产生氢气，具有操作简单、生产成本较低等优点，但是也存在动态特性差、碱液腐蚀、压力 – 液位控制、串气安全、体积和重量大等问题。隔膜是碱性电解池的关键部件之一，将产品气体隔开，避免氢氧混合。以石棉为基础的多孔隔膜使用了几十年，直到 20 世纪 70 年代中期，因为其有毒且气体渗透性较高而被禁止。随后，各类隔膜替代材料得到发展，例如 Hydrogenics 公司的 HySTAT™ 模块化电解槽使用无机离子交换膜 IMET®，生产的氢气纯度大于 99.999%。NEL（挪威）、MacPhy（法国）、ErreDue（意大利）、Enapter（意大利）等公司也在开发和生产碱性电解槽。传统 AWE 有一些操作上的局限性，尤其是最大电流密度通常限制在 $0.45A/cm^2$ 以内（一般为 $0.2~0.4A/cm^2$）。因为在较高的电流密度下，产生的气泡在重力作用下会沿电极表面向上流动，从而在整个电极表面形成一层连续的非导电气膜。在新型 AWE 电解槽中，多孔网格构成的电极压在隔膜上，以减少间隔距离来降低欧姆电阻。这种零间隙配置可提高电解效率。通过使用这种新型工艺，AWE 系统的电流密度可提升至 $2A/cm^2$。可再生能源电力的间歇性波动会增加阴极处镍的溶解，在阴极上涂一层较薄的稳定活性材料可减轻这一问题，因而 AWE 一般可在额定功率的 15% ~ 100% 运行。但 AWE 的启动时间较长，停机后需要 30 ~ 60 分钟才能重新启动。同时，AWE 的功率变动速率受到材料、温度、结构等方面的限制。因此，碱性电解槽与具有快速波动特性的可再生能源配合性能相对较差，需要进一步研究。

经过近 30 年的积累，中国企业在压力型碱性电解装备制造领域逐步取得了国际领先的地位。我国电解水装置的安装总量在 1500 ~ 2000 套，多数用于电厂冷却用氢的制备，每年通过电解水所制得的氢气总量约 8 万吨，碱性电解水技术占绝对主导地位。在碱性电解水设备方面，目前国内设备的水平最大可达 1000 标准立方米 / 小时（指 0℃、标准大气压下的氢气体积）。代表企业有苏州竞立制氢设备有限公司、天津市大陆制氢设备有限公司等，部分企业电解槽已有 10 年以上的运行经历，产品稳定性良好。

（二）基本工作原理

电解水制氢，是指在充满电解液的电解槽中通入直流电，水分子在电极上发生电化学反应，即可分解成氢气和氧气，整个过程可实现零排放。整个电化学反应，核心的设备载体就是电解槽。通常电解槽的结构分为三部分，分别是隔膜、阳极、阴极。当直流电通过电解槽时，在阳极与溶液界面处发生氧化反应，在阴极与溶液界面处发生还原反应。

碱性电解水制氢是指在碱性电解质环境下进行电解水制氢的过程，电解质一般为 30% 质量浓度的 KOH 溶液或者 26% 质量浓度的 NaOH 溶液，在直流电作用下，水分子在阴极一侧得到电子发生析氢还原反应，生成氢气和氢氧根离子，氢氧根离子在电场和氢氧侧浓度差的作用下穿过物理隔膜到达阳极，并且在阳极一侧失去电子发生析氧氧化反应，生成氧气和水。产出的气体需要进行脱碱雾、干燥、压缩等处理。碱性电解于 20 世纪中期就实现了工业化。该技术较成熟，运行寿命可达 15 年。碱性电解槽以含液态电解质和多孔隔板为结构特征，如图 2-1 所示。

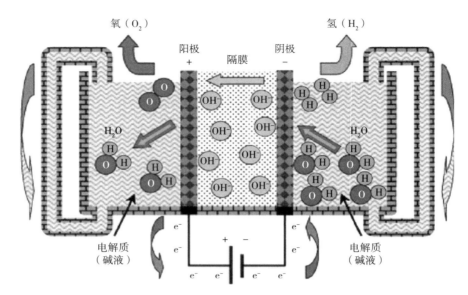

阳极：$4OH^- \rightarrow 2H_2O+O_2+4e^-$　　阴极：$4H_2O+4e^- \rightarrow 2H_2+4OH^-$　　整个系统：$2H_2O \rightarrow 2H_2+O_2$

图 2-1　碱性电解水制氢工作原理

（三）系统构成及关键技术

碱性电解水制氢系统主要包括碱性电解槽主体和 BOP（Balance of Plant）辅助系统。其中碱性电解槽主体和 BOP 辅助系统成本分别占系统总成本的 45% 和 55%。

1. 碱性电解槽主体

碱性电解槽是电解水制氢系统的核心设备。虽然不同电解槽厂家生产的电解槽的内部结构形式多有不同，但大体上包括双极板、极框、阳极电极、阴极电极、隔膜、密封垫等，部分电解槽还专门设置有集流器，外部有端压板、螺栓和螺母紧固件等。同时，在碱水制氢电解槽的外侧，分别设置有外接氢侧出口、外接氧侧出口及电解液进口。电解槽运行时，电解液从下侧的进口进入电解槽，在每个电解小室内将水电解为氢气和氧气，氢气与电解液的混合液从氢侧出口流出，氧气与电解液的混合液从氧侧出口流出。电解槽内装填 KOH 或 NaOH 溶液作为电解质，隔膜将槽体分为阴、阳两室。在 70～90℃的温度下通电反应，阴极和阳极分别产生氧气和氢气。由于电解质为碱性，电解槽设备容易受到腐蚀，设备使用时间相对较短。碱性电解槽包括多个小电解室，通过螺杆和端板组装而成，每个电解小室以相邻的两个极板为界。其中，碱性电解槽膜片和电极的成本在电解槽成本中占比约 57%，是碱性电解槽的重要组成。如图 2-2 所示。

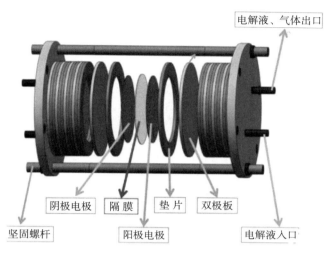

图 2-2　碱性电解槽结构示意图

　　极板和极框的主要作用是支撑电极和隔膜以导电。极板主要通过将电解槽的内部空间分开，形成多个电解小室，部分类型的双极板上设计有凹凸不平的结构，其作用是提高电流密度，进而提高制氢效率，通常使用耐碱性腐蚀并且具有良好导电性的金属材料制造双极板。一般在双极板的外侧安装极框，上面有流体流道和密封线，采用金属或塑料材质制作，在制造工艺上，为了方便电解槽组装，并且减少漏点，可将极框与极板直接作为一体。

　　隔膜主要作用是防止气体混合。碱水制氢电解槽所用隔膜为渗透隔膜，具有耐碱腐蚀、孔径小、孔隙率大、亲水性好等特点，能够防止电解小室中的氢氧侧气体混合。传统电解槽所用隔膜为石棉材料，但由于其危害性大，已被非石棉材料所代替。

　　电极的作用是通直流电后发生电化学反应，电解槽的产氢效率取决于阳极电极和阴极电极，碱性电解水制氢的电极材料需具备三个性能：①快速的吸氢、脱氢能力，材料结构稳定，良好的导电性能；②高比表面积，进而增大有效电解表观电解面积的电流密度；③具有成本优势的非贵金属催化剂。目前碱性电解所用的电极材料多为镍基材料，包含镍基合金析氢电极、镍基复合析氢电极等。

　　集流器与电极、双极板紧挨，具有较高的比表面积，其作用与双极板上凹凸不平的结构一致，用来提高制氢电解槽的电流密度。

　　密封垫主要提供密封、防止泄漏以及支撑作用。

　　碱性电解槽的关键组成部分及功能如表 2-1 所示，随着制氢规模化的发展以及绿氢技术要求，各关键组件的材质也经历了发展变化。

表 2-1　碱性电解槽主要组成部分及作用

组成部分	极板和极框	隔膜	电极
主要作用	支撑电极和隔膜以导电	防止气体混合	发生电化学反应、决定制氢效率
性能要求	耐高浓度碱液腐蚀	保证氢和氧分子不能通过隔膜，但允许电解液离子通过；耐高浓度碱液腐蚀；具有较好的机械强度；孔隙率尽可能高；在电解温度和碱液条件能够保持化学稳定	耐碱、耐高温、表面积大
材质/组成设备	铸铁金属板、镍板或不锈钢板	石棉隔膜、聚四氟乙烯树脂改性石棉隔膜、聚苯硫醚隔膜、聚碱类隔膜、聚醚醚酮隔膜	大多采用镍基（纯镍网、泡沫镍或喷涂催化剂）

（1）隔膜部分

碱性电解水制氢主要用高浓度的氢氧化钾溶液作为电解质，浸泡在溶液中的隔膜以物理手段将氢气和氧气隔离。因此，适用于碱性电解槽的隔膜应具备以下要求：①保证氢气和氧气分子不能通过隔膜，但允许电解液离子通过；②能够耐高浓度碱液的腐蚀；③具有较好的机械强度，能够长时间承受电解液和生成气体的冲击，隔膜结构不被破坏；④为了降低电能损耗，隔膜必须要有较小的面电阻，因此隔膜孔隙率要尽可能高；⑤在电解温度和碱液条件下隔膜能够保持化学稳定；⑥原料易得、无毒、无污染，废弃物易处理。

早期碱性电解水制氢隔膜主要为石棉隔膜，具有耐化学腐蚀、耐高温、高抗张强度、亲水性强等优点。然而石棉隔膜的溶胀性会引起电解能耗升高，限制电解温度，使电流效率无法提高，且长期接触石棉纤维容易引起尘肺病，许多国家都已经限制石棉材料的使用，使得其逐渐被淘汰。

我国在 2016 年左右开始大量使用聚苯硫醚（Polyphenylene sulfide，聚苯硫醚）隔膜替代石棉隔膜，因聚苯硫醚隔膜能够提供一定的物理支撑作用，同时聚苯硫醚隔膜作为一种新型高性能热塑性树脂，具有耐热性能优异、机械强度高、电性能优良的特点，牢牢占据了国内碱性隔膜 95% 以上的市场份额。但在实际运行中发现，聚苯硫醚隔膜亲水性较弱，若采用聚苯硫醚隔膜，会造成电解槽内阻过大，增加单位制氢成本。在碱性电解水制氢大规模应用下，经济性是最重要的考量因素，因此行业逐步开展对聚苯硫醚隔膜的改性，增强其亲水性。

目前对于聚苯硫醚隔膜改性的方法主要有两种，一是对聚苯硫醚进行化学处理，在聚苯硫醚的分子链加上枝节亲水性的官能团，但是在后续的应用过程中发现枝节的官能团并不稳定，隔膜的耐久性不够好，这种方法逐渐被市场淘汰。二是对聚苯硫醚隔膜表面涂覆功能涂层来改善其亲水性，构成一种类似三明治结构的复合隔膜。以Agfa的ZIRFON产品为例，以聚苯硫醚为基，表面涂覆浆料中含有二氧化锆和聚合物，成为复合隔膜，改善了隔膜的亲水性，提高隔膜与电解液的相容性，降低电解槽的内阻。同时，由于表面浆料与聚苯硫醚的相互作用，复合隔膜也通常会表现出比聚苯硫醚基底更高的物理稳定性。另外，还有聚四氟乙烯树脂改性石棉隔膜、聚醚醚酮纤维隔膜、聚碱纤维隔膜等。不同类型隔膜的优点及缺点，如表2-2所示。

表 2-2　不同类型隔膜的优缺点

隔膜种类	优点	缺点
石棉隔膜	耐化学腐蚀、耐高温、高抗张强度、亲水性高	具有溶胀性，使电解能耗升高；限制温度，使电流效率无法提高；对人体有害
聚四氟乙烯树脂改性石棉隔膜	通过薄膜结构提升了耐腐蚀性和机械强度，同时降低了溶胀性	加入聚四氟乙烯使得隔膜亲水性下降，电流效率降低
聚苯硫醚隔膜	耐热性能优异、机械性能好、耐腐蚀性强、尺寸稳定性好、电性能优良	亲水性差，电阻高
聚碱类隔膜（PSF）	抗氧化性、热稳定性、高温熔融稳定性强；耐高温、酸碱、细菌腐蚀；原料价廉易得	亲水性差，隔膜水通量低，抗污染性能不理想
聚醚醚酮隔膜（PEEK）	耐高温、耐化学腐蚀	性能与厚度受编制方式影响

根据势银《中国电解水制氢产业蓝皮书2022》，国内碱性电解槽企业使用聚苯硫醚隔膜居多，部分企业开始使用复合隔膜。

（2）极板和极框

极板是碱性电解槽的支撑组件，其作用是支撑电极和隔膜以及导电。完整的极板由主极板和机框焊接组成，然后整体镀镍得到。

压滤式电解槽电解小室内部的主极板表面布有球形的凹凸结构（乳突板），这些凹凸结构一方面可以使隔膜两侧的极板能够以"顶对顶"的形式形成可靠的多点接触，有效降低小室内部构件的接触电阻；另一方面，凹凸球型结构曲面构成了电解单元内部的容腔及循环通道，使电解液在进入流道时不能直接向上流动，而是经过许多球状凹凸结构之间的弯曲间隙，有利于增强流动，减小流道内各处的电解液浓度差，使电解液分布更均匀，从而降低电解设备的能耗，提高其长期运行的稳定性。

极框在主极板外部，设置有上端的两组气道孔和下端的一组液道孔，极框上与主极板焊接的部分被称为舌板，极框最外侧为剖面，其余为隔膜和密封垫的重合区。极框的下部会设置碱液液道孔，碱液从外部进入小室，阴极电解液与阳极电解液分别进入电解槽内部的阴极电解液与阳极电解液流道，电解槽内部阴极电解液与阳极电解液分区流动进入制氢框架。

国内极板材质一般采用铸铁金属板、镍板或不锈钢金属板，加工方式为：经机加工冲压成乳突结构，和极框焊接，然后镀镍。极框整个宽度为密封线宽度、流道区域宽度、隔膜和密封线重合区域宽度、舌板宽度之和。

（3）电极

1）电极的要求

电极在碱性电解槽中是发生电化学反应的场所，因此是决定电解槽制氢效率的关键。评价碱性水电解电极材料优良与否，电极材料的使用寿命和水电解能耗是关键指标。当电流密度不大时，主要影响因素是过电位；电流密度增大后，过电位和电阻电压降成为主要影响能耗的因素。在实际应用中工业电极应具有以下几点要求：高表面积、高导电性、良好的电催化活性、长期的机械和化学稳定性、小气泡析出、高选择性、易得到和低费用、安全性。

水电解制氢往往要求采用较大的电流密度（$4000A/m^2$ 以上），因此"高导电性"和"长期的机械和化学稳定性"显得更加重要。因为，高导电性可以降低欧姆极化所引起的能量损失，高稳定性保证电极材料的长寿命。而"高表面积"和"良好的电催化活性"则是降低析氢、析氧过电位的要求，也是评价电极性能的重要指标。

2）阴极材料的选择

对于析氢阴极材料，早期电解水制氢的阴极材料主要以贵金属电极为主，例如Pt、Pd 及其合金，这类金属合金虽然有很低的析氢过电位，但价格比较昂贵，无法大量推广。

目前，应用于催化制氢的电极材料主要有金属合金材料，如镍的二元、三元合金（Ni-Mo、Ni-Mo-Ge）；过渡金属氧化物及其化合物，如磷氧化物及含硫化合物等（Ni_2P、FeP、MoS_2）；还有碳基底复合材料，如一维材料碳纳米管和二维平面材料氧化石墨烯等。

金属镍及其合金催化剂：镍及镍的二元、三元合金因具有较低的析氢电位，故在电解水制氢领域具有较高的研究和应用价值。目前，工业电解水制氢过程中应用较为广泛的电极材料是镍合金，尤其是 Ni-Mo 和 Ni-Co 合金。随着对阴极材料的不断开发及应用，Ni-Co-P、Ni-Mo-Ge、Ni-Co-Si-B 等三元、四元合金逐渐受到人们的关注。非静态 Ni-Fe-Mo 三元合金制备的阴极电极材料，具有较高的催化活性。另外，在电极材料中添加 P、S 等非金属元素，可以有效提高镍合金的电催化活性。研究发现，Ni-S 层的金相结构及含硫量在其析氢电位下降中起重要的作用。该阴极材料具有更小的槽电压，显示出了较高的催化稳定性。由此可见，镍及镍的多元合金的研究与应用，对制备具有高催化活性、多元复合的阴极析氢电极材料来说非常重要，镍及镍的多元合金的应用是一个趋势。

过渡金属磷化物、硫化物：结构稳定的过渡金属磷化物具有良好的导电、导热性能，兼具金属和陶瓷的特性，在不同条件下能生成各向同性的化合物。具有优异的催化性能，在催化领域具有广泛的用途。采用水热法及电沉积法制备的 Ni_2P、CoP、Fe_2P 等化合物，均可以作为高效的制氢电极材料来使用。具有二维结构的金属硫化合物，如 MoS_2、WS_2、TiS_2 等，在电催化等领域受到广泛关注。研究发现，通过溶剂热、化学剥离、机械剥离等方法，均可提高该类电极材料的催化活性位点。

碳基复合电极材料：近年来，具有二维平面结构的石墨烯在催化领域的应用成为研究的热点。由于二维材料具有较大的比表面积及更多的活性位点，在制备高催化活性电极材料方面具有优势，因此将金属氧化物、硫化物负载在石墨烯的结构中，来为获得高性能的催化材料开辟空间。碳纳米管、碳布及多孔碳等材料也逐渐被当作析氢电极材料的基底而利用起来。研究者通过引入不同的过渡金属化合物，来提高复合材料的催化活性位点。

3）阳极材料的选择

对于析氧阳极材料，其必须具有优良的导电性、足够的电化学惰性、良好的机械稳定性、可加工性、高比表面积、高电催化性活性、良好的导热性以及耐电解质的腐蚀性，此外还需考虑价格是否可以接受。在选择用于电解水过程的阳极时，首先要考虑电极材料的电化学性质，即在指定条件下的电极反应速度、析氧反应的电流效率以及电极材料本身的耐碱性等。目前阳极材料有以下几种：

金属、合金以及二维的过渡金属单原子材料：除贵金属以外，钴锆铌镍等金属具有较高的析氧催化活性，其中以镍的应用最广。镍在碱性介质中具有很好的耐腐蚀性，价格也相对便宜，同时在金属元素中镍的析氧过电位不太高，并有相当高的析氧效率，所以镍被广泛用作碱性水电解阳极材料。合金电极中，有 Ni-Fe、Ni-Co 及

Ni–Ir 合金等。二维的过渡金属单原子材料也成为研究热点，例如 MoS_2、WS_2、$MoSe_2$ 等，其极性、均一分布等特性为其在阳极材料上应用提供了新思路。

贵金属氧化物： 贵金属氧化物 RuO_2、IrO_2 和 RhO_2 等都具有较好的析氧催化活性，金属物阳极具有高效低耗、稳定性好等优良性能。其中 RuO_2–IrO_2 的复合氧化物更被广泛应用。在 ABO_2 型金属氧化物电极中，如 $PtCoO_2$ 有着较好的析氧催化活性。但由于这些氧化物在碱性介质中耐腐蚀性较差，更适用于酸性介质。

AB_2O_4 型尖晶石型氧化物： 在 AB_2O_4 氧化物中，$NiCo_2O_4$ 由于析氧活性高、在碱性介质中耐腐蚀以及成本相对廉价等优点，目前被认为是最具前景的碱性水电解电极材料。

ABO_3 钙钛矿型氧化物： 钙钛矿型氧化物中 $LaNiO_3$ 的研究最为广泛，$LaNiO_3$ 是一种非化学计量的化合物，三价、二价镍离子和氧空穴共存，高密度的氧空穴使 $LaNiO_3$ 具有导电性。采用冻干真空热分解法和有机酸辅助法可以在相对低的温度下制备出有较高比表面的均相的钙钛矿型氧化物，大大提高了阳极材料的催化活性。

复合镀层膜电极： 金属、氧化物粉末复合镀层电极主要被用于制备性能优异的电极材料。

高熵合金： 高熵合金是指含有 5 个或以上随机原子的合金，其中有一些高熵合金也被用作碱性电解析氧阳极材料，以提高阳极材料的稳定性和耐腐蚀性能。

相变材料： 以 $Ge_2Sb_2Te_5$（GST）为代表的相变材料在碱性水电解析氧反应中逐渐得到应用，因其具有低反应电势、高稳定性、快速的扩散动力学响应等特点可以提高析氧阳极材料的性能。

4）提升电极活性

表面修饰法（电镀、复合镀和化学镀法）、热分解法、物理法： 表面修饰法，在电极上修饰一层高活性镍基催化剂（例如雷尼镍）或者含贵金属的催化剂（铂系催化剂等）。修饰的方式有喷涂、滚涂、化学镀等，不同方式的性能和成本会有差异。国内电解槽电极喷涂分三种：只喷涂阳极、只喷涂阴极和阴阳极全部喷涂；热分解法，在镍网上原位生长规律有序的纳米结构，如纳米棒、纳米片、纳米壁和分级结构等，不但有效地提高表面活性面积，同时促进电子转移和产生气体的解吸，使得活性位点快速暴露，并且催化剂与电极有效结合，极大提高电极的稳定性；各方法可以综合使用，这样往往能弥补单一方法所存在的缺点，带来更好的效果。

阴极电解液中添加催化作用的物质： 选择合适的电解液组成，如适量添加助剂调整电解液中的离子浓度等。

2. 碱性电解水制氢 BOP 辅助系统

碱性电解水制氢装置 BOP 辅助系统包括八大系统：电源供应系统、控制系统、气液分离系统、纯化系统、碱液系统、补水系统、冷却干燥系统及附属系统。其电解制氢工艺如图 2-3 所示。

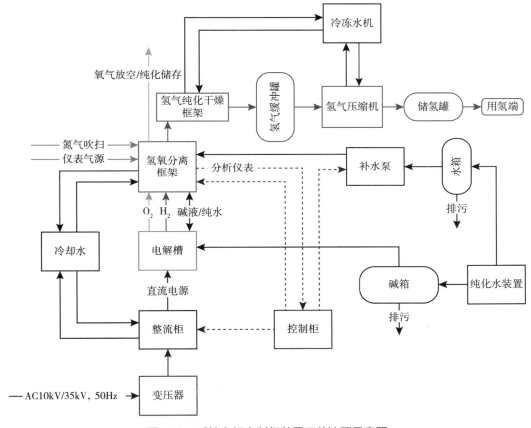

图 2-3 碱性电解水制氢装置工艺流程示意图

（1）电源供应系统

主要包含变压器、整流柜、配电柜等电源设备。其中，整流柜主要的作用是将上级电网输入的 10/35kV 的交流电变为电解槽需要的直流电，供应的电力一部分用于直接分解水为氢气和氧气，另一部分产生热量，然后碱液冷却器通过冷却水将热量带出。变压器大部分为油式，如果放在室内或者集装箱内部可采用干式变压器，电解水制氢设备用的变压器为特种变压器，需要根据每个电解槽的参数进行匹配。配电柜给氢氧分离框架和纯化系统中的各种电机设备进行供电，包括氢氧分离框架中的碱液循环泵、辅助系统中的补水泵、干燥纯化系统中的加热丝。整个系统需要的辅助系统包括纯水机、冷水机、空气压缩机、冷却塔后端的氢气压缩机、加氢机等设备，还包括整站的照明、监控等系统。

（2）控制系统

主要包含制氢控制系统和 PLC 控制柜，实现系统对压力、流量、温度的控制与检测。例如，设备根据实际情况设置产氢量。然后自动调节系统，用气负荷的变化带来氢气储罐压力波动，安装在储罐上的压力变送器输出电信号至 PLC 与原设定值进行比较、反变换及 PID 运算，输出新的电信号至整流柜来调整电解电流的大小，从而达到根据用氢负荷变化的变化实现氢气产量自动调节的目的。

（3）气液分离系统

主要包含气液分离罐、捕滴器、气体冷却器。在电解制氢单元里，在直流电的作用下水在电解槽内被分解为氢气和氧气，生成的氢气和氧气与电解液一起被送至气液分离器内部进行分离，氢气和氧气分别经过氢气、氧气冷却器冷却、捕滴器捕滴除水，然后在控制系统的控制下外送；电解液在循环泵的作用下分别经过氢、氧碱液过滤器，氢、氧碱液冷却器，返回电解槽继续进行电解。

（4）纯化系统

包括脱氧塔和吸附塔。其工作原理是：在脱氧塔中，氢气和氧气在催化剂的作用下反应生成水，达到除氧的目的；在吸附塔中装有分子筛，由于分子筛对水、二氧化碳和其他杂质都有一定的吸附作用，从而达到去除水的目的。水电解制取的氢气具有纯度高、杂质少等优点，通常水电解氢气中的杂质仅为氧气和水，无其他组份（可避免某些催化剂中毒），这就为制取高纯氢提供了方便，提纯后所制取的气体可以达到电子级工业用气体的指标。

（5）碱液系统

主要包含以下主要设备：氢氧分离器、碱液循环泵、阀门、碱液过滤器、电解槽。主要流程为：氢氧分离器中，混合氢气和氧气的碱液经过气液分离器分离后回流到碱液循环泵，此处氢分离器和氧分离器连通，碱液循环泵将回流的碱液循环至后端的阀门和碱液过滤器，过滤器过滤掉大的杂质后，碱液循环到电解槽内部。

（6）补水系统

包括纯水装置、蓄水箱与补水泵。由于碱性电解槽设备对原料水的电导率和电阻率数值有一定的要求，而水电解制氢过程唯一不断的就是水，因此需要一直不断地通过补水泵进行原料水的补给，补水位置处于氢或氧分离器上，此外氢气和氧气在离开系统时要带走少量的水分。每标准立方米氢气消耗 0.9~1 升水，通过对系统不断补充原料水，可以维持碱液液位和碱液浓度的稳定性，还可以及时补充反应掉的水，维持碱液的浓度。

（7）冷却干燥系统

包括换热器、冷却器和干燥器等。在电解水时碱液温度会上升，为了保证电解槽内碱液温度维持在 85~90℃，必须对进入电解槽的碱液通过换热器进行降温。系统生成的氢气与氧气在输出前通过冷却器进一步降温。系统中配有干燥器，利用干燥器对氢气进一步干燥。

（8）附属系统

包括氮气吹扫系统、附属框架、管阀件等。主要有氮气吹扫、参数检测、阀门控制等作用。

各部分设备作用如表 2-3 所示。

表 2-3　碱性电解水制氢 BOP 辅助系统组成

系统	设备	作用
电源供应系统	整流器、变压器	将交流电转化为稳定的直流电源
控制系统	制氢控制系统、PLC 控制柜	实时监测装置内温度、压力、流量、气体纯度等
气液分离系统	气液分离罐、捕滴器、气体冷却器	将氢气和氧气分别与碱液进行分离
纯化系统	纯化设备	气体提纯
碱液系统	碱液箱、碱液过滤器、碱液循环泵	保证碱液的稳定、连续供给
补水系统	补水泵、水箱	保证水源的稳定、连续供给
冷却干燥系统	换热器、冷却器、干燥器	降温或冷却从干燥器出来的再生气体
附属系统	氮气吹扫系统、附属框架、管阀件	调节阀、氢气纯度检测仪、氧气纯度检测仪、液位计、压力表、流量计等

（四）应用推广情况

国内方面，可再生能源制氢项目在大量推进落地。苏州考克利尔竞立公司，深耕碱性电解槽领域，处于国际领先地位，国内大型电解水制氢项目也都有考克利尔竞立的身影，如中石化新疆库车绿氢示范项目（规模 240 兆瓦），宝丰能源"国家级太阳能电解水制氢综合示范项目（规模 150 兆瓦）"等。国内主要可再生能源制氢项目有以下几个。

全球最大光伏制氢项目：中国石化新疆库车绿氢示范项目是国内首次规模化利用光伏发电直接制氢的项目，总投资近 30 亿元。项目采用装机容量 300 兆瓦、年均发电量 6.18 亿千瓦时的光伏电站，配置年产能 2 万吨的电解水制氢厂。项目于 2023 年 6 月建成投产，生产的绿氢将供应中国石化塔河炼化，替代现有天然气化石能源制氢。预计每年可减少二氧化碳排放 48.5 万吨，将为当地 GDP（国内生产总值）年均贡献 1.3 亿元，创造税收 1800 余万元。

鄂尔多斯打造首个氢能源制储用一体化项目：阳光氢能与正能集团深化"绿电 + 绿氢"领域合作，共同打造"内蒙古圣圆正能制氢加氢一体化项目"。项目位于鄂尔多斯市伊金霍洛旗，计划投资 13.96 亿元，规划建设 6000 标准立方米 / 小时电解水制氢、200 兆瓦光伏发电、2 座 1000 千克 /12h 以加氢为主的综合能源站项目及配套设施，是伊金霍洛旗"风光氢储车"新能源产业集群的战略代表性项目。

风光制氢长距输送一体化示范项目（中石化乌兰察布）："西氢东送"输氢管道示范工程已被纳入《石油天然气"全国一张网"建设实施方案》，标志着我国氢气长距离输送管道进入新的发展阶段。该管道全长 400 多千米，是我国首条跨省区、大规模、长距离的纯氢输送管道，起于内蒙古自治区乌兰察布市，终点位于北京市的燕山石化。新能源建设规模 254.6 万千瓦，制氢能力 10 万吨 / 年，项目投资业主为中石化新星内蒙古绿氢新能源公司，计划总投资 205 亿元。

宁夏宁东能源化工基地国家级太阳能电解水制氢综合示范项目：包括 20 万千瓦光伏发电装置和产能为 2 万标准立方米 / 小时的电解水制氢装置，是当时全球单厂规模最大、单台产能最大（单套产能 1000 标准立方米 / 小时的电解槽）的电解水制氢项目。目前，制氢综合成本控制在 1.34 元 / 标准立方米。全部投产后，该项目将每年可减少煤炭资源消耗 25.4 万吨，减少二氧化碳排放约 44.5 万吨，社会效益显著。

通辽千万千瓦级储氢氨一体化零碳产业园：2022 年 9 月，中国天楹股份有限公司与通辽市人民政府、中国投资协会签署战略合作框架协议。三方将共同打造通辽千万千瓦级风光储氢氨一体化零碳产业园项目，总投资达 600 亿元，建成后将年产 5 万吨绿氢、30 万吨绿氨等。

中能建辽宁台安县新能源制氢制氨项目：辽宁铁岭开原储能制氢一体化项目由风电、压缩空气储能、电解水制氢三个模块组成，总投资额约为 105 亿元；中能建辽宁台安县新能源制氢制氨项目年产 5.6 万吨电解水制氢、30 万吨绿氢制绿氨，总规划投资额 108.85 亿元。

全球最大单体碱性水电解制氢设备：明阳智能自主独立设计并生产制造的全球最大单体碱性水电解制氢装备在广东成功下线，该装备单体产氢量为 1500 ~ 2500 标准立方米 / 小时，具备 10% ~ 110% 宽频调谐制氢能力，在消纳可再生能源波动性方面实现了技术突破；与同等级设备相比，电解槽长度缩小 50%，产氢能损更低；在大规模制氢项目的应用中，单位产能设备投资可以减少 30%，为平价绿氢的实现奠定了坚实的装备技术基础。

国内已有超百家企业布局或规划碱性电解槽的研发或生产，其中既有在碱性电解水制氢行业深耕二三十年的传统企业，也有近几年入局的新能源企业和装备制造企业。

国内主流的碱性电解槽企业，均具备大功率电解槽的生产能力，负载可调范围广，产品成熟度高。其主流电解槽产品见表 2-4。

表 2-4　代表企业电解槽产品参数对比

企业	中船（邯郸）派瑞氢能科技有限公司	考克利尔竞立（苏州）氢能科技有限公司	天津市大陆制氢设备有限公司	西安隆基氢能科技有限公司	山东奥扬新能源科技股份有限公司
产品型号	CDQ 系列	DQ 系列	FDQ 系列	LHy-A 系列	AQ 系列
氢气产量（Nm^3/h）	1000	1000	1000	1000	1200
运行温度（℃）	95 ± 5	90 ± 5	90 ± 5	90 ± 5	90 ± 5
氢气纯度	≥ 99.8%	≥ 99.9%	≥ 99.9%	≥ 99.9%	≥ 99.9%
氧气纯度	≥ 98.5% ~ 99.2%	≥ 98.5%	≥ 99.5	≥ 98.5%	≥ 98.5%
工作压力（MPa）	1.5 ~ 2.0	1.6	3.0	1.6	1.6
运行负荷	30% ~ 100%	30% ~ 100%	30% ~ 110%	25% ~ 115%	30% ~ 110%
能耗 $[(kW \cdot h)/Nm^3]$	≤ 4.3	≤ 4.4	≤ 4.4	≤ 4.4	≤ 4.4

二、质子交换膜电解水制氢技术

（一）发展概述

随着碱性液体电解质电解槽的诸多问题的显现，固体聚合物电解质（Solid polymer electrolyte，SPE）水电解技术得到了快速发展。首先实际应用的 SPE 为质子交换膜，因而也称为 PEM 电解。以质子交换膜替代石棉膜，通过质子交换膜里面的磺酸位点传导质子，并且质子交换膜可以很好地隔绝电极两侧的气体，这就可以很好防止氢氧互穿导致的超过极限浓度的问题。使用质子交换膜作为电解质具有化学稳定性好、质子传导性高、气体分离性良好等优点。由于较高的质子传导性，PEM 电解槽可以工作在较高的电流下，从而增大了电解效率。并且由于质子交换膜较薄，减小了欧姆损失，也提高了系统的效率。PEM 电解槽的运行电流密度通常高于 1 安培 / 平方千米，是碱水电解槽的至少四倍，具有效率高、气体纯度高、绿色环保、能耗低、无碱液、体积小、安全可靠、可实现更高的产气压力等优点，被公认为制氢领域极具发展前景的电解制氢技术之一。

PEM 水电解技术于 20 世纪 70 年代被用作美国海军的核潜艇中的供应氧气装置。80 年代，美国航空航天局（NASA）又将 PEM 电解水技术应用于空间站中，作为宇航员生命维持及生产空间站轨道姿态控制的助推剂。近年来，许多国家在 PEM 水电解技术的开发中取得长足的进步。日本的 "New Sun light" 计划及 "WE–NET" 计划始于 1993 年，计划到 2020 年投资 30 亿美元用于氢能关键技术的研发，其中将 PEM 水电解制氢技术列为重要发展内容，目标是在世界范围内构建制氢、运输和应用氢能的能源网络。2003 年，"WE–NET 计划" 研制的电极面积已达 $1 \sim 3m^2$，电流密度为 $25\,000A/m^2$，单池电压为 1.705V，温度为 120℃，压力为 0.44MPa。2018 年年初，为配合燃料电池车的商业推广，日本氢能企业联盟的 11 家公司宣布成立日本 H_2 Mobility，全面开发日本燃料电池加氢站，旨在到 2020 年建成 160 个加氢站。在欧洲，法国于 1985 年开展了 PEM 水电解研究。俄罗斯的库尔恰托夫研究所也在同期开展了 PEM 水电解研究，制备了一系列不同产气量的电堆。由欧盟委员会资助的 Gen HyPEM 计划投资 260 万欧元，专门研究 PEM 电解技术，其成员包括德国、法国、美国、俄罗斯等国家的 11 所大学及研究所，目标是开发出高电流密度（>1A/cm）、高工作压力（>5MPa）和高电解效率的 PEM 水电解池。其研制的 GenHy® 系列产品电解效率能达 90%，系统效率为 70% ~ 80%。由挪威科技工业研究所、雷丁大学、挪威国家石油公司和 Mumatech 等公司及大学联合开展的 NEXPEL 项目，总投资 335 万欧元，致力于新型 PEM 电解制氢技术的研究，目标降低制氢成本（5000 欧元 / 标准立方米），电解装置寿命达到 4 万小时。

欧盟于 2014 年提出 PEM 电解制氢三步走的发展目标：第一步是满足交通运输用氢需求，适合于大型加氢站使用的分布式 PEM 电解系统；第二步是满足工业用氢需求，包括生产 10 兆瓦、100 兆瓦和 250 兆瓦的 PEM 电解池；第三步是满足大规模储能需求，包括在用电高峰期利用氢气发电、家庭燃气用氢和大规模运输用氢等。提出 PEM 电解制氢要逐渐取代碱性电解制氢的计划。在欧盟规定电解器的制氢响应时间在 5 秒之内，目前只有 PEM 电解技术可以满足这个要求。加拿大 Hydrogenics 公司于 2011 年在瑞士实施 HySTAT™ 60 电解池的项目，为加氢站提供电解槽产品，每天可电解产生 130 千克纯氢。该公司已在德国、比利时、土耳其、挪威、美国、瑞士、法国、瑞典等建成颇具规模的加氢站，加氢压力达 70MPa。2012 年，AC Transit 公司在美国爱莫利维尔开放了太阳能电解水加氢站，利用 510 千瓦的太阳能电解水制氢，可满足 12 台公共汽车或 20 台轿车的氢气使用需要。电解制氢机由 Proton 公司提供，日产氢气 65 千克。至 2016 年，德国已建造成 50 座加氢站。

从商业化产品角度，美国 Proton OnSite、Hamilton、Giner 电化学系统公司、Schatz 能源研究中心、Lynntech 等公司在 PEM 水电解池的研究与制造方面处于领先地位。Hamilton 公司所生产的 PEM 电解器，产氢量达 30 标准立方米 / 小时，氢气纯度达到 99.999%。Giner 电化学系统公司研制的 50 千瓦水电解池样机高压运行的累计时间已超过 15 万小时，该样机能在高电流密度、高工作压力下运行，且不需要使用高压泵给水。目前，Proton OnSite 公司是世界上 PEM 水电解制氢的首要氢气供应商，其产品广泛应用于实验室、加氢站、军事及航空等领域。Proton OnSite 公司在全球 72 个国家有 2000 多套 PEM 水电解制氢装置，占据了世界上 PEM 水电解制氢 70% 的市场。HOGEN-S 和 HOGEN-H 型电解池的产气量 0.5 ~ 6 立方米 / 小时，氢气纯度可达 99.9995%，不用压缩机气体压力达 1.5MPa。最新开发的 HOGEN®C 系列主要应用于加氢站，能耗为 5.8 ~ 6.2 千瓦时 / 标准立方米，单台产氢量为 30 标准立方米 / 小时（每天 65 千克），是 H 系列产氢量的 5 倍，所占空间为 H 系列的 1.5 倍。2006 年，英格兰首个加氢站投入使用，由 Proton OnSite 的 HOGEN®H 系列电解池与气体压缩装置所组成，日产氢量为 12 千克。该加氢站与 65 千瓦风力发电机配套使用。2009 年，该公司研发的 PEM 水电解池在操作压力约 16.5 兆帕的高压环境下运行超过 1.8 万小时，报道的 PEM 电解槽寿命超过 6 万小时。2015 年，Proton OnSite 公司又推出了适合于储能要求的 M 系列的产品，产氢能力达 400 立方米 / 小时，成为世界首套兆瓦级质子交换膜水电解池，日产氢气可达 1000 千克，有望适应日益增长的大规模储能需求。

我国 PEM 电解水技术正处在从研发向工业化的过渡阶段，国内多家单位开展了相关技术的研究工作。20 世纪 90 年代初期中国航天员中心开展空间站电解制氧关键技术预先研究。2012 年，电解制氧装置随"天宫一号"发射顺利实现在轨稳定运行，地面稳定运行达 2.3 万小时。20 世纪 90 年代中国科学院大连化学物理研究所也开始研发质子交换膜电解水制氢，2019 年与阳光电源签订质子交换膜电解水制氢技术战略合作协议，合作开发百千瓦级以上大气量的质子交换膜电解水制氢装备，助力质子交换膜电解水制氢科研成果有效转化。2016 年，淳华氢能联合同行企业投资 160 亿元在浙江台州建设国内首个氢能小镇，其中六大产业集群包括了质子交换膜电解水制氢产业集群。淳华氢能水电解电堆实现在电解系统轻量化的基础上，提高质子膜水电解池的性能，避免了运行过程中 SPE 膜由于高差压出现剪切或机械损伤的问题。2018 年，三峡资本与全球最大的 PEM 制氢设备企业——美国普顿公司合作在国内设立生产工厂，引入先进的 PEM 电解水制氢技术，进一步提升国内氢能装备技术水平。我国于 2019 年 1 月 1 日开始实施的《压力型水电解制氢系统安全要求》以及 2020 年 1 月 1 日开始实施的《压力型水电解制氢系统技术条件》进一步规范了我国 PEM 水电解制氢技术行业，更有效地推动国内 PEMEL 制氢产业化进程。2019 年，中国氢能联盟发布的《中国氢能源及燃料电池产业白皮书》中提到，到 2030 年左右氢能市场发展中期，可再生能源电解水制氢将成为有效供氢主体。国内水电解制氢产品虽然在能耗、产氢纯度及其他指标能够与国外产品比肩甚至更具优势，但在大规模、大功率水电解制氢方面，国内与国外相比还有很大程度的不足。因此，国内 PEMEL 制氢产业迫切需要开发大容量、集成式的电解制氢设备，增加质子交换膜国产化程度并降低整个电解系统成本。

（二）基本工作原理

PEM 水电解技术与传统碱性水电解技术的主要不同在于它用一种特殊的阳离子（H+）交换膜替代了传统碱性水电解中的隔膜和电解质，起到隔离气体及离子传导的作用。PEM 电解槽的工作原理如图 2–4 所示，主要由 3 部分组成：阳极（Anode）、阴极（Cathode）与质子交换膜（Proton Exchange Membrane，PEM）。在该结构中，以具有质子交换能力的固体聚合物作为电解质材料，在材料两侧紧密连接阳极和阴极催化层。通常将它们三合一组成一体化结构，称为膜电极组件（Membrane Electrode Assembly，MEA）。该聚合物膜属全氟磺酸膜类型，含有 SO₃H 基团，也称为 Nafion 膜。质子交换膜电解池的阴阳极均采用多孔电极，由多孔传输层（Porous Transport Layer，PTL）和电催化层（Electrode Catalyst Layer，ECL）组成。

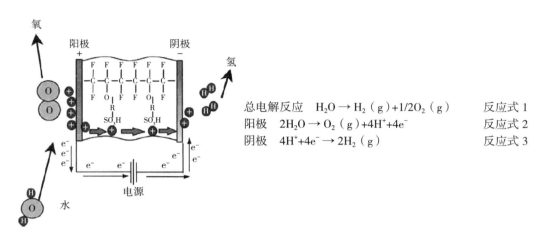

图 2-4　PEM 水电解制氢原理示意图

当 PEM 电解池工作时，水通过阳极室循环，并在阳极发生电化学反应分解产生氧气、氢离子和电子（反应式 2），氢离子在电场作用下穿过固体聚合物在阴极室内与电子发生电化学重组产生氢气（反应式 3）。PEM 中的氢离子通过水合氢离子（H_3O^+）形式从一个磺酸基转移到邻近的另一个磺酸基实现质子导电。在膜的两侧，结合有对电极反应具备催化活性的物质。在膜的外侧放置有助于气体扩散和电流收集的金属网（板）或碳纸作为扩散层。扩散层的外侧放置便于水流动和气体流出的具备流场结构的流场板或双极板，外侧放置即接触电极的端板，构成电解单池。

（三）系统构成及关键技术

PEM 电解水制氢系统由 PEM 电解槽和辅助系统（BOP）组成。与碱性水电解相比，PEM 水电解系统无须脱碱，压力调控裕度更大。在商业化初期 PEM 的成本主要集中在 PEM 电解槽本身。在 PEM 水电解槽中，由扩散层、催化层与质子交换膜组成的膜电极是水电解反应发生的场所，是电解槽的核心部件。

1. PEM 电解槽

PEM 电解槽是 PEM 电解水制氢装置的核心部分。电解槽的数量决定功率的大小，一个 PEM 电解槽包含数十甚至上百个电解槽。

典型的 PEM 水电解槽主要部件包括阴阳极端板、阴阳极气体扩散层、阴阳极催化层和质子交换膜等（图 2-5）。其中，端板也叫作流道板，可以使得去离子水很好地进入气体扩散层中，并且流道板中的肋可以起到导电的作用，因此肋和流道的比例以及数量就显得尤为重要；气体扩散层作为气液两相流交会的地方，自然显得尤为重要，它不仅要使得去离子水进入到催化层中被电解，还要及时将产物中的氢气和氧气排出，如果气体扩散层损坏或者使用不得当，会造成很大的传质阻力，极大地影响电解池性能；催化层的核心是由催化剂、电子传导介质、质子传导介质构成的三相界面，是电化学反应发生的核心场所；质子交换膜作为固体电解质，一般使用全氟磺酸膜，起到隔绝阴阳极生成气体，阻止电子的传递，同时传递质子的作用。

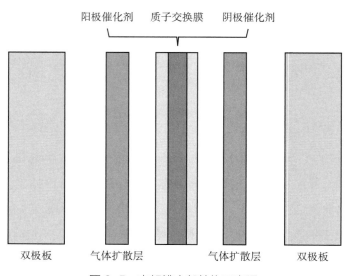

图 2-5　电解槽内部结构示意图

（1）双极板

双极板是 PEM 电解槽不可或缺的一部分，其作用是提供支撑作用，同时也是气体和电子传导的通道。双极板必须具有高度的机械稳定性和化学稳定性，并且要防止氢气渗透。在阴阳极两侧，双极板会集成阴极和阳极产生的氢气和氧气，并将其输出。此外，双极板还要具有高导电性，因为阳极产生的电子需要通过阳极双极板进入外部电路，再通过阴极双极板进入阴极催化层。因此，双极板的性能至关重要。

PEM 电解槽双极板和燃料电池双极板在结构和材料方面都存在着明显的不同。PEM 电解槽使用的的双极板，无须额外的冷却液来进行设备降温，只需要采用简单的一板两场结构即可满足其运行需求，相较于燃料电池双极板的两板三场结构更加简单。

而在材料的选用上，PEM 电解槽阳极的电位较高，常用的金属板或石墨板可能因腐蚀而导致材料损耗和降解。

根据材料的不同，双极板主要分为石墨双极板、金属双极板和复合材料双极板。使用钛材料可以有效防止金属腐蚀导致的离子溶出，从而预防催化剂受到毒化的活化电位的影响。然而，钛材料容易形成钝层，增加电阻。为了保护钛板，常常在其表面涂覆铂含量较高的涂层。目前，有三种钛基双极板加工工艺可供选择，包括冲压工艺、蚀刻工艺和钛网加钛板组合制造工艺。与其他工艺相比，冲压工艺具有较低的单位加工成本，更适合大规模生产，可能会成为未来主要工艺路线。

双极板内部具有一系列加工流通的通道，这些通对电解槽内的电化学和流体动力学响应起着重要作用。对于 PEM 电解槽，双极板充当将多片膜电极连接成串的作用，并与集流体组合使用，将电子输送到外部电路，并及时排放反应产生的气体和水分。目前，双极板的制造要求在满足电解性能的前提下，尽可能降低成本，同时提高其稳定性和耐用性。由于 PEM 电解反应环境处于强酸性和高导电性的状态，因此 PEM 电解槽双极板的阳极和阴极都会出现钝化和氢脆现象。阳极钝化的原因是在阳极析氧反应过程中会产生大量致密导电氧化物，这些物质附着在阳极双极板上导致双极板失效；阴极氢脆的出现是由阳极产生的质子通过质子交换膜传递到阴极时与电路上的电结合生成大量氢气，这些氢气可能导致双极板金属应力过高从而导致双极板脆裂。

（2）质子交换膜

质子交换膜是 PEM 电解槽的核心零部件之一，是一种致密的离子选择性透过的膜，最早应用于海水淡化与氯碱工业，随着近年来燃料电池、液流电池等新能源技术的发展，质子交换膜成为新能源领域的关键材料，广泛应用于电解水制氢、燃料电池以及全钒液流电池等领域。同时，质子交换膜需具备高质子导电率、较好的力学强度、较低的尺寸变化率、较低的气体渗透率、高选择性离子传输能力等性能。质子交换膜的磺酸位点可以保证只有质子通过膜，从而阻碍其他离子的转运，防止了氢氧互串造成氧气和氢气达到爆炸极限浓度。

在 PEM 电解槽中，质子交换膜起到既是质子传导通道，又是屏障（隔绝阴阳极产生氢气和氧气互相接触），并为催化剂涂层提供支撑的作用。因此，质子交换膜需要具备极高的质子传导率和气密性，同时需要具有极低的电子传导。此外，质子交换膜还需要具备优异的化学稳定性，能够承受强酸性的工作环境。较强的亲水性也是必不可少的，因为这可以防止质子交换膜局部缺水并避免干烧。质子交换膜的性能直接影响 PEM 电解槽的运行效率和寿命。

　　基于电解水、燃料电池和液流电池中所起到的关键作用，质子交换膜需具备：高质子导电率、较好的化学及物理稳定性、适度的吸水性、较好的力学强度、较低的尺寸变化率、较低的气体渗透率、高选择性离子传输能力，同时还应具备较高机械强度、可加工性好以及适当的性价比（表 2-5）。

表 2-5　质子交换膜指标

关键指标	性能
质子导电率	氢离子在一定温度、压力条件下，单位面积里传导质子的阻力，也称质子阻抗
稳定性	指膜的热稳定性，燃料电池和电解槽在高温（>100℃）下工作时，质子交换膜耐久性会下降，提高稳定性是膜性能不可或缺的部分
水电渗系数	在燃料电池工作时，阳极会产生水，在质子运动下，水从阳极流动至阴极称为电渗迁移
吸水性	膜的质子导电性取决于膜的结构及其含水量，含水量通常表示为干燥膜每克含水量，或为每个磺酸基中存在的水分子数
力学强度	水吸收过程会改变膜的尺寸，燃料电池工作时会是一个持续动态的过程，对于膜的力学强度有非常高的要求
气体渗透率	原理上，膜应对反应物组分不可渗透，防止反应物组分在参与电化学反应之前混合。因此，定义其渗透率为扩散率和溶解度的乘积
选择性离子传输能力	对质子或选择性阴离子（硫酸根离子）有高的传输能力，减小膜的电阻，降低因膜内阻造成的效率损失，提高电池效率

　　质子交换膜的加工仍然存在难度。和燃料电池使用的质子交换膜（厚度 10 微米左右）相比，电解槽使用的质子交换膜更厚（150～200 微米），在加工的过程中更容易发生肿胀和变形，膜的溶胀率更高，加工难度更大。目前使用的质子交换膜大多采用全氟磺酸基聚合物作为主要材料。国内外使用最为广泛的主要为杜邦（科慕）的115 和 117 系列质子交换膜，其他膜产品包括陶式的 XUS-B204 膜等。

　　质子交换膜主要经过单体制备、单体聚合、薄膜加工三个环节制成。聚合单体主要为四氟乙烯和全氟乙烯基醚单体；聚合工艺有本体聚合、溶液聚合、乳液聚合以及超临界二氧化碳聚合等四种工艺；成膜工艺包括熔融挤出法、溶液流延法、钢带流延法以及卷材流延法等，生产工艺复杂。如何在减少膜的厚度的同时保持膜的机械稳定性，是膜技术开发的重点之一。膜的厚度影响电解槽的欧姆内阻，厚度过高会加大极化损失，增加制氢能耗。尽管如此，考虑到质子交换膜需要在高压环境中工作，为了保持质子交换膜的机械稳定性，防止气体交叉渗透的现象发生，行业内大多仍然采用厚度超过 100 微米的膜。未来，质子交换膜的技术开发必须注重质子传导率、气体交叉渗透和高压机械稳定性三者之间的平衡。开发复合增强膜，在材料中引入聚芳烯类的聚合物对膜进行结构强化和改性，比如聚醚醚酮、聚砜，可能会成为未来的方向之一。

目前，由于全氟磺酸质子交换膜技术成熟、性能优良，成为应用最广泛的质子交换膜体系，但其仍存成本较高、氟化过程有时能导致环境污染、尺寸稳定性较差、温度升高会降低质子传导性的缺点。为了解决全氟磺酸质子交换膜存在的问题，进一步改善质子交换膜的性能，非全氟化质子交换膜、无氟质子交换膜和复合质子交换膜成为新的研究方向。目前，常用的质子交换膜有 Nafion®（杜邦）、Dowmembrane（陶氏化学）、Flemion（旭硝子玻璃）、Aciplex®-S（Asahi 旭硝子化工）与 Neosepta-F®（日本德山）等（见表 2-6）。

表 2-6　常见质子交换膜类型

类型	全氟磺酸质子交换膜	非全氟质子交换膜	无氟化质子交换膜	复合膜
结构	由碳氢主基和带有磺酸基团的网支链	氟碳基、碳氢化合物或芳香侧链构成	烃基，通常带有质子导电基团	修饰材料和全氟磺酸脂构成的复合膜
优点	机械强度高，化学稳定性好，导电率较高，低温时电流密度大，质子传导电阻小	氟碳基、碳氢化合物或芳香侧链构成	成本低，环境污染小，机械强度高	机械性能改善，改善膜内水传动和分布，降低质子交换膜内阻
缺点	温度升高使质子传导性能变差，高温易发生化学降解，成本高	寿命短、稳定性差；常温下性能不及全氟磺酸质子交换膜	化学和热稳定性差；质子电导率低	制备技术要求较高
商业应用	杜邦 Nafion 系列、旭化成 Aciplex 膜	Balarard-BAM3G 膜	DAIS- 磺化苯乙烯，丁二烯苯乙烯嵌段共聚物膜（研制）	Gore-select-PTFE 增强膜

（3）催化剂

阴极和阳极催化剂是 PEM 电解槽关键的组成部分，需要具备优异的抗腐蚀性、催活性、电子传导率和孔隙率等特性，以确保 PEM 电解槽的稳定运行。与燃料电池相比，PEM 电解槽更加依赖贵金属催化剂。在 PEM 电解槽的强酸性环境中，非贵金属材料容易受到腐蚀，并且可能与质子交换膜中的磺酸根离子结合，降低质子交换膜的工作性能。因此，贵金属催化剂被广泛用于 PEM 电解槽中，主要包括铂、钯和铱等。这些贵金属催化剂具有高活性、优异的电化学稳定性和耐腐蚀性，可以促进体电极的反应，并提供有效的电子传导通路。未来的研究方向包括开发更高效的催化剂，如非贵金属或低成本贵金属催化剂，以降低成本并减少对稀有资源的依赖。此外，还需探索催化剂的结构和组成调控，以提高催化活性和稳定性，并进一步研究催化剂与质子交换膜的界面相互作用，以优化电解槽的性能和寿命。

PEM 水电解电极反应中，阳极析氧反应的极化远高于阴极析氢反应的极化，这是影响电解效率的重要因素。电极极化主要与电催化剂的活性有关，选择高活性的催化剂，并改善电极反应的三相界面能够降低化学极化。在 PEM 电解水反应中，析氢和析氧反应会产生原子氧等有强氧化性的物质，在阳极侧容易对催化剂载体和电解槽材料进行氧化和腐蚀。因此，理想的析氧催化剂需要具备高比表面积和孔隙率、高电子传导率、良好的催化性能、长期的机械和电化学稳定性、高选择性，同时要具备低成本、可用性和无毒性等特点。目前，满足这些要求的析氧催化剂主要是贵金属 Ir、Ru 及其氧化物，以及基于它们的二元、三元合金和混合氧化物。然而，由于 Ir、Ru 的高价格和稀缺资源，目前 PEM 水电解槽中的 Ir_2 用量往往超过 2 毫克/平方厘米，迫切需要减少其用量。商业化的 Pt 基催化剂可直接用于 PEM 水电解阴极的析氢反应，但目前阴极使用的 Pt 载量为 0.4～0.6 克/平方厘米。PEM 水电解的欧姆极化主要由电极、膜和集流板的欧姆电阻引起，电阻是主要的欧姆极化损失来源，膜电阻随膜厚度增加而增加。为降低膜电阻，可以选择较薄的膜来降低欧姆极化，但同时需要考虑气体透过性和膜的降解问题。生成的气体随着电时间和温度的增加在膜内透过率增加，并且与膜的厚度成反比。选择导电性能优良的材料制备电极和集流板，提高催化层和膜内的质子传导率，降低各组件的接触电阻，减小催化层的厚度有助于降低欧姆极化。浓差极化与水供给和产气的排放直接相关，受扩散层的亲水性、疏水性特性以及流场设计的影响。常用的 PEM 水电解扩散层材料是基于钛的材料，并经过耐腐蚀的表面处理，以抵御在析氢和析氧条件下的腐蚀问题。扩散层材料本身不仅涉及欧姆极化，而且与扩散极化有关，因此需要综合考虑。钛基材料本身的成本以及表面处理材料的成本在 PEM 电解堆中占比较高。由于催化剂和电解槽材料的成本较高，目前 PEM 水电解技术的价格较传统的碱性水电解技术更高。因此，主要的改进途径是提高电解槽的效率，即提高催化剂、膜料和扩散层材料的技术水平。

目前常用的阴极催化剂为以碳为载体材料的铂碳催化剂。在酸性和高腐蚀性的环境下，铂仍然可以保持较高的催化活性，确保电解效率；而碳基材料即为铂提供了载体，也充当着质子和电子的传导网络。催化剂中的铂载量为 0.4 ~ 0.6 克 / 平方厘米，铂的质量分数约在 20% ~ 60%。阳极的反应环境比阴极更加苛刻，对催化剂材料的要求更高。由于阳极电极材料需要承受高电位、富氧环境和酸性环境的腐蚀，燃料电池常用的碳载体材料容易被析氧侧的高电位腐蚀降解，因此一般选用耐腐蚀且析氧活性高的贵金属作为 PEM 电解槽阳极侧的催化剂。结合催化活性和材料稳定性来看，铱、钌及其对应的氧化物（氧化铱和氧化钌）是目前最适合作为 PEM 阳极侧催化剂的材料。相比氧化铱，虽然氧化钌的催化活性更强，但在酸性环境下氧化钌容易失活，稳定性比氧化铱稍差。因此，氧化铱是目前应用最广泛的阳极催化剂。催化剂中的铱载量约为 1 ~ 2 克 / 平方厘米。

应用于析氧侧的含铱催化剂主要分下列三大类。①铱的氧化物：传统的氧化铱产品，在应用过程中粉末颗粒容易解析，影响使用寿命；②氧化铱 / 氧化钛：相较单纯的氧化铱而言，加入氧化钛提升了催化活性；但由于钛本身的特性，耐久仍然受到影响；③氧化铱 / 氧化铌：目前市场上少数可以兼顾催化活性和耐久性的产品。

PEM 电解槽催化剂对贵金属的依赖可能是阻碍 PEM 快速推广的因素之一。应用于 PEM 电解槽的催化剂铂、铱、钌等贵金属产量稀少、成本高昂。铱作为 PEM 电解槽阳极最重要的催化剂材料，供应上存在很大的制约。目前全球铱的产量约为 7 吨 / 年，远远少于其他贵金属（2021 年铂的年产量在 180 吨左右），其中 85% 左右的铱产自南非。铱的价格也相当高昂，目前已经达到 1000 元 / 克以上。降低催化剂中贵金属的含量已经成了目前催化剂技术开发的主要方向。针对阴极催化剂，开发方向集中于降低铂在催化剂中的用量。在催化剂中加入非贵金属基化合物，例如非贵金属的硫化物、氮化物、氧化物等，可以在保持催化活性的前提下，降低铂的使用量。阳极催化剂的技术开发方向包括使用载体材料或设计新的催化剂结构。

使用高比表面积的材料作为铱的载体，可以将铱颗粒高度分散在载体材料上，从而提高铱的利用率和活性，借此减少铱的负载量。由于阳极的反应条件苛刻，为了确保催化剂的耐久性，阳极材料需要具备耐腐蚀性、导电性和高比表面积等特性。目前常用的载体材料有氧化钛和掺杂铌的氧化钛等。

设计新的催化剂结构，例如采用核壳式结构，也是可以减少铱的用量。由于催化反应集中于材料表面的活性电位，阳极催化剂可以采用核 – 壳式结构，在外层的壳上使用铱，内层的核使用非贵金属材料。这样既可以减少铱的用量，也不会影响铱的催化活性。

（4）气体扩散层（国外简称 GDL 或 PTL）

气体扩散层是位于阴阳极和双极板之间的一层多孔材料，也被称为集流器。其作用在于连接双极板和催化剂层，确保气体和液体在双极板和催化剂层之间的传输，并提供有效的电子传导通路。在阳极，液态水通过气体扩散层传输至催化剂层，被分解为氧气、质子和电子。生成的氧气通过气体扩散层反向汇流至双极板，质子则经过子交换膜传输至阴极，而电子则通过气体扩散层传导至阳极侧双极板，最后进入内部电路。在阴极，电子从外部电路通过气体扩散层进入阴极催化剂层，与质子产生反应，并生成氢气。产生的氢气通过气体扩散层再汇流至双极。因此，为了确保气/液运输效率和导电性能，气体扩散层需要具备合适的孔隙率和良好的导电性，以确保电子传输效率。

在 PEM 电解槽和燃料电池方面，两者在气体扩散层材料的选择上存在差异。燃料电池通常用碳纸作为阴阳极的气体扩散层材料。而在 PEM 电解槽中，由于阳极电位高、腐蚀性强，适合使用碳纸材料。相反，钛基材料被用作 PEM 电解槽阳极气体扩散层的主要材料，因其具有耐酸耐腐蚀的特性，通常呈钛毡结构以确保传输效率。然而，长期使用会导致钛基材料表面钝化，形成高电阻的氧化层，进而降低电解槽工作效率。因此，通常会在钛基气体扩散层上涂覆含有铂或铱的涂层，以保护其耐腐蚀和电子传导效率。阴极比阳极的电位更低，因此，可以使用碳纸或钛毡作为气体扩散层材料。但是，制造钛毡式气体扩散层的工艺比较复杂，制作过程包括钛纤维制作、清洗、烘干、铺毡、裁剪、真空烧结、裁剪、涂层等多个步骤，需要高纯度的钛材料，且需要经过精细的工艺控制和品质管理，确保产品质量。

未来，气体扩散层优化的关键在于维持系统的动态平衡。随着水电解反应的推进，阳极产生的氧气会在气体扩散层通道内聚，阻塞管道，对液态水的输运产生潜在的影响。这可能会导致气液运输效率变低，对 PEM 电解槽的工作效率造成负面影响。在气液逆流的情况下，减少气液阻力，及时移除阳极产生的氧气，并将液态水及时输送至阳极催化层，是优化气体扩散层的关键方向。未来需要研究气体扩散层孔隙率、孔径尺寸和厚度等指标，以优化气体扩散层的气液传输能力。另外，钛多孔材料是一种主要的材料，未来将继续研究优化其耐腐蚀性、导电性能和机械强度，以提高其使用寿命和性能。因此，维持体系的动态平衡和优化气体扩散层的逆流特性，是未来气体扩散层的研究重点。国内目前可以生产钛基气体扩散层的企业较少。浙江玖昱、菲尔特已经搭设了 PEM 电解槽用气体扩散层的相应产线；西部材料也已拥有气体扩散层的生产技术，并展开了相应产品测试。工业级的质子膜电解槽产品仍以进口品牌使用为主，国产的在民用领域取得应用，随着西部材料等企业的加入，预测气体扩散层国产化率会逐步提升。

（5）双极板

双极板是支撑膜电极和气体扩散层的关键组件，同时也是汇集阴极产生的氢气和阳极产生的氧气及传输电子的重要通道。因此，双极板需要具备高度的机械稳定性、化学稳定性和低氢渗透性。另外，阳极产生的电子经由阳极双极板进入外部电路然后通过阴极双极板进入阴极催化层。因此，双极板还需要具备高导电性。

PEM 电解槽双极板与燃料电池双极板具有显著的结构和材料差异。首先，PEM 电解槽双极板不需要加入冷却液来维持设备温度，它使用一板两场的结构就能够满足运行需求。相反，燃料电池双极板采用两板三场的结构，复杂度更高。其次，在材料方面，PEM 电解槽阳极的电位偏高，燃料电池常用的石墨板或不锈钢制金属板很容易被腐蚀降解。为防止金属腐蚀导致离子浸出并对催化剂的活性电位造成毒害，钛材料被广泛应用。然而，钛材料在被腐蚀后容易在表面形成钝化层，增大电阻。为了保护钛板，通常在其表面涂抹含铂的涂层。

2. 辅助系统（BOP）组成

PEM 电解水制氢装置辅助系统包括四大系统：电源供应系统、氢气干燥纯化系统、去离子水系统和冷却系统（表 2-7）。

表 2-7 辅助系统（BOP）

系统	设备	作用
电源供应系统	电流传感器、变压器	将交流电转化为稳定的直流电源
干燥纯化系统	氢气纯化设备及相关仪表阀门	对生产的氢气进行干燥和纯化
去离子水系统	氧气分离器、循环泵及相关仪表阀门	为电解槽提供达标的去离子水
冷却系统	换热器、冷却泵、冷凝器等	降温或冷却从干燥器出来的气体

（四）应用推广情况

相比碱性电解水制氢技术，国内涉及质子交换膜电解水制氢技术的企业相对较少。据势银（TrendBank）统计，目前约有 20 家企业在质子交换膜电解水制氢领域布局，部分企业如表 2-8 所示。

表 2-8　国内部分质子交换膜电解槽布局企业

序号	企业名称
1	中船（邯郸）派瑞氢能科技有限公司
2	山东赛克赛斯氢能源有限公司
3	中国科学院大连化学物理研究所
4	长春绿动氢能科技有限公司
5	阳光氢能科技有限公司
6	康明斯恩泽（广东）氢能源科技有限公司
7	上海治臻新能源股份有限公司
8	北京中电丰业技术开发有限公司
9	江苏国富氢能技术装备股份有限公司
10	无锡威孚高科技集团股份有限公司
11	氢辉能源（深圳）有限公司
12	普顿（北京）制氢科技有限公司
13	浙江高成绿能科技有限公司

　　目前仅少数企业具备兆瓦级制氢设备的生产能力，例如中船派瑞氢能、赛克赛斯、国氢科技长春绿动和阳光氢能等（见表 2-9）。电解槽产品运行无须使用碱液，并且具备负载范围广、氢气纯度、出口压力大等特点。未来，质子交换膜制氢设备将向大功率制氢的方向发展。包括中船派瑞氢能、赛克赛斯和长春绿动等都开始研发兆瓦级以上的大功率质子交换膜电解槽。其中，赛克赛斯在承担的科技部研发项目中，成功完成单槽制氢量 200 标准立方米 / 小时的指标，并将在此基础上研发单槽制氢量超过 600 标准立方米 / 小时的电解槽（见表 2-10）。

　　目前中国生产的质子交换膜电解槽几乎都使用杜邦的质子交换膜。进口膜的供应不稳定、交货周期长、价格高，这些都限制了质子交换膜电解水制氢技术在国内的发展。质子交换膜由于整体制备工艺复杂，长期被杜邦、戈尔、旭硝子等美国和日本少数厂家垄断。近年，质子交换膜国产化提速，东岳、科润等企业积极布局，据统计，目前国内现有质子交换膜产能达 140 万立方米 / 年。同时，东岳、科润新材料持续扩能，东材科技、泛亚微透、万润股份等新进入者也积极布局新产能。

表 2-9 部分代表性企业质子交换膜产品参数

企业名称	中船（邯郸）派瑞氢能科技有限公司	山东赛克赛斯氢能源有限公司	阳光氢能科技有限公司
制氢规模（Nm³/h）	0.01 ~ 00	0.5 ~ 260	200
H₂ 纯度	99.999%	99.999%	99.999%
氢气压力（MPa）	4	3	3.5
运行负荷	0 ~ 100%	0 ~ 100%	5% ~ 110%

表 2-10 质子交换膜电解槽生产企业

企业名称	产品型号	产品应用情况	未来产能规划
东岳未来氢能材料股份有限公司	DME 系列	目前已经应用在氢水杯等小型制氢设备上	正在规划设计连续化大规模电解制氢
苏州科润新材料股份有限公司	NEPEM 系列	于 2019 年推出应用于氢健康领域的小型制氢设备上	规划有总产能 20m² 的膜产线，液流电池和电解水制氢设备共用

在催化剂方面，国内已经有少数企业有能力生产 PEM 电解槽使用的催化剂，包括中科科创、济平新能源等。国外企业有优美科、贺利氏等。宁波中科科创新能源科技有限公司在质子交换膜水电解制氢领域先后推出了氧化铱、铱黑和铱钌黑等相关催化剂产品，并且已经具备了单批次千克级的生产能力。在产品应用方面，中科科创和多家质子交换膜制氢设备生产企业达成了合作。上海济平新能源科技有限公司是国内最早开始批量化生产氢能和燃料电池相关催化剂的企业之一。目前，济平新能源生产的催化剂在燃料电池和水电解制氢上都有相关应用。在水电解制氢领域，济平新能源目前主要推广的产品有 PEM 电解槽阴阳极催化剂和碱性电极材料，其中 PEM 催化剂满产年产能可以达到 1000 千克。

气体扩散层方面，由于质子交换膜电解槽使用的气体扩散层——钛毡的结构和金属纤维烧结毡的结构有异曲同工之处，因此，气体扩散层的生产企业大多由金属加工行业转入，例如浙江菲尔特、浙江玖昱和西安菲尔特。浙江菲尔特过滤科技股份有限公司采用直径为微米级的钛合金纤维生产钛毡。产品的常规厚度为 0.3 毫米、0.4 毫米和 0.6 毫米，孔隙率为 50% ~ 80%。产品尺寸可以根据客户要求进行调整，最大可达 1.2 米 × 1.5 米。目前浙江菲尔特已建有 500 平方米 / 月的气体扩散层产线，未来随着质子交换膜制氢设备的应用推广，将扩建至 1 万平方米 / 月。西安菲尔特金属过滤材料股份有限公司是另一家有能力生产质子交换膜电解槽气体扩散层的企业。目前，产品处于试验阶段，已经和多家 PEM 电解槽头部企业开展合作，对相关产品进行测试。浙江玖昱科技有限公司在质子交换膜电解槽气体扩散层产品生产上也有建树。生产的产品厚度分为 0.25 毫米、0.4 毫米、0.6 毫米、0.8 毫米和 1.0 毫米等多种规格，孔隙率为 60%～75%，最大尺寸可达 1.2 米×1.5 米，产品尺寸也可以根据客户的要求进行定制化生产。目前已经在小型制氢设备中得到应用。

双极板方面，国内目前能制造 PEM 电解槽双极板的企业数量相对较少。上海治臻新能源股份有限公司目前在常熟的生产基地拥有 350 万片/年的双极板产能，为燃料电池用双极板和电解水制氢用双极板的混合产线，将根据公司的业务方向调整不同产品的产量。生产的双极板采用工业级钛合金作为主要材料，可以应用于功率 1～200 千瓦的质子交换膜电解槽。深圳金泉益科技有限公司依托公司在金属蚀刻方面的技术积累，专注于燃料电池金属双极板和 PEM 电解槽钛极板的布局和生产，是国内少数可以提供 PEM 电解槽钛板解决方案的企业之一。钛基双极板目前有三种加工工艺，分别是冲压工艺、蚀刻工艺和使用钛网加钛板组合制造工艺。相比之下，冲压工艺的单位加工成本更低，更适合于大规模化生产，可能会成为未来主要工艺路线。目前，金泉益已经具备 150 万片/年的燃料电池双极板产能和 7 万片/年的 PEM 电解槽双极板产能。

在 PEM 制氢方面，国外早在 2000 年就开始陆续出现工程示范，近十几年来，陆续建成了 20 多个可再生能源制氢示范项目。但是制氢方式主要采用碱性电解，碱性电解制氢一方面制氢效率低，另一方面在低负荷下氢氧窜气严重，直接影响安全生产。

我国开展 PEM 制氢示范项目起步较晚，2014 年，李克强总理考察德国氢能混合发电项目，指示国内相关部门组织实施氢能利用示范项目。河北沽源风电制氢综合利用示范项目是国内首个风电制氢工业应用项目，总投资 20.3 亿元。该项目由河北建投新能源有限公司投资，与德国 McPhy、Encon 等公司进行技术合作，引进德国可再生能源制氢先进技术及设备，在沽源县建设 200 兆瓦容量风电场、10 兆瓦电解水制氢系统以及氢气综合利用系统三部分。我国随后相继落地示范十余项可再生能源制氢项目。与国外类似，我国的电解制氢技术也主要以碱性电解为主。

2018 年 7 月 4 日，中科大连化物所、兰州新区石化产业投资集团有限公司共同签署项目合作协议，并于 2020 年 10 月 15 日在兰州新区通过了中国石油和化学工业联合会组织的科技成果鉴定。配套建设总功率 10 兆瓦光伏发电站，为电解水制氢设备提供电能。项目占地约 289 亩（1 亩 ≈ 667 平方米），总投资约 1.4 亿元，其中光伏占地 259 亩，投资 5000 万元。2020 年 5 月，国网智能电网研究院研制了 20 千瓦质子交换膜制氢样机，具备 4 标准立方米 / 小时产气能力，但是系统自动化投入、与电网协调互动等能力还有待提高。

2019 年 7 月 22 日，山西省榆社县政府与合肥阳光新能源科技有限公司举行了 300 兆瓦光伏和 50 兆瓦制氢综合示范项目签约仪式。

2020 年 3 月 13 日，北京京能电力股份有限公司 5000 兆瓦风、光、氢、储一体化项目签订协议，总投资 230 亿元，其中 5000 兆瓦光伏投资 200 亿元，绿色能源岛投资 30 亿元。项目主要利用煤矿塌陷区闲置土地、工业建筑屋顶及其他政策允许的区域建设 5000 兆瓦分布式光伏，采用"自发自用 + 余电上网"的模式为工业园区内企业或周边居民提供日常用电。利用风光电价优势，规划建设 2 万立方米 / 小时电解水制氢及制氧、20 万立方米 / 小时制氮的绿色能源岛，通过管网或运输车辆，为宁东煤化工园区、国际化工园区、环保产业园大型企业供应氮气、氢气、压缩空气。同时，利用氢气资源研究氢燃料重卡汽车代替传统燃料汽车，降低园区内企业煤炭、灰渣、物流运输成本。

2020 年 11 月 7 日，察北管理区与中国氢能有限公司就开发可再生能源电解水制氢项目签约。察北可再生能源电解水制氢项目由中国氢能有限公司控股子公司东润清能（北京）新能源有限公司实施，项目总投资 22.9 亿元，计划建设电解水制氢配套电站与自用配电网、电解水制氢、日产 5 吨液化氢、氢气和液氢储运及贸易系统、加氢服务站、氢能汽车服务 6 个重点板块，项目全部实施完成后将建成 30 万千瓦光伏电站，氢气年产能 4200 吨、副产氧气年产能 2100 吨，液化氢年产能 1800 吨，并发展加氢、氢能汽车等领域服务。该项目的实施，将大力推进察北可再生能源制氢、液氢及新能源物流等产业发展，探索出一条可再生能源电解水制氢的路径，推动察北能源产业多元化发展。

2022 年 10 月 26 日，"氢动吉林"行动暨大安风光制绿氢合成氨一体化示范项目启动活动在吉林西部（以下简称"大安项目"）清洁能源化工产业园举行。大安项目按"绿氢消纳绿电、绿氨消纳绿氢、源网荷储一体化"的"绿氢体系新思路"设计，项目总投资 63.32 亿元，建设地点位于吉林西部（大安）清洁能源化工产业园，项目将建成风光总装机容量 800 兆瓦、新建 220 千伏升压站一座、配套 40 兆瓦 /80 兆瓦时储能、新建 46 000 标准立方米 / 小时混合制氢（50 套 PEM 制氢系统，39 套碱液制氢系统）、60 000 标准立方米储氢及 18 万吨合成氨装置、预计减少二氧化碳排放 65 万吨 / 年。在打通氢能全产业链、推动构建新型能源体系的同时，项目还实现了 6 项技术国内第一、3 项技术国际领先，被吉林省列为 2022 年度重点项目和国家电投绿电转化产业标杆项目。

2023 年 1 月，国电投吉林白城分布式发电制氢加氢一体化示范项目完成整体启机，正式顺利投产。该项目规划建设容量 10.6 兆瓦，其中风电 6.6 兆瓦、光伏 4.0 兆瓦。项目配套建设 2 台电解水制氢设备，其中 1 台碱性电解水制氢，单台制氢设备出力为 1000 标方；1 台 PEM 电解水制氢设备，单台制氢设备出力为 200 标方。项目整体运行采用"新能源制氢，余电上网"运行方式。

2023 年 7 月，国家电投集团氢能科技发展有限公司（简称"国氢科技"）及其子公司长春绿动氢能科技有限公司（简称"长春绿动"）共同完成的"250 标准立方米 / 小时质子交换膜电解水制氢电解槽"项目，顺利通过中国可再生能源学会组织的成果鉴定。长春绿动作为国氢科技先进制氢研发推广平台，已开发形成 50 ~ 250 标准立方米 / 小时的系列"氢涌"电解槽产品。本次鉴定的 250 标准立方米 / 小时电解槽零部件技术自主化率达到 80% 以上，制氢电耗不多于 $4.3\mathrm{kWh/m^3}$ H_2@$1.8\mathrm{A/cm^2}$，波动范围 8% ~ 135%，产品零部件技术自主化率与装备成熟度不断提高，应用范围更加广泛。

三、阴离子交换膜电解水制氢技术

阴离子交换膜电解水制氢（AEM 电解水）是利用阴离子交换膜氢氧根离子（OH^-）对水进行电解，是目前较为前沿的电解水技术。与质子交换膜（PEM）类似，阴离子交换膜（AEM）也可以起到分隔产物、提供电极之间的电绝缘并传导离子的作用。但与 PEM 不同的是，AEM 传导氢氧根离子（OH^-）。与其他电解水技术相比，AEM 电解水技术结合了碱性电解水技术和 PEM 电解水技术的优点，它既像碱性电解水一样不需要使用昂贵的贵金属催化剂，而是使用低成本的过渡金属催化剂，又可以像 PEM 电解水一样具有更快的响应速度和更高的电流密度，被视为最有发展潜力的制氢技术之一。

（一）发展概述

虽然商业化 PEM 电解槽装置已经面世，但 PEM 电解槽所需要使用的质子交换膜和贵金属催化剂的成本过高，给 PEM 电解槽的大规模推广带来了阻碍。因此，开发新型、廉价、高效的电解水体系的需求非常迫切。在碱性条件下可以使用低成本的非贵金属催化剂，从而使电解槽成本大幅下降，结合固体电解质与碱性体系这两个特点，采用碱性固体电解质代替质子交换膜，用以传导氢氧根离子、隔绝电极两侧的气体，电解槽的阴阳两极与固体聚合物阴离子交换膜密切接触，从而降低两极之间的电压降，将传统碱性液体电解质水电解与 PEM 水电解的优点结合起来，AEM 电解水技术应运而生。

阴离子交换膜电解水结合了 AWE 低成本的优势和 PEM 高效率和高便捷性的优势，是最新发展的电解水技术。阴离子交换膜电解可在碱性条件下使用非贵金属为电极催化剂，可显著地降低制氢成本；可使用纯水或低浓度碱性水溶液为电解液，缓解了强碱性溶液对设备的腐蚀。同时，不需要使用昂贵的全氟磺酸膜，可以在理论上进一步降低材料成本。但是，目前 AEM 电解槽仍处在发展阶段，仍然存在很多亟待解决的问题。例如，AEM 在强碱性条件下离子电导率与耐碱稳定性、力学性能难以兼得。AEM 作为 AEM 电解制氢中重要组成部分，它的作用是将 OH⁻ 从阴极传导到阳极，同时阻隔气体和电子在电极间直接传递。但 AEM 在工作过程中，膜表面形成的局部强碱性环境使得 AEM 在 OH⁻ 的攻击下发生降解，由此引发的膜穿孔会造成电池短路，使得 AEM 电解槽不能够长时间运行，因此，发展高离子电导率与强耐碱的阴离子交换膜是进一步发展阴离子交换膜电解水的关键技术难题。综合以上讨论，AEM 电解制氢技术因其独特的低成本、高效率优势被认为是最具发展前景的电解水制氢技术，但也存在一些关键技术难题亟须攻破。

根据是否需要碱性电解质，目前国际上 AEM 的研发方向分为碱性电解质系统和纯水系统（即无碱液，便于系统维护）。前者的研发重点是提升电流密度和耐久性；后者是提升膜的稳定性，并使用先进的膜和无（或低）铂金属催化剂来提升性能和耐久性。另外，AEM 的单位电堆成本要比 PEM 低许多，故通过降低小室电压来提升 AEM 的电能效率也是一个研发策略。

目前 AEM 技术尚处于研发阶段。国际上领先的开发、制造商是意大利的 Enapter，实现了小型产品的商业化。Enapter 目前的研发重点是在纯水系统下提升膜的传导性和耐久性，以期达到电流密度大于 1 安培 / 平方厘米（小室工作电压 1.8V）和衰减速率小于 15 毫伏 /1000 小时。在膜的研发方面，加拿大 Ionomr Innovations 公司已取得一定的进展，其 Aemion+™ 膜正在解决 AEM 聚合物结构中不稳定分解机制的根源。总部位于墨尔本的氢初创企业卡文迪许可再生技术公司认为其专有的 AEM 电解槽可以将绿氢的成本降至 1.9 美元 / 千克左右。

当前，清华大学、吉林大学、山东东岳集团、山东天维膜技术有限公司进行了阴离子交换膜研制相关工作，中科院大连化物所重点开展了催化剂的研发工作，中船718所开展了 AEM 电解槽的集成与基础研发工作。北京未来氢能、深圳稳石氢能则在大力推进 AEM 的产业化。科技部 2022 年度"催化科学"重点专项项目申报指南于"可再生能源转化与存储的催化科学"子项下设"阴离子交换膜电解水制氢研究"专项，拟对高效催化剂的设计方法及规模化可控制备方法；高离子电导率、高稳定性阴离子交换膜；催化剂与膜相界面电荷传输和气体扩散行为；电解系统结构动态演化规律和失效机制；适用于波动输入功率工况的低能耗阴离子交换膜电解水器件等内容进行研发。整体来看，AEM 还是一项前沿技术，距离大规模商业化还有一段路要走。

（二）基本工作原理

AEM 水电解设备包括一个膜电极组件，由用于析氧反应阳极反应的阳极、用于阴极反应的阴极、阳极 / 阴极双极板和 AEM 膜组成。催化剂传导电子，而离子膜可以提供一个氢氧根离子的传导路径，图 2-6 为 AEM 电解原理及其组件。外部电源连接到阳极和阴极以提供直流电源。水分子在阴极参与还原反应并得到电子，生成氢氧根离子和氢气。氢氧根离子通过聚合物阴离子交换膜到达阳极后，参与氧化反应并失去电子，生成水和氧气，氧气形成气泡并从阳极表面释放。整个反应需要 1.23 伏的理论热力学电池电压才能在 25℃下将水分解为氢气和氧气。然而，在实际生产过程中还

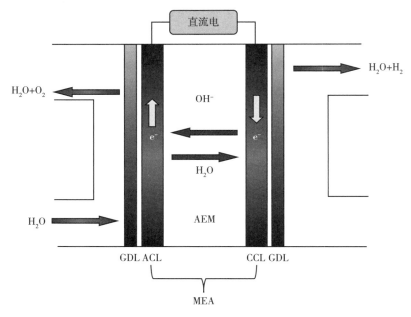

图 2-6　AEM 水电解设备示意图

需要额外的电压来克服电解质和电解槽组件的动力学和欧姆电阻，一般有效产氢的电池电压要求大于 1.23 伏。

（三）系统构成及关键技术

AEM 电解槽是组成 AEM 电解系统的基本单位；多个 AEM 电解槽一起组成了 AEM 电解模块；大量的 AEM 电解模块和多个辅助系统一起，构成了 AEM 电解水系统。其中，辅助系统包括氢气处理和干燥系统、水箱、水处理净化系统和交流直流转换器等。AEM 电解槽中的核心部件由阴极材料、阳极材料和阴离子交换膜构成，这些核心部件直接影响着 AEM 电解槽的工作效率和设备寿命等。目前，阴离子交换膜电解水的发展主要受制于阴离子交换膜本身，存在耐受性差、寿命短、运行条件单一的问题。如果能够开发出像质子交换膜电解水普遍采用的 Nafion 膜一样稳定高效耐受强的膜，势必会让阴离子交换膜电解水技术迈上一个新的台阶。同时，阴离子交换膜电解水技术仍然缺乏公认的高效、稳定的低成本金属催化剂，低成本金属催化剂是保证 AEM 电解水技术能够高效率、低成本制氢的关键。目前主流的阴离子交换膜电解水技术仍然通过碱液以保证效率，高效的纯水阴离子交换膜电解水技术是未来最理想的技术，会使电解水制氢技术迈上一个新的台阶，实现绿色清洁、高效率、低成本的制氢目标，为配合新能源调峰，实现"双碳"目标提供技术支持。

1. 阴离子交换膜

阴离子交换膜的作用是将氢氧根离子从阴极转导至阳极，是 AEM 电解槽中最重要的部分，直接决定着 AEM 电解设备的工作效率和运行寿命。构成阴离子交换膜的材料需要具备较高的阴离子传导性和极低的电子传导性。膜的机械故障可能导致整个装置的故障，膜的耐久性对整个系统设计至关重要。在使用碱性电解质的 AEM 电解设备中，局部区域会出现高碱性，强 OH^- 攻击阴离子交换膜，可能会使膜发生降解，所以需要具备优秀的化学和机械稳定性。与此同时，为了隔绝阴极和阳极，防止氢气和氧气相互接触产生爆炸，还必须具备极低的气体渗透性。

合成具有高机械稳定性和高离子电导率的 AEM 具有挑战性。添加过量的离子交换基团可能会增加离子电导率，但又会因吸水过多而导致机械强度损失。然后，由于氢氧化物对固定离子的攻击，AEM 变得化学不稳定，从而导致离子电导率较差。AEM 的另一个主要限制是季铵盐的不稳定性，降解机理主要有亲核取代反应、霍夫曼消除反应和叶立德生成反应等，这可能会降低膜的电导率。而 AEM 的离子电导率对 AEM 的性能起着重要作用，较高水平的氢氧根离子电导率可以实现更高的电流密度。膜的稳定性是决定膜是否适合 AEM 电解的关键因素之一。通常通过在监测电压的同时在特定时间内保持电流密度恒定来检查膜的稳定性。电压的变化反映了膜是稳定还是不稳定，电压增加表明膜不稳定。膜不稳定的一个可能原因是聚合物主链或离子交换基团发生降解。

克服碱性电解液造成的降解仍然具有挑战性。阴离子导电聚合物（AEM 和电极中的离聚物）的分子结构由于氢氧化物离子与季铵阳离子的强烈反应性而分解，导致膜的离子交换层析降低，进而降低阴离子导电性（增加电解槽电阻），导致性能的快速衰退。

目前的阴离子交换膜通常选用聚合物作为主要材料。一般来说，它们由具有锚定阳离子基团的聚合物主链形成，从而赋予阴离子选择性。最常见的是，阴离子交换基团由三烷基季铵盐组成，通过苄型亚甲基连接到聚苯乙烯、聚砜、聚醚砜或聚苯醚等聚合物主链上。由于 AEM 电解水技术还处于研发阶段，现阶段仍未找到最合适的材料，在研发中使用较多的有芳香族聚合物。阴离子交换材料的主要缺点是其热稳定性有限，特别是在高 pH 值下，霍夫曼消除机制和氢氧化物 N^- 烷基的亲核攻击导致阴离子交换基团在碱性条件下高温降解，严重限制 AEM 电解槽系统的长期稳定性以及操作温度。

目前材料的选择仍然存在许多问题：①芳香族聚合物在碱性环境中长期运行时，尤其是在加入了稀 KOH 溶液作为辅助电解质的情况下，会慢慢被降解，影响 AEM 电解水设备的稳定性和系统寿命；②由于氢氧根离子在阴离子交换膜中的传导性比质子在质子交换膜中的传导性低得多，为了保持 AEM 电解槽的工作效率，多倾向于制作更薄的阴离子交换膜，以减少氢氧根离子传导时受到的阻力，但这也会降低阴离子交换膜的机械稳定性，使它容易出现孔洞。对于 AEM，断裂应力大于 10 兆帕、断裂伸长率大于 100% 和杨氏模量 75～400 兆帕的基准值对于获得坚固的膜至关重要。

2. 离子聚合物

离子聚合物是黏合剂，有助于在膜和催化剂层中的反应位点之间建立传输路径。AEM 电解槽中离子聚合物的主要作用是将氢氧根离子传导至催化剂表面和从催化剂表面传导出氢氧根离子，并充当黏合剂以将催化剂颗粒机械锚定在电极中。因此，离聚物必须能够有效运行数千小时。然而，由于具有较高的电势，阳极上会发生析氧反应，从而氧化降解离子聚合物，降低催化效率。已有研究表明，离聚物骨架上的苯环结构一方面会吸附在催化剂表面并干扰电子转移，另一方面会被氧化形成相对酸性的酚类化合物。这些酚类化合物可能会中和聚合物中的碱性电荷载体，降低其离子交换容量，从而影响 AEM 电解槽的性能。离子交换容量指的是每聚合物质量聚合物中带正电荷的离子导电官能团的数量。通过增加离聚物的离子交换容量，可以同时提高电导率和 pH 值。因此，在设计高效的 AEM 电解槽时，离聚物具有越高的离子交换容量越好。

聚合物的离子电导率可以通过增加聚合物基质中离子交换基团的数量来提高。与离子导电基团数量增加相关的主要挑战是吸水量也会增加，这导致聚合物可能会在高温下溶解在溶剂中。在聚合物基体中添加交联剂可以增加聚合物链的强度，但也可能降低链的流动性和空隙体积。然而，添加不合适的交联剂会形成短链交联，从而限制氢氧化物的迁移率。

3. 膜电极

膜电极组件是 AEM 水电解槽的核心部件，对电解槽的性能具有决定性作用。膜电极组件的规格特性决定了电解槽的效率和催化剂的利用率。当电解槽中是低浓度电解质时，离子接触尤其重要。电极中的离子膜既是催化剂颗粒的机械黏合剂，又是催化剂和膜之间的离子接触的链接。如果三相界面中的离子通路设计不当，无论是由于缺乏合适的离子膜，还是由于非理想的催化剂油墨形式，区域特定电阻将过高，性能将变差。在催化剂直接涂抹工艺中，阳极／阴极反应催化剂油墨与溶剂和离聚物黏合剂混合用喷涂或涂抹在 AEM 的侧面，将催化剂直接涂抹工艺与镍阳极多孔传输层、膜和碳纸阴极气体扩散层组装在电池硬件中，以形成一个完整的膜电极组件。催化剂直接涂抹工艺具有催化剂与 AEM 接触、改善离子传导性和工艺的高效性等优点。相比之下，电流收集器和膜电极组件之间的电接触就比较差。在文献中，基于催化剂直接涂抹工艺的膜电极组件的退化与催化剂层的分层膜、离子膜的退化以及电池电压超过 2 伏时阳极组件的腐蚀有关。在 CCUS 方法中，阳极和阴极的催化剂油墨分别涂在阳极多孔传输层和阴极的表面。阳极和阴极 CCUS、AEM，在电池硬件中组装起来，得到一个完整的膜电极组件。CCUS 的优势是稳定的催化剂层以及有效的电子转移。一些基底材料，如钛毡、不锈钢毡或镍泡沫／毡可用作阳极基底；碳布或纸，以及镍，都可以作为阴极基底。

4. 阴极材料和阳极材料

阴极材料和阳极材料的主要作用是催化水的分解反应，并将产生的氢气与氧气及时输出。因此，必须具备较强的催化活性和多孔性。为了电极反应的顺利进行，还必须具备较高的阴离子传导性和电子传导性。现阶段使用最多的材料主要是镍。

目前开发的阴离子交换膜仍然无法兼顾工作效率和设备寿命。因此，关于 AEM 电解水技术的研发仍然要聚焦于开发合适高效的聚合物阴离子交换膜。其次，在实验室研发阶段，仍然会选择少量的贵金属作为催化剂。因此，开发低成本的高效非贵金属催化剂也是 AEM 的研究重点之一。

（四）运行条件

AEM 电解槽的性能很大程度上取决于运行条件。对于 AEM 电解，关键运行参数包括电池电压、电流密度、温度、压力和电解质的选择。

电池电压和电流密度：在电解中，电池电压和电流密度是关键的工作参数。电池电压决定了电池的能量需求和效率。电流密度反映氢气产生的速率，更高的电流密度意味着更快的电化学反应，AEM 电解槽的工作电流密度范围为 100~500 毫安/平方厘米。对于 AEM 电解槽来说，在较高电流密度下运行电极表面上易形成气泡，产生过电势。因此，合适的工作电流密度必须介于最佳产氢量和电能效率之间。同时由于阴离子交换膜的特殊性，在大电流密度下运行时，局部会产生高浓度碱性环境，攻击阴离子交换膜，加快阴离子交换膜的降解，使得 AEM 电解槽的稳定性和寿命急剧下降。

工作温度：AEM 电解槽设计在 20~80℃ 的运行温度。虽然相关研究表明，电池电势可能随着温度的升高而降低，但是目前商业化 AEM 膜的机械稳定性和热稳定性不强，过高的工作温度可能会使膜发生降解，从而使 AEM 电解槽发生失效，所以一味地追求高的工作温度来换取高性能的运行，可能会使 AEM 电解槽的寿命急剧缩短，所以在长期实验中，AEM 电解槽的运行温度一般小于 60℃。

工作压强：阴离子交换膜电解水制氢的一个特殊特性是高工作压力，这给阴离子交换膜电解水制氢的设计带来了独特的挑战。PEM 和 AEM 电解槽的膜和其他组件的机械性能几乎相同，因此，当阴极的氢压力限制在 1 兆帕以下时，无须对电池组件进行设计修改。然而，当氢气在阴极室中被加压时，氢气通过膜的交叉渗透增加需要慎重考虑。AEM（基于碳氢化合物）的氢渗透性通常比其对应的 PEM 低一个数量级左右。因此，AEM 的氢阻隔能力比同厚度的 PEM 更好，更薄的膜可用于阴离子交换膜电解水制氢，这是 AEM 用于电解的诸多优点之一。在较高压力下，由于电化学反应过程中产生气泡，欧姆电位降低，但压力并不显著影响电解池的性能。

电解质：电解质的选择很大程度上决定了电解槽的性能，高浓度的电解质可以提供良好的离子电导率。在 AEM 电解中通常使用 KOH 作为电解液，尽管它比 NaOH 更贵，但是 KOH 化学侵蚀性更小。KOH 的温度和浓度是影响细胞和膜导电性的主要因素。电解性能随着电解液浓度的增加而增强，因为极化电阻随着电解液浓度的增加而线性下降，但是氢氧化物浓度过高会导致高腐蚀率，降低电解槽部件的使用寿命。因此，电解槽在较低的 KOH 浓度和温度下运行是一个优势。在低 KOH 浓度下，电池的性能会受到 KOH 溶液中二氧化碳污染的影响。碳酸氢盐离子污染了 AEM 并降低了离子传导性，膜电阻在碳酸盐形式下往往总是比在氢氧化物液体溶液中高。虽然使用水作为电解质是可取的，但镍在去离子水（DI）中的还原反应和析氧反应活性不高，而且由于 AEM 离聚物必须在催化剂层内保持机械稳定性和离子传导性，因而还有巨大的挑战。另外，KOH 电解液的污染可能会影响镍基化剂的活性。$Ni(OH)_2/NiOOH$ 吸收了 Fe 杂质后的析氧反应活性急剧增加，并证明了 $\beta-NiOOH$ 在本质上更具有析氧反应活性的理论，KOH 溶液中的 Fe 杂质在镍基析氧反应催化剂的活性提高中起着重要作用。原位拉曼光谱显示，Fe 改变了活性相 NiOOH 的结构并促进了 $Ni(OH)_2$ 到 NiOOH 的转化，会增加析氧反应的活性，但在不含铁的 KOH 溶液中，还原反应活性与不含铁的 KOH 相比没有明显的变化。在 AEM 电解中，DI 水、超纯水、$1wt\%$ K_2CO_3、$1wt\%$ $K_2CO_3/KHCO_3$ 和 1M KOH 都可被用作电解质。

（五）应用推广情况

AEM 电解设备的总体产业化程度较低，仍处于前期研发阶段，全球仅有少数几家企业在尝试将 AEM 技术商业化。意大利 Enapter 公司是少数成功生产出商业化 AEM 制氢设备的企业。Enapter 公司于 2018 年在德国汉诺威工业博览会上首次公布了 AEM 电解水模块，制氢规模达到 0.5 标准立方米 / 小时。2021 年，推出了 EL4.0 电解水制氢系统（表 2-11），系统由 420 个制氢模块组成，制氢规模达到 0.5 标准立方米 / 小时。

表 2-11　Enapter 公司 AEM EL4.0 产品参数

生产速率	0.5Nm³/h
氢气压力	可达 35bar
氢气纯度	99.999%（有干燥器）
制氢能耗	4.8kWh/Nm³
运行功耗	2400W
待机功耗	15W

运行环境（温度）	5～45℃
运行环境（湿度）	最高95%
耗水量	0.4L/h
重量	38kg
尺寸	长0.48m，宽0.63m，高0.6m

Enapter公司于2021年开始AEM产线的建设，每月可以生产10 000台AEM水电解标准化模块。中国目前在AEM制氢领域布局的企业相对较少，北京未来氢能科技和稳石氢能是其中比较有代表性的企业（表2-12）。

表2-12　中国AEM相关企业动态

企业名称	相关动态
北京未来氢能科技	于2022年8月开始建设AEM制氢设备中试基地，包含阴离子交换膜、金属双极板和催化剂等关键部材产线
稳石氢能	自主研发的AEM电解水制氢系统由多个电解模块组成，可以满足1～200 Nm³/小时的制氢需求

四、高温固体氧化物电解水制氢技术

固体氧化物电解池（solid oxide electrolysis cell，SOEC）是一种能量转化效率高、反应速率快、应用场景广的新型高效电化学能量转化装置。通入原料不同，SOEC可进行不同的电化学合成，从而开发出功能多样的电化学合成反应器。

SOEC可以高效消纳风电、光电、水电、核电等清洁电力，在满足未来高比例清洁能源电力系统的大规模储能调峰需求的同时，可将高温水蒸气电解为氢气和氧气，实现绿氢的大规模制备。与常规水电解相比，高温电解制氢效率可提升20%以上。

（一）发展概述

1899年，Nernst发现Y_2O_3掺杂的ZrO_2（改变二氧化锆的相变态温度范围），即钇安定氧化锆（Yttria-stabilized zirconia，YSZ），产生室温下稳定的立方晶体及四方晶体，具有较高的氧离子迁移率和较低的激活能，此后该类材料被广泛应用于高温固态电化学领域，固体氧化物电池由此而起步。1968年，美国通用电气公司的Spacil等首先报道了采用ZrO_2基电解质的SOEC进行高温水蒸气电解制氢的实验研究，其中电解池采用了管式构型。20 世纪 80 年代初，德国的 Doenitz 等开展了管式 SOEC 电堆高温水蒸气电解制氢实验，其中单电解池由 Ni- 钇安定氧化锆 / 钇安定氧化锆 / 锰酸镧锶组成，管式 SOEC 电堆由 1000 个单电解池组成，最大产氢速率可以达到 0.6 标准立方米 / 小时。

尽管 SOEC 的研究自 60 年代末就已经开始，但由于随后的化石燃料价格偏低，SOEC 制氢技术的发展一度陷于停滞。近年来，随着世界各国对全球温室效应和气候变暖问题的关注，建设清洁低碳、安全高效的能源体系成为世界各国共同的发展方向，高温 SOEC 制氢技术重新受到广泛关注和重视。在美国，爱达荷国家实验室和 Ceramatec 公司在 2003 年重新启动了高温 SOEC 蒸汽电解制氢研究，作为美国下一代核电站计划（NGNP）的主要组成部分。根据其模拟第四代反应堆提供的高温进行的试验，核能高温蒸汽电解制氢的效率可以达到约 45%～52%。2007 年，爱达荷国家实验室建成了一个 15 千瓦的高温蒸汽电解制氢一体化台架，并实现了峰值产氢 2.0 标准立方米 / 小时的高温蒸汽电解运行实验验证。2018 年底，该实验室已初步完成了 25 千瓦高温蒸汽电解制氢台架的搭建，并开展电功率 250 千瓦的高温蒸汽电解制氢系统的设计工作。

在欧洲，欧盟第六框架协议计划项目 Hi_2H_2 在 2004 年底正式启动。主要参加单位有欧洲能源研究所、丹麦 Risø 国家实验室、瑞士联邦材料测试研究实验室和德国太空中心等。2008 年，欧盟第七框架协议计划项目 RELHY 启动。同年，欧洲燃料电池和氢能联合组织 FCH-JU 成立，在 SOEC 领域也先后资助了多个项目，包括高温 SOEC 制氢和高温共电解，组织鼓励研究机构和企业合作，已经开展了多个 SOEC 的示范工程项目。

在国内，清华大学核能与新能源技术研究院在 2005 年率先启动了核能高温 SOEC 电解水蒸气制氢的研究。高温气冷反应堆被广泛认为是具有第四代特征的先进堆型和最有希望用于制氢的核能系统。目前，具有我国自主知识产权、完全由清华大学自主研发的中国第一座高温气冷堆商用示范电站正在建设中。将高温 SOEC 制氢系统与先进核反应堆耦合，可以开拓核能新的应用领域，实现核能与氢能的和谐发展。清华大学核研院的高温电解制氢团队在高温堆国家科技重大专项核能高温电解制氢等项目的支持下，已完成了一系列具有自主知识产权的核心技术和关键组件研发。国内其他研究机构，如清华大学、上海硅酸盐研究所、中国矿业大学、宁波材料所、中科院上海应用物理研究所等也先后开展了高温 SOEC 制氢的实验研究，并取得了一系列重要进展。

综上所述，经过近几十年的发展，高温 SOEC 电解制氢技术已逐渐走出实验室，开始逐步走向规模化示范阶段。

（二）基本组成及工作原理

1. SOEC 的基本组成

SOEC 单体的组成和固体氧化物燃料电池基本相同，电解质、阴极和阳极是 SOEC 单体的核心组成部分，直接影响着 SOEC 电解池的工作性能和工作效率。图 2-7 为一种典型的固体氧化物电解池结构，中间是致密的电解质层，两边为多孔的氢电极和氧电极。此外，平板式的 SOEC 还需要密封材料，多个单体 SOEC 组成电堆还需要连接体材料。

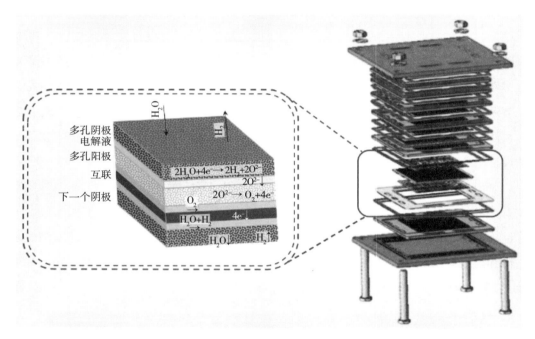

图 2-7　SOEC 电解槽结构

2. SOEC 的类别

按技术原理来分，SOEC 可分为氧离子传导型 SOEC 和质子传导型 SOEC，除了上述两种主要类型外，近年来也有研究报道采用氧离子和质子共传导材料作为电解质的 SOEC，即混合电导 SOEC。目前研究较多和发展更为成熟的是氧离子传导型 SOEC。

按支撑体类型来分，SOEC 可以分为阴极支撑、阳极支撑、电解质支撑和连接体（双极板）支撑几种类型。目前研究和应用比较多的是阴极支撑和电解质支撑。由于电解质材料的离子电导率相对较低，采用阴极支撑降低电解池层厚度可以有效减少电解池的欧姆损失；而且电解质支撑的优点在于其具有更好的长期运行稳定性和机械强度；连接体支撑的优点则在于具有良好的快速启动性能。具体采用何种支撑方式，需要根据实际的应用场景需要来定。

按照结构类型来分，SOEC 可以分为管式和平板式等类型。最早用于高温电解制氢研究的是管式构造的 SOEC，其主要特点是不需要密封，且电池连接简单；但也存在能量密度低、加工成本昂贵等缺点。平板式的电解池具有高的能量密度，而且制造成本相对较低，因此近年来随着高温密封和连接体材料的技术突破，平板式的 SOEC 已经成为目前发展较多的构型。

3. SOEC 的工作原理

质子传导型 SOEC 在电解质中传导质子。设备运行时，高温水蒸气从阳极侧进行供给，水分子在阳极参与氧化反应，失去电子后生成氧气和质子。质子通过质子传导电解质到达阴极后发生还原反应，在阴极处生成氢气。质子传导型 SOEC 工作原理如图 2-8 所示，反应过程如下：

$$阴极反应：2H^+ + 2e^- \longrightarrow H_2$$

$$阳极反应：H_2O \longrightarrow \frac{1}{2}O_2 + 2H^+ + 2e^-$$

$$总反应：H_2O \longrightarrow H_2 + \frac{1}{2}O_2$$

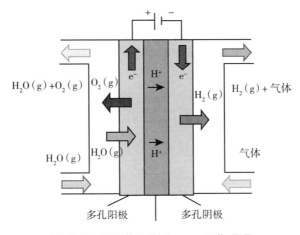

图 2-8　质子传导型 SOEC 工作原理

氧离子传导型 SOEC 在电解质中传导氧离子。和质子传导型 SOEC 有所区别的是，氧离子传导型 SOEC 从阴极（氢电极）处供给水蒸气。水分子在得到电子后生成氢气，

并电离出氧离子。氧离子经过电解质传导至阳极后，经氧化形成氧气。氧离子传导型
SOEC 工作原理如图 2-9 所示，反应过程如下：

$$阴极反应：H_2O+2e^- \rightarrow H_2+O^{2-}$$

$$阳极反应：O^{2-} \rightarrow 2e^- + \frac{1}{2}O_2$$

$$总反应：H_2O \rightarrow H_2 + \frac{1}{2}O_2$$

电解反应的焓变如下式所示：

$$\Delta H = \Delta G + T\Delta S$$

其中：ΔG 为吉布斯自由能的变化，体现了反应过程输入电能的有效部分（转换到氢
气中的能量，不包含损耗的焦耳热）；T 为反应的温度；ΔS 为反应的熵变；$T\Delta S$ 体
现了电解反应过程所吸收的热能。

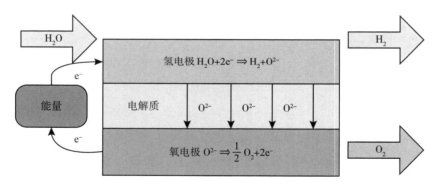

图 2-9   氧离子传导型 SOEC 工作原理

如图 2-10 所示，随着温度的不断上升，水电解需要的总能量增加幅度较小，但
对电能和热能的需求则产生了比较大的变化。在高温下，SOEC 电解水对电能的需求
量逐渐减少，对热能的需求量逐渐增大。这意味着，SOEC 电解设备在高温下工作
时，可以有效减少对高品质能源——电能的需求，并提升对低品质能源——废热的利
用率。

根据高温 SOEC 的电化学机理，对于低温电解（工作温度 80℃左右的碱性电解或
SPE），高温 SOEC 电解水制氢反应本质是一个吸热反应，端电压通常为热中性电压
的 1.2 ~ 1.8 倍，电解装置向外部放热，电解效率较低，约为 55% ~ 83%。对于高温电
解，由于电解反应的热力学和化学动力学特性都有所改善，以及电解质欧姆电阻的下

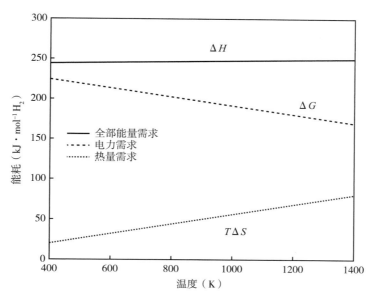

图 2-10 SOEC 电解水能量需求随温度的变化

降，活化过电压与由连接体以及电极和电解质的电阻引起的电压损耗显著减小。高温 SOEC 的端电压比常温电解技术的端电压要小得多，而热中性电压基本保持不变，从而带来效率的大幅提升。实际上，对于工作于 700~1000℃ 的高温 SOEC，在某些工作区段反应吸热大于供电电流产生的焦耳热，端电压甚至比热中性电压还低。

4. SOEC 的材料选择

氧离子传导型 SOEC 是目前研究较多且发展更为成熟的类型，已经形成较为先进的制备技术，本小节内容主要介绍的是基于氧离子电解质体系的 SOEC 材料。

电解质的性质决定了 SOEC 的技术路线和阴、阳极材料的选择（高温下热膨胀系数需保持一致）。电解质的主要作用是将在阴极产生的氧离子传导至阳极，阻隔电子电导，并防止阴阳极产生的氢气和氧气相互接触。因此，电解质层需要有极高的离子传导率和极低的电子传导率。为了防止阴极的氢气渗透进入阳极，电解质层的气密性必须高。此外，为了减少电解槽的欧姆损失，电解质层的厚度要尽可能减小。

电解质材料通常选用导电陶瓷材料。在 800~1000℃ 的高温运行环境下，常用的电解质材料有钇稳定的氧化锆和钪稳定的氧化锆。由于钇稳定的氧化锆既可以提供优良的氧离子电导率，相比钪稳定的氧化锆又具备一定的成本优势，已经成了最常用的电解质材料。在 600~800℃ 的中温运行环境下，镧锶镓镁、钐掺杂的氧化铈和钆掺杂的氧化铈也是较为常用的电解质材料。

阴极是原料水分解的场所，并提供电子传导通道。这要求阴极材料具有良好的电子导电率、氧离子导电率和催化活性，以确保反应的顺利进行。与此同时，由于阴极需要和高温水蒸气直接接触，阴极材料需要在高温高湿下具备化学稳定性。材料还必须具备合适的孔隙度，保证电解所需水蒸气的供应和氢气产物的输出。由于在高温下，热膨胀系数不匹配会导致过高的机械应力，最终使材料破碎。因此，阴极材料必须和电解质材料具有类似的热膨胀属性。

阴极材料通常选用金属陶瓷复合材料。镍（Ni）、钴（Co）、铂（Pt）、钯（Pd）都满足 SOEC 对阴极材料的要求。镍的成本较低，对水的分解反应具有良好的催化活性，用镍和钇安定氧化锆制造的金属陶瓷复合材料成了最常用的阴极材料。使用氧化钇稳定氧化锆和镍作为阴极材料，可以使阴极的热膨胀系数接近以钇安定氧化锆为主要材料的电解质，保持 SOEC 的机械稳定性。钇安定氧化锆还可以提高界面的电化学反应活性，确保 SOEC 的工作效率。

阳极是产生氧气的场所。阳极材料必须要在高温氧化的环境下保持稳定。与此同时，为了确保氧气的顺利生成，阳极材料必须具备优良的电子导电率、氧离子导电率和催化活性；材料必须采用多孔结构，便于氧气的流通。最后，为了保持高温下的机械稳定，阳极材料的热膨胀系数也必须和电解质相匹配。

阳极材料通常选用钙钛矿氧化物。其中，掺杂锶的锰酸镧的化学催化活性高，和钇安定氧化锆电解质的热膨胀系数接近，是其中最具代表性的材料之一。

（三）电解系统构成及运行

1. SOEC 电解系统的构成

SOEC 系统的主要组件由串联的 SOEC 电堆和平衡装置（BOP）组成。

图 2-11 为 SOEC 电解系统构成图，最基本组成单元是 SOEC 电解槽，多个电解槽组装在一起成为 SOEC 电堆。多个电堆和气体处理系统、气体输送系统一起可以组合成 SOEC 电解模块，最终多个模块可以组合成一个完整的 SOEC 系统。由于各个 SOEC 设备制造公司的技术和工艺存在差异性，组成 SOEC 电解电堆的电解槽数量、组成 SOEC 电解模块的电堆数量和组成 SOEC 电解系统的模块数量也会存在不同。

图 2-12 为 SOEC 电解装置典型方案的辅助系统设计，包括水泵、热交换器、蒸汽发生器等。有效的外围辅助系统对电解池进行热管理是提高系统效率的必要手段。实现热管理的核心元件为换热器，通过换热器设计，能够在系统中加入能量循环，回收利用出口气体余热。使用夹点分析设计换热网络或采用不同的换热器设计，使水

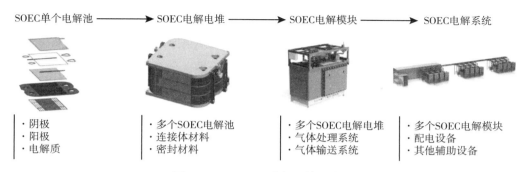

图 2-11 SOEC 电解系统构成图

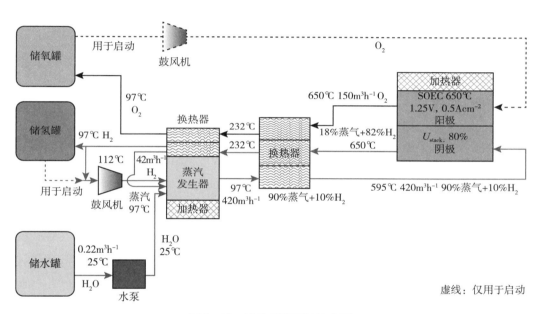

图 2-12 辅助系统设计示意图

在一系列热交换器中被加热,实现 SOEC 出口气流中的热量回收。预热水通入蒸汽发生器产生蒸汽,然后通入电加热器使蒸汽过热。为了最大限度地减少电力需求并提高 SOEC 系统效率,蒸汽在多个热交换器中通过排出的氢气和氧气流,最终可达到 75%~83% 的系统效率。

2. SOEC 电解系统的运行

在电解槽中,蒸汽在 650~1000℃ 的温度下在阴极离解,形成氢气分子和氧离子(水还原反应)。氧化物离子从阴极迁移到阳极,并释放电子到外电路,通过析氧反应变成氧气。需要高温来热激活氧化物离子迁移并促进两个电极上的电化学反应,氧气沿着阳极流动,氢气以及一些蒸汽混合物沿着电解质另一侧的氢气电极流动。在电解槽的下游，富氢气产物流与入口工艺流进行热交换后被冷却，然后经过分离器以将氢气与冷凝水流分离。部分产品氢气被回收并与入口蒸汽（蒸汽中 $5\% \sim 10\% H_2$）混合，以维持还原条件并避免电极中镍的氧化。因此，HT-SOEC 可以在高电流密度下运行，从而使用相对较小的电池面积实现大生产能力，电转氢效率可达到 90%。

3. SOEC 电解系统的优点

从原理上讲，高效率和高产率是 SOEC 制氢的两个主要优点，其内在原因是高温下的电化学过程使得电解反应在热力学和动力学方面比低温电解更具优势。除此之外，SOEC 电解系统还具有其他优点：

原料适应性广。除了电解水制氢，SOEC 还可以共电解二氧化碳和水制备合成气（一氧化碳和氢气），与低温二氧化碳电化学还原相比，采用高温共电解具有更高的电流密度和法拉第效率，合成气还可作为原料制备不同的碳氢燃料。由于电解的原料来自捕获的二氧化碳，因此从整个过程来看，采用该方法合成碳氢燃料的过程不产生新的二氧化碳，具有碳中性循环的优点。

运行模式多样化。首先，SOEC 具有运行可逆的优势，可以在电解池和燃料电池模式之间灵活切换。用作高效产氢或电化学储能装置，将电能高效转化为化学能（氢能），也可在燃料电池模式下运行，通过电化学反应得到电能。其次，SOEC 制氢可以根据不同的应用场景调整电压窗口，可以在吸热、放热和热中性条件下运行，可调控的灵活性使得 SOEC 容易与具有不同热源的可再生能源耦合，具有更好的灵活性和更大的应用空间。

全固态和模块化组装。SOEC 的核心部件为固体氧化物陶瓷材料和不锈钢材料，具有较强的机械稳定性和环境适应性，且不使用贵金属催化剂，材料成本低廉。模块化的组装方式使得它可以根据需要灵活调整产氢规模用于多种场合，从移动式、固定式制氢装置到制氢厂，具有很好的发展前景。

（四）关键技术问题及研究方向

高温工作条件在给电解池带来优良性能的同时，也为其大规模生产和应用增加了难度。事实上，由于常规材料和组件几乎都无法在高温电解所要求的 $700 \sim 1000\,℃$ 下工作，基于陶瓷材料的高温电池电解质和电极研发一直以来是研究的热点，且至今没有适用于大规模商业化生产的成熟技术；同时，高温为电池组堆过程中的电极贴合和气路密封带来了巨大的困难，适用于高温的组堆和密封工艺同样是研发难点，制约了电堆容量；更为重要的是，高温下主要工作材料的严重退化问题尚未得到经济有效地解决，很大程度上限制了高温电堆的工作寿命，影响了高温电解技术的经济性。由于上述因素的限制，目前高温电解技术尚未被广泛实际应用。

1. SOEC 电堆及系统控制技术

电堆是高温电解制氢系统的核心，SOEC 电堆和系统组成可以参考目前发展的 SOFC 的设计，但是实际的 SOEC 制氢系统较 SOFC 更为复杂。在 SOEC 制氢的工作模式下，进气一般是氢气和水蒸气的混合气，得到的产物是纯氢和纯氧。然而，由于需要考虑产物气的收集（氢电极为电解所得氢气，氧电极为高附加值的副产品氧气），SOEC 要求对氢氧电极侧均进行密封。进气中一般有少量的氢气，其作用是防止 Ni–钇安定氧化锆电极在高温高湿条件下被氧化。同时，进气中需要有足够高含量的水蒸气以保证电解的顺利进行，水蒸气的缺乏会对 SOEC 电解性能带来明显的负面影响。因此，对 SOEC 系统中水蒸气的控制是系统测控需要解决的一个难题。由于 SOEC 的开路电压与进气中氢气和水蒸气的分压密切相关，需要精确控制系统中水蒸气的组成稳定。在高温电解制氢回路中的水容易冷凝，其传输、控制和测量需要专门的设备，并需要设置多个监测点在线随时控制和调整温度、压力、湿度、气体流量、电流和电压等多个参数。SOEC 电解制氢体系不断产生高温的氢气和氧气，还需要冷却和热交换装置以保证热能的有效利用。

理论上讲，高的工作温度从热力学和动力学的角度都有利于 SOEC 电解反应的进行。但 SOEC 系统工作温度的选择必须考虑其他因素，SOEC 电解所需热量来自一次能源，如核能、太阳能、风能、地热能等。各种热源提供的温度范围存在差别，因此需要根据实际情况选择适合特定工作的温度范围及材料体系，并需要研究高温 SOEC 电解系统与一次能源的耦合方式和控制策略。例如，如果将高温与先进核能系统耦合，需要考虑核能的热能、电能的分配，制氢系统与热交换器的连接以及核氢安全问题。如果 SOEC 电解制氢系统与可再生能源耦合，需要针对可再生能源电力输出波动性大的特点，开展动态工况下 SOEC 制氢系统稳定性、耐受性研究。

2. 长期运行性能衰减问题

长期运行性能衰减问题是制约 SOEC 技术尽快商业化的关键环节。目前 SOEC 的衰减速率要显著高于相同组成运行的 SOFC，导致 SOEC 衰减的因素很多，基本可分为 SOEC 组成材料问题和运行控制两方面，且两方面密切相关。

　　高温长期运行环境下的材料组成、结构的变化是导致 SOEC 性能衰减的核心问题。对 SOEC 衰减的机理目前尚无明确的结论，近年来的研究一般认为，氧电极的衰减是导致 SOEC 性能下降进而影响其使用寿命的主要原因。美国爱达荷国家实验室、丹麦 Risø 国家实验室等国外机构在研究中均发现，SOEC 电解制氢大电流运行易发生氧电极脱层失效。对于 SOEC 氧电极，在电解制氢模式下发生的析氧反应，是燃料电池模式下氧还原反应的逆过程。虽然从基本反应过程来说，析氧反应和氧还原反应是可逆的，但是在实际的 SOEC 模式下，氧电极 / 电解质界面的氧分压分布、电场梯度等都存在较大差异。而且，为了充分发挥 SOEC 制氢高效率和高产率的优势（产氢速率与电流密度直接相关），需要 SOEC 在较高的电流密度下运行，易在电极内部聚集形成局部高氧压位点，从而导致第二相的形成或阳极 / 电解质界面的脱层。SOEC 氢电极也可能成为 SOEC 性能衰减的来源，由于 SOEC 的原料气是水蒸气，高温高湿的环境对氢电极侧材料稳定性的影响更大，有研究发现在 SOEC 进气蒸汽中发现含有微量的 $Si(OH)_4$，进而在镍 – 钇安定氧化锆电极的活性位点生成惰性的二氧化硅，从而导致 SOEC 性能的衰减，硅的来源主要是 SOEC 电堆使用的含玻璃密封材料。相对于电极，目前 SOEC 常用的钇安定氧化锆电解质在运行过程中较为稳定，但是当过高的操作电压或者氢电极的水蒸气供应中断时，钇安定氧化锆电解质也会有电子电导产生，但不会对钇安定氧化锆电解质造成破坏，相反这种电子电导可以使得 SOEC 电解池在短时间缺乏水蒸气的时仍保持稳定。

　　在 SOEC 运行及控制方面，影响电解性能的主要是操作电压、电流密度和运行模式。一般认为 SOEC 最合适的电解电压应该是在热中性电压附近，此时电堆处于热中性状态，不会对电堆温场的均匀性造成破坏。而当工作电压低于热中性时，电堆处于吸热模式，会产生制冷效应，电堆内部温度低于外部；而工作电压高于热中性电压时，电堆处于放热模式，会产生加热效应，电堆内部温度高于外部温度。无论是吸热还是放热模式，都会在电堆内部产生较大的温度梯度，容易导致电堆性能的衰减。电解电流密度的大小与 SOEC 性能的衰减密切相关，目前报道的 SOEC 电堆电流密度可达到 6 A/cm 以上，然而考虑到电堆寿命，实际运行电流密度一般在 1 A/cm 以内。高电流密度会使得阳极 / 电解质界面产生高的电势梯度，造成界面局部结构破坏甚至脱层，从而导致 SOEC 的衰减。亟须开发新型的 SOEC 电极材料和结构，增强阳极 / 电解质界面稳定性，提升 SOEC 长期稳定运行的电流密度上限。SOEC 的特性决定了它可在电解和燃料电池模式灵活切换，对于可逆运行对性能衰减的影响，有报道认为可逆运行可加速 SOEC 电极 / 界面处的材料结构衰减而导致性能迅速降低；然而近年来也有研究表明，SOEC 可逆循环运行并未对 SOEC 电极界面微观结构造成损坏，甚至可改善单纯 SOEC 模式运行后的性能衰减，这些发现说明运行模式的控制可作为 SOEC 电极材料衰减修复的一种可能途径。

综上所述，对于 SOEC 长期运行性能衰减的影响因素众多且互相影响，需要进一步深入研究。很多衰减机理的分析大都基于 SOEC 长期运行降温后的表征，需要开发新型的原位、实时的电解池测试和诊断方法，例如电化学阻抗谱分析等。需要指出的是，很多 SOEC 性能衰减的报道所采用的电解池材料组成和电堆结构等通常存在差异，在对衰减机理的研究时需要全面考虑材料组成、结构及运行控制的影响。

3. 高性能、高稳定性材料开发

高性能、高稳定性的材料开发是 SOEC 技术发展的核心环节。高温下运行给 SOEC 带来了热力学和动力学上的优势，但是也对材料的性能、稳定性和兼容性提出了更高要求。SOEC 对其组成材料的一般要求与 SOFC 相似：在高温下具有较好的热稳定性和化学稳定性，不同组件间的热膨胀系数匹配，相态和晶体结构稳定，具有一定的强度和抗热冲击能力，材料易于加工、成本尽可能低等。尽管已发展的 SOFC 材料在许多方面可供 SOEC 借鉴，但两者研究的侧重点仍存在区别。

无论在 SOFC 还是 SOEC 中，电解质的作用都是传导氧离子，运行模式的改变对电解质的影响较小。但考虑到 SOEC 电解制氢在高温下运行优势更明显，基于氧化锆基的电解质材料是目前 SOEC 电解制氢的首要选择。目前对 SOEC 电解质部分优化的主要研究方向侧重于电解质的薄膜化技术，制备更薄、稳定性更好的电解质层，可以进一步减少电解的欧姆损失，大幅度地提升电解制氢性能，对于推进该技术的尽快实用化和降低成本具有重要意义。

相对于电解质，更多研究关注于 SOEC 模式下电极材料的开发。在稳态电解制氢运行条件下，氢电极侧处于氢气和阴极极化的环境，尽管水蒸气的含量要显著高于燃料电池模式，目前常用的镍 / 钇安定氧化锆电极材料仍可在 SOEC 模式下长期稳定运行。但由于镍 / 钇安定氧化锆复合电极具有其内在的氧化 / 还原循环稳定性差的问题，当其运行环境不能长期保持还原性（或惰性）气氛时，氢电极的结构会被破坏，从而导致性能的衰减。目前已经有大量旨在替代现有镍 / 钇安定氧化锆氢电极的研究，主要研究方向是具有混合离子 – 电子电导的钙钛矿类材料。这些材料具有良好的氧化 / 还原稳定性，并且部分材料还具有良好的抗硫、抗碳性能。但是与镍 / 钇安定氧化锆材料相比，其在 SOEC 电解制氢工况下的电流密度一般较低，目前已经实现商业化应用的 SOEC 氢电极还是以镍 / 钇安定氧化锆材料为主。

SOEC 电解水制氢涉及两个重要的基本反应，即阴极水的还原和阳极氧的析出。其中制约电解性能的关键，往往是阳极上所发生的析氧反应过程，氧电极（阳极）相对于氢电极（阴极）有更大的过电位需求，是主要的极化损失来源。如何对氧电极进行有效活化，以降低极化损失，是国际热点问题。《自然》《科学》等多篇论文报道了相关研究，现阶段 SOEC 材料的研究主要集中在混合离子 - 电子电导材料。Adler 将混合离子 - 电子电导材料中析氧反应活性增加的原因归结为：混合离子 - 电子电导材料可以将电极反应活化区从三相界面扩展到整个电极表面，从而促进氧离子的吸附以加速析氧反应。目前研究比较多的混合离子 - 电子电导材料主要有钙钛矿型氧化物、Ruddlesden–Popper 型层状氧化物、双钙钛矿型氧化物等。

除了电极本体材料的开发，近年来的研究表明，影响电解池性能的往往是电极 / 电解质界面附近几微米的区域，电极 / 电解质界面的纳微结构的精准调控成为提升电极催化活性和稳定性的一个重要途径。

4. 高温电解系统热源接入方式

热源是 SOEC 电解技术的关键，主要包括以下两种形式：纯电电解接入电力系统和余热辅助电解接入电 - 热系统。

纯电电解指使用电能为系统辅机及电解供能，将进料从常温加热至高温电解池工作温度，并完成后续电解及产物加压储存等流程。使用纯电电解的接入方式时，高温电解池在电力系统中作为电负荷，将电能转化为化学能储存，在新能源波动导致电能富余时起到消纳弃电的作用。由于高温电解出口气体温度高，因此可将高温电解系统与热网结合，使用电解产物作为热能载体，供热降温后再对电解产物加以利用。这种"气 - 热联供"的形式不仅提升了高温电解系统余热利用的能力，而且以高温电解系统作为能量接口，实现了电—气—热多能源网络的连接。

（五）应用推广情况

1. SOEC 应用推广情况

国内 SOEC 行业尚处于研发示范阶段，产品寿命有待进一步提高。制氢设备目前尚未商业化运行，测试数据缺乏统一的标准，但小规模的示范项目已逐渐开始（表 2–13）。

表 2-13 国内 SOEC 行业产品概况

企业名称	产品信息
上海应用物理研究所	SOEC 制氢设备，电解功率可达 7.2kW，性能衰减率仅为 0.5%/kh
清华大学核能与新能源技术研究院	研究利用核能高温气冷堆的余热结合 SOEC 制氢。研发的 SOEC 实现了 105h 的稳定运行，产氢速率达到 105L/h
北京思伟特新能源科技有限公司	拥有千瓦级的 SOEC 制氢系统样机：每小时产氢量接近 1Nm³
武汉华科福赛新能源有限公司	SOEC 电堆，稳定运行时间超过 1040h；在 800℃工作温度下，最大电解功率达到 831W，最大电解效率高于 97%，产氢电耗在 2.86~3.35℃/Nm³，稳定运行电解功率高于 600W
浙江氢邦科技有限公司	SOEC 千瓦级电解堆研发成功并顺利运行多种高温电解技术（电解纯二氧化碳/电解海水/共电解水和二氧化碳）
北京质子动力发电技术有限公司	阳极支撑平板型 SOEC

2. SOEC 应用推广方向

热能资源丰富的地区或废热较多的工业区是 SOEC 示范项目的理想场所。相比使用碱性水电解技术和 PEM 技术的低温水电解设备，SOEC 需要更多的热量来加热原料水。因此，从能源利用效率考虑，目前国内外的 SOEC 示范项目多位于热能资源丰富或废热较多的地区。例如 Haldor Topsoe 合成氨示范项目，该项目是 Haldor Topsoe 主导的示范项目。目前传统合成氨工艺的氢气来源主要是煤和天然气，在国外以天然气为主要原料，在中国以煤炭为主要原料。在使用煤和天然气制取氢气的过程中，二氧化碳作为副产物之一将大量生成并排放到大气中。

在碳中和的大背景下，Haldor Topsoe 使用德国和丹麦海岸附近丰富的风电资源，配合 SOEC 水电解制取绿色氢气替代传统的天然气重整制氢。值得一提的是，SOEC 设备运行时所需要的热能由合成氨反应时释放的反应热提供。由于氨的合成是放热反应，通过利用氨合成塔的余热加热原料水可以达到提高能源效率的目的。SOEC 电解设备由将由 Haldor Topsoe 自行研发和生产。

五、电解水制氢装置亟待突破的关键技术

（一）适应宽功率波动与反复启停

传统制氢设备多用于制取电力、玻璃等领域所需的还原气，要求制氢机组在额定点长期稳定运行。而在可再生能源制氢的新场景中，风、光等可再生能源具有强波动性和间歇性，这与水电解制氢设备对电能质量的高稳定性要求相悖，频繁的电力波动

会对设备的运行寿命及氢气的纯度质量造成较大影响。因此，适应可再生能源的制氢技术要求关键材料与设备首先必须满足对间歇性电源功率波动的适应性，具备跟随宽范围功率输入的能力，同时在反复启停工况下保持性能稳定。

1. 适应宽功率波动输入能力

当采用波动性电源时，不断变化的电压和电流使得催化剂处于不稳定状态。研究表明，镍基阴极材料的表面和孔道内在电解过程中产生 $\beta-Ni(OH)_2$ 相纳米花，可能堵塞电极孔道，从而导致电极反应能力下降。输入功率瞬时波动时，电极内气泡产生速率发生变化，气泡的不稳定导致小室内气压发生波动，从而使得隔膜表面的环境应力发生变化，面临微观的往复波动；由于阴阳极产气量差异，若压差和液位调节不及时，在低电流和高液位压差下，应力趋于拉紧，其孔隙率和渗透率的降低可能导致隔膜性能的损坏，影响电解槽的使用寿命。当反应速率瞬时加大时，阴极电解液若补水不够及时，则导致碱液浓度过饱和，产生碱析出，堵塞流道或电极孔道，使得电极反应活性下降，电解效率降低。此外，随着输入功率的波动，电解槽两侧氢气和氧气产气量发生波动，导致电解槽两侧液位变化，需要电解槽内碱液液位平衡装置频繁启动，从而影响气动阀或电磁阀等部件的使用寿命，使得辅机功耗增加、综合电解效率下降。频繁的瞬态工况下，由于电极反应平衡和热平衡始终无法建立，导致电解效率显著下降，分钟级的输入电源波动，导致碱槽性能发生快速衰减。

另外，碱性电解水制氢设备的功率下限受系统内存在的氢气杂质比例制约。碱性水电解隔膜对于氢氧气体的阻断作用较差，而低负载运行时，系统内氢的气体比例会增加，继而穿透隔膜造成较高比例的氧中氢。为保证安全运行，降低氢气杂质流量是提升碱性电解水制氢设备适应宽功率波动输入能力的关键。

一种方法是改造现有设备组件，采用新型膜结构。如阴离子交换膜替代传统聚合物隔膜能有效减少隔膜处和碱液循环处引入的杂质流量，大幅降低负荷下限。然而目前阴离子交换膜技术尚存在膜和催化剂稳定性问题，寿命短、容量低，短期内无法大规模应用。除此以外，基于现有膜材料的改造方法如在隔膜中附加催化剂颗粒，同样可降低隔膜处的杂质流量。另外，也可适当增加隔膜厚度，既保证合适的欧姆过电压，又可减小浓差扩散和压差对流引入的杂质流量。另一种方法是通过优化控制策略来降低杂质比例，由于不需要改动组件结构，这种方法具有成本低的优势。在风光出力特性的基础上，可通过实时调控电解液循环量，建立电解液流量、电流和电压之间的经验公式，实现较宽的功率调节范围。在此基础上，还可根据电流密度调整电解液循环量的自适应流量控制策略，通过电解液流量控制器有效降低气体杂质流量，同时维持稳定的小池电压。

2. 反复启停能力

风光出力有明显的波动性和间歇性，在风光电力的低谷时段，制氢设备运行过程中存在频繁启停。碱性电解设备的反复启停能力较差，冷启动时，碱性电解槽电流密度低，电解槽升温较慢，导致冷启动时间长；而且碱性隔膜在尚未达到适宜工作温度的情况下，氢氧混合比例易失衡，存在爆炸风险。因此，提高碱性电解设备快速启停响应能力对推动制氢产业极其重要。

导致碱性电解设备发生启停退化的机理包括电极表面生成不可逆物质，以及电极结构被破坏两种情况。在电流关停后，电极上存在镍的氧化物和氢氧化物，同时电解小池内有残余氢气和氧气，会在镍电极上发生氧化还原反应，在电解槽内形成反向电流，生成不可逆的镍氢氧化物，使电极表面欧姆电阻增加。另外，由于在启停过程中，电极表面产气量变化对催化剂结构造成冲击，易出现催化剂脱落的现象。

为提高碱性电解设备的反复启停能力，韩国浦项科技大学提出采用以锌电极作为牺牲阳极，保护镍阴极在停机时不被氧化，测试结果表明，加入牺牲阳极后，40 次启停电极性能无明显衰减。在电解槽的直流电源处并联极化整流器同样可以起到保护电极、避免启停退化的作用。该极化整流器目前已成功应用于氯碱工业中，在电解设备正常运行时，极化电源长期处于待机状态，在电解设备停机时，自动从主电源切换至极化电源，施加一较小的电解电流，防止电极被腐蚀。

（二）电氢能量转换效率提升

1. 碱水电解制氢设备

提升碱水电制氢设备的能量转换效率，主要从电极、隔膜、流道、电源、气液分离器方面进行改进。在电极方面，选用低成本、高活性、长寿命一体化大面积新型复合电极；在隔膜方面，选用大面积、低传质阻抗、高亲水性、高耐热性新型非石棉隔膜；在流道设计方面，采用零间距的双极板＋气体扩散层弹性网结构；在电源方面，采用高效 IGBT 变流器；在气液分离器方面，选用快速、高效、彻底的旋转式强化气液分离器。

（1）低成本、高活性、长寿命一体化大面积新型复合电极设计与批量制备技术

在碱水电制氢设备中电极分为析氢电极和析氧电极，两种电极均需要满足低成本、高活性、长寿命一体化大面积的要求，同时需要实现规模化制备。

目前铂系贵金属被认为是最佳的析氢催化剂，IrO_2 等贵金属氧化物被认为具有高析氧活性，但是这类贵金属催化剂地球含量低且价格昂贵。镍金属及氧化镍是最早被发现具有碱性析氧反应催化活性的过渡金属催化剂，具有较好的催化活性、稳定性好且储量丰富，是目前商用碱性电解的主要催化剂。但是镍作为析氧反应的基底时，在长时间工作后泡沫镍会部分溶解，而后在催化剂表面形成羟基氧化镍/氢氧化镍薄膜，导致电极的传质能力下降。高效的电催化析氢反应和析氧反应催化剂是保证高电解制氢效率的关键。然而，析氧反应的高过电位及缓慢的电极动力学严重限制了电解水的效率。因此，开发高效、低成本的析氧反应催化剂以加快反应动力学，对提升碱性水电解器件的电解效率具有重要意义。因此，研究开发高性能、低成本、具有高稳定性的催化剂对推动碱性水电解技术的发展至关重要。

传统气体扩散方法制备的电极中的催化层结构使用聚合黏合剂，不可避免地增加了传质阻力，并覆盖了催化活性位点，并且粉末催化剂与导电基底间的黏附力较低，在长时间或大电流密度电解过程中，粉末催化剂容易从导电基底上脱落。其他制备方法如水热法、电沉积方法以及化学溶液法被研究开发，但目前的电极制备技术都存在着制备工艺复杂、成本昂贵、过程烦琐精细、不易放大等问题。为了制备满足商业化可用的催化电极，需要发展低能耗、简单安全的制备方法，为了降低制备成本、提高制备效率，研究发展反应时间短、反应步骤少、制备步骤简单的制备方法同样值得关注，催化电极的制备过程中，基底对催化电极的整体性能的贡献需要进一步明确，进而为制备高性能催化电极提供指导意见。

目前，市场上主流电极制备工艺为等离子喷涂等热喷涂制备工艺，少数厂家采用电镀制备工艺、浸渍烧结制备工艺。等离子喷涂等热喷涂制备工艺生产的电极具备低成本优势，但是催化活性不高且寿命不长（长时间运行催化剂层脱落量较大）。电镀制备工艺的优势是成本低、可控制备有序孔微米级和纳米级涂层（增加催化活性位点和促进气泡脱离）、催化剂层与基体之间结合力较好、生产效率高、可实现贵金属均匀分布，其缺点是一体化大面积规模化制备的涂层一致性相对较差，生产制备过程中参数控制不好容易出现废品，催化剂涂层的寿命还需要大型设备实证数据进行验证。浸渍烧结制备工艺的优点是催化剂载量大、催化剂涂层结合力好、催化剂涂层寿命长，其缺点是生产能耗高、生产效率低、催化剂多为氧化物（空气中烧结）、合金催化剂需要在保护气氛烧结（生产成本更高）。

综上所述，低成本、高活性、长寿命一体化大面积新型复合电极设计与批量制备是碱水电制氢设备中电极生产亟须突破的关键技术瓶颈。

（2）功率波动工况下的电极过程动力学特性

传统碱水电制氢设备通常的生产工况为稳态生产，设备启停次数较少，度电能耗不是主要关注的指标，重点关注的指标是氢气产量和纯度。但在可再生能源制氢一体化进程中，碱水电制氢设备在功率波动工况下性能衰减情况仍未经过工程实证验证过。大型碱水电制氢设备中电极过程动力学特征仍然不清楚，电极失效机理与应对措施也尚无可信数据支撑。因此，在功率波动工况下，需要分析电流密度、温度、流量和压力等参数大范围波动现象对碱性电解池内催化剂及金属基体组分、催化剂结构稳定性等产生的重要影响。另外，明确温度、压力等典型条件下，频繁启停、快速变载、低负载和过载对电堆性能的演化规律和关键部件的衰减特性，深入认识复杂工况下电解堆内组分变化特性及调控机理，揭示电－热－流－质－力多场耦合特性及其对电解堆性能和耐久性影响也极其重要。

（3）大面积、低传质阻抗、高亲水性、高耐热性新型非石棉隔膜批量制备技术

目前碱水电制氢设备使用隔膜分为聚苯硫醚改性隔膜和复合隔膜。市场上大型碱水电制氢设备绝大部分采用的是聚苯硫醚改性隔膜，少数采用复合隔膜。聚苯硫醚改性隔膜的优点是成本低、机械强度高、稳定性较好；缺点是亲水性较差（聚苯硫醚材料本身亲水性较差，亲水改性的效果有限）、面电阻较大（隔膜较厚）、孔隙较大（编制网生产工艺造成的）。复合隔膜制备工艺采用支撑网涂覆复合树脂，溶出部分有机组分产生多孔结构，涂层中添加了氧化锆等氧化物以改善隔膜亲水性。复合隔膜的优点是隔膜较薄（面电阻相对较低）、隔膜孔径较小（气体透过率低）、亲水性较好（氧化物掺杂改性）；缺点是机械性能较差（容易压破）、氧化物结合较差存在掉粉现象、大型设备长时间运行数据尚不足。因此，高效的隔膜制备方法或改善方案对于有效阻断氢氧接触，提高制氢效率，实现安全生产至关重要。

综上所述，大面积、低传质阻抗、高亲水性、高耐热性新型非石棉隔膜批量制备是碱水电制氢设备中隔膜生产亟须突破的关键技术瓶颈。

2. PEM 电解制氢设备

作为 PEM 电解水反应的核心场所，催化剂与膜电极的极化过程与原理对提升电解性能发挥着重要的作用。膜电极内的电化学反应过程涉及微观（1～10 纳米）与介观（10～10^6 纳米）尺度内的电子转移与物质传递步骤。对析氧过程，水分子在三相反应界面处发生的吸附、电子转移与氧气分子脱附等属于微观尺度的过程；而气泡的

传递、水的流动、质子在离聚物内的传输的过程则属于介观尺寸内的传递过程。根据不同的反应步骤与物质传递过程，可以将电解电压拆分为可逆分解电压、催化剂动力学造成的电化学活化极化损失、由膜内质子传导和接触电阻引起的欧姆极化损失、催化层内部质子传输阻力引起的传质极化和气液传输阻力引起的传质极化损失。降低 PEM 电解能耗、提高性能的过程也是降低上述各种极化的过程。因此，作为 PEM 电解堆的核心反应部件，低成本、高活性、长寿命的催化剂与膜电极是技术发展的研究关键点和难点。在开路电压静置测试中，金属铱往往会在更高的高电位下被持续的氧化，最终形成水合氧化铱，并最终导致电子电导率不可逆的低于结晶二氧化铱的电子电导率。这被证明是质子交换膜电解氢性能大幅降低的主要原因之一。

铱催化剂的高稳定性与长寿命对于电解设备系统的性能与寿命影响举足轻举足轻重。此外，由于铱的价格昂贵，对于可替代的非铱催化剂与元素掺杂的低铱催化剂设计、合成与高一致性批量化制备工艺尤为重要。再者，对于膜的机械衰减、化学衰减以及热衰减过程的抑制也是目前重要的技术发展方向。研究高电导率、高强度、高稳定性的离子交换树脂及其增强薄膜的设计与制备技术，并采用膜电极聚合物调配、微观结构调整等技术形成相应的低成本大面积膜电极涂布及成型工艺开发，有助于质子膜及膜电极制备装备的连续工业化生产进程。

多孔传输层与极板的结构改善与性能提升也十分重要。

多孔传输层作用为支撑电解槽结构、作为气体和电解质传输通道、导热和导电。目前在 PEM 电解槽中，阴极侧的多孔传输层材料一般为碳纸、碳布，与燃料电池相同；由于阳极高电势下碳纸容易腐蚀，所以阳极侧的多孔传输层材料为钛网、钛毡等。钛毡化学性质稳定、高电势情况下耐腐蚀性能好、力学性能好、密度小、导电性能好，故适用于做 PEM 电解池多孔传输层。多孔传输层需要孔隙率以保证气体和电解质的通过，且需要降低多孔传输层的接触电阻。

多孔传输层结构对气泡的生成具有重要影响，从而影响电解槽性能。多孔传输层的物性参数对氧气侧气泡传输的影响不同，对于孔隙度较低的多孔传输层，孔隙度对气泡行为的影响显著，而接触角、颗粒半径、传输层厚度和肋宽的影响相对较小。而且另有研究发现，在平均孔隙直径小于 50 微米，气泡产生导致的供水减少的影响对电阻影响是比较小的，优化扩散层与膜电极的接触效果，不仅能降低接触电阻，还能降低活化过电位。极板的作用是提供机械支撑，分离电解堆中的膜电极；在电解堆中传导热量和电流；将水分散到 PEM 电解堆内部、将产生的气体输送到出口。高性能的 PEM 电解槽极板应具备以下特点：①在 PEM 电解槽的操作条件下具有较高的耐腐蚀性和耐久性；②材料价格低，简单的制造工艺和批量可扩展的表面涂层沉积工艺；③高电导率、低电阻率。一般以镀金或镀铂的钛板作为极板。如果不进行镀铂等金属，钛板表面会形成氧化膜，形成的氧化膜电导率低，这会使电导率下降。极板上的流道是水和气体传输通道，流道形式与结构对电解性能具有影响。当阳极处循环水两相流为段塞流或环空流时，阳极反应的水的质量传输下降，在较高的电流密度下浓度过电压增加。流道宽度与流道深度也影响电解槽的性能。流道深度越浅，流道的截面积越小，入口流速越快，有利于气泡的传输。流道宽度增加，会导致极板与多孔传输层接触面积减小，使接触电阻增大；与此同时，多孔层和通道的传质情况得到了改善，同时也有利于多孔层和通道的热量交换，因此沿通道方向的温升降低。所以流道深度的大小应需综合考量。

基于上述关键部件的制备与开发，对于大面积单池或电堆的内部机械应力均衡与封装技术研究是 PEM 电解技术走向大规模应用的关键抓手。因此，开展单池间结构与过程偏差敏感度分析与实验验证，设计并试制兆瓦级 PEM 电解堆，开展衰减、失效成因研究与可靠性、耐久性验证仍是关注重点。此外，由于制氢压力难以提升，目前生产过程仍受限制。为进一步提高制氢压力，应注重研究高压力操作对电解堆性能及安全性的影响规律；研究耐高压、低氢氧渗透及高电导率膜结构设计及制备工艺；研究高导电、高耐蚀双极板材料与结构设计技术；研究高耐压密封结构与材料，研制高压操作 PEM 电解堆；研究高压水气分离与回水安全控制技术，研制全自动电解水制高压氢系统装备。

3. AEM 电解制氢设备

阴离子交换膜电解水制氢技术可以看作是碱性电解水以及质子交换膜电解水的结合。AEM 电解技术采用具有良好气密性、低电阻、低成本的阴离子交换膜代替 AWE 中的隔膜（石棉网、聚苯硫醚改性膜、Zirfon 膜等），一定程度上解决了碱性电解制氢面临的动态响应差、电流密度低以及氢氧互串等问题。AEM 电解槽的中心部件是膜电极组件，它是一种层状结构，其中膜夹在涂覆有阳极或阴极催化剂的两个多孔传输层之间。

AEM 制氢在使用更具有经济优势的 AWE 催化剂和装置的同时，能够在与 PEM 相同水平的高电流下生产高纯度的氢气。AEM 较低的成本优势以及较为优秀的电流密度指标将使其具有非常好的发展前景，成为在大规模制氢应用中最有可能的碱性AWE改进方案（相对于PEM成本更低，相对于SOEC技术门槛更低且稳定性更好）。但由于AEM制氢是近十年才出现的相对较新的技术，受限于阴离子交换膜的离子电导率不足等问题，仍需在催化剂、电极和膜等材料设计和部件优化等方面做出更多努力，以提升电氢能量转换效率，使其具有商业竞争力。

对于AEM制氢，有前景的催化剂需要优异的活性、高电流密度耐受性和长期的使用寿命，同时还应考虑其天然丰度和制备成本。由于碱性的界面条件，AEM能够实现廉价的过渡金属粉末材料作为电催化剂。最成熟的电极制备方法是在基底材料上用催化剂涂层，将粉末状电催化剂均匀地涂覆到气体扩散电极上。

此外，在导电基底上原位生长的活性材料制备而成的自支撑电催化剂近年来也引起了越来越多的关注。自支撑电催化剂避开了有机黏合剂的使用，阻止了活性位点的暴露和气泡的扩散。这种紧密的锚定还有效地增强了自支撑电催化剂的长期机械稳定性，并确保了活性材料和衬底之间的电子转移效率。自支撑电催化剂将直接用作气体扩散电极，这可以显著降低电极的制备过程和生产成本。因此，自支撑电催化剂更适合于高电流密度和长操作时间的AEM系统。

电极是AEM的核心组成部分，包括催化剂层和气体扩散层，气体扩散层还包括大孔基质和微孔层。催化剂层通常是通过在微孔层上沉积粉末催化剂颗粒形成的，因此，微孔层的结构影响催化剂的负载、分布以及界面接触。此外，催化剂层的孔隙率和厚度以及离聚物含量会影响催化剂性能。用于输送反应物和产物的多孔气体扩散层的输送能力深受其形态、微观结构和物理特性的影响。因此，电极结构的合理设计非常重要，这将直接影响电解过程中的传质和反应界面。

气体扩散电极中的传质与其内在结构密切相关。理想的气体扩散电极应具有梯度孔径、高孔隙率、适当的亲水性和导电性，以实现快速供水、气体去除和电子转移。此外，为了提高催化剂利用率和快速反应动力学，还需要光滑的微孔层表面来获得与催化剂和膜的紧密接触。通过设计孔和界面结构能够获得高性能气体扩散电极。

气体扩散层的孔径和孔隙率是两个相关的参数。一些研究表明，气体扩散层的高孔隙率允许有效的气体和水传输；然而，其他研究表明，高孔隙率增加了平面内电阻和接触电阻。通过这种方式，气体扩散层的孔径和孔隙率存在最佳值，以保持与催化剂层的接触和传质性能之间的平衡。此外，与水和气体的两相传输相比，单一分散的孔结构并不适合。一方面，由于毛细管压力不足，仅具有单一大孔的气体扩散层不利于催化剂层表面上氧气和氢气的分离。另一方面，单一类型微孔的气体扩散层不利于供水。因此，可以通过设计分级孔结构并利用不同孔径对气体和水的传递行为的影响来改善传质。

微孔层是大孔基质和催化剂层之间的薄层，被添加到气体扩散层中以加强界面连接，保护脆弱的 AEM，防止其穿孔，并用作沉积的催化剂颗粒的基底。具有适当厚度、孔隙率、孔径和形态的优化微孔层设计可以产生理想的气/液/固三相界面，实现高催化剂利用率和低传质损失。

总之，在对气体扩散层结构设计的大量研究取得成功的推动下，越来越多的具有各种材料、孔结构和表面结构的气体扩散层正在商业化开发。对于未来的研究，从选择最合适的气体扩散层以确保稳定和良好的电池性能是至关重要的。此外，得益于不断进步的表征技术，气体扩散电极的水/气传输特性和催化剂的反应动力学可以在操作状态下进行分析，为我们提供对气体扩散电极结构的深入了解。

AEM 由阴离子交换阳离子基团组成，位于聚合物骨架中或连接到聚合物骨架上，是决定 AEM 电解槽性能和耐用性的主要成分。在阴离子交换膜电解制氢技术中，AEM 是传输 OH^- 阴离子的聚合物电解质，能够穿过膜并被阳离子基团静电补偿。

AEM 的机械和热稳定性主要取决于聚合物骨架的化学性质，而离子交换容量、离子电导率和传输则取决于阳离子官能团。AEM 的化学稳定性取决于聚合物骨架和官能团。聚合物骨架通常是聚砜、交联聚苯乙烯与二乙烯基苯或聚芳烃。阳离子官能（离子交换）基团通常是季铵或咪唑。

阴离子交换离聚物是通过共价键合到聚合物主链上的带正电的阳离子基团传导阴离子 OH^- 的聚合物。催化剂涂层中的离聚物起到稳定剂和黏合剂的作用，以提高均匀性和涂层质量。因此，阴离子交换离聚物是在催化剂层内产生 OH^- 导电传输路径的黏合剂。通过增加离子交换基团的数量来提高离聚物的离子导电性，这反过来又增加了吸水率，并导致离聚物在更高的温度下溶解。离聚物应具有良好的 OH^- 导电性、化学稳定性、低溶胀比、不溶于水、在溶剂中具有高溶解性和分散性。

4. 固体氧化物解制氢设备

SOEC 的工作温度为 600~1000℃，且在高氧化、高还原、高湿度等极端环境下工作，这对其材料选择提出了苛刻要求。由于在高温下工作，SOEC 的组成部件都需要具备良好的热稳定性与机械性能。

电解质位于阴极和阳极之间，起到隔绝电极两侧气体接触和电子传导并维持氧离子传导的作用，因此其必须具备致密性好、氧离子传导能力强、电子传导能力弱等特点。钇安定氧化锆在高温下具有较高的离子电导率，且烧结性、致密性好，是目前常用的电解质材料。其中，氧化锆摩尔分数为 8% 的钇安定氧化锆离子传导能力最强。此外，氧化钇掺杂的氧化铈、氧化钐掺杂的氧化铈、镧锶镓镁（$La_xSr_{1-x}Ga_yMg_{1-y}O_3$，LSGM）等新型电解质材料具有较高的离子电导率，关注度较高，但这些材料也存在烧结困难、与其他电极材料匹配性差等问题。

阴极是反应物分解的场所，因此需要对电极反应有良好的电催化性能和较高的电子电导率。为保证良好的气体流通性，阴极一般为疏松多孔结构。贵金属和过渡金属（如铂、铱、镍等）是性能优异的电化学还原催化剂。纯金属基催化剂热膨胀系数大，在温差巨大的升降温过程中，容易与其他组件不匹配，从而造成电解池结构破坏。为维持良好的催化性能和结构稳定性，一般将金属和钇安定氧化锆按一定比例共混。作为 SOEC 阴极材料，金属镍的催化性能好、成本低，是目前最常用的阴极催化活性组分。

阳极是氧离子还原生成氧气并为氧气提供排出通道的主要反应场所，因此需具备高电子电导率和氧离子传导率，且在高温下对氧析出反应具有较高的催化活性。同时，需要在强氧化性环境下具备良好的结构和性能稳定性，为维持气体传输，一般为多孔结构。锰酸镧锶（$La_xSr_{1-x}MnO_3$，LSM）与其他部件的热膨胀系数匹配度高，电子电导率高，是最早用于 SOEC 阳极的材料。然而，锰酸镧锶为纯电子导体，氧析出反应极化阻抗较大，限制了其应用。为提高阳极电催化活性、降低极化阻抗，同时具备离子电导和电子电导的混合离子导体铁酸镧（$La_xSr_{1-x}CoO_3$，LSC）、镧锶钴铁（$La_x Sr_{1-x}Co_yFe_{1-y}O_3$，LSCF）等钙钛矿类材料受到广泛关注。

另外，根据支撑体的不同，SOEC 分为电解质支撑型、阴极支撑型、金属支撑型和阳极支撑型。电解质的烧结性能好，机械强度高，可以作为 SOEC 的良好支撑体，阴极和阳极通过丝网印刷等方式，以薄膜形式黏附在电解质支撑体两侧。然而，由于钇安定氧化锆电解质的电导率比电极材料低 3 个数量级，SOEC 的欧姆阻抗主要来自电解质，为了降低电解质层的欧姆损失、提高电解池的性能，一般将电解质薄膜化，电解质支撑型和金属支撑型 SOEC 得到关注和发展。阴极支撑型 SOEC 是目前使用最多的电解池类型。此外，南京工业大学邵宗平课题组近期也开发出了阳极支撑型 SOEC 结构，为 SOEC 的制备提供了新路径。

（三）运行性能长期稳定性

1. 碱性电解制氢设备

提升碱水电制氢设备的长期稳定性，主要从电极、隔膜、密封材料方面进行改进。在电极方面，需要采用长寿命电极且针对设备频繁启停工况配置抑制反极措施。在隔膜方面，需要采用长寿命隔膜。在密封材料方面，采用长寿命高弹性密封材料，避免电解槽出现泄漏或者短路。

（1）功率波动工况下的电极失效机理和应对措施

碱水电制氢设备用电极在功率波动工况下的电极失效机理尚不清楚。目前提高电极寿命主要措施在制备环节，少量措施在运行环节。

在电极制备环节，提高电极使用寿命措施包括改善催化剂层与基体结合力、去除催化剂层残余应力、减少可溶性金属元素含量、催化剂层氧化稳定处理、改善催化剂形貌等。在等离子喷涂等热喷涂制备工艺方面，提高电极寿命措施为降低可溶性金属含量（铝）、电极退火去应力和缺陷、采用固溶体形式的合金粉体等。在电镀制备工艺方面，提高电极寿命措施为电镀基材表面洁净化处理、设计有序微米级和纳米级结构、电极退火去应力和缺陷、减少可溶性金属元素含量、催化剂层氧化稳定处理等。在浸渍烧结工艺方面，提高电极寿命措施为增加催化层后端、电极退火去应力、减少可溶性金属含量等。

在电极使用环节，提高电极寿命措施包括配置不间断电源避免反极发生、电极层添加牺牲金属块保护电极、降低碱液流速、减少系统中压力变化和温度变化导致材料疲劳等。

（2）功率波动工况下的隔膜失效机理和应对措施

碱水电制氢设备用电极在功率波动工况下的隔膜失效机理尚不清楚。目前提高隔膜寿命主要措施在制备环节，少量措施在运行环节。

在隔膜制备环节，提高隔膜使用寿命措施包括采用高亲水性高耐热性树脂材料、增加隔膜厚度、改善氧化物与有机物结合力、选用更高强度支撑网、适当降低孔径尺寸和孔隙率等。

在隔膜使用环节，提高隔膜使用寿命措施包括优化隔膜与密封材料之间压力、降低碱液流速、降低氢侧和氧侧压力差、减少水中杂质颗粒含量等。

2. PEM 电解制氢设备

操作条件：较高的温度、压力和电流密度会对寿命产生负面影响。温和的条件分别为 50 ~ 60℃、100 兆帕 / 平方厘米和 2 安培 / 平方厘米，而下一代 PEM 预计将在更苛刻的条件下运行（80℃、7 兆帕和 5 安培 / 平方厘米）。处理这些情况的一些解决方案是过度设计的具有厚膜的堆栈、高催化剂负载量以及在多孔传输层和双极板上覆盖保护层。

可变负荷：以前，电解槽的供电几乎不变，以满足固定的需求。与可变可再生电力的耦合将导致可变负载，这将导致电压波动，这可能会引发电堆组件的额外腐蚀并降低耐用性。虽然在 PEM 燃料电池中非常正确，但在 PEM 电解液中几乎没有证据表明这一点。

气体渗透：膜承受较大的压差（如果在此情况下运行），这会对膜的机械稳定性产生负面影响。这也增加了气体的渗透率，这可能会导致进一步的降解问题。解决这一问题的一种措施是使用额外的催化剂，将渗透的氢（到氧侧）重新转化为水。

阳极溶解：根据温度、电压和电极结构的不同，阳极上的氧化铱很容易溶解。一种解决方案是使用更多的催化剂（>5 毫克 / 平方厘米或 2.5 克 / 千瓦），并在烟囱组件上方的保护层中额外高负载贵金属。阳极多孔传输层使用厚度超过 1 毫米的多孔钛来支撑膜，特别是在差压下。这种多孔传输层通常涂有铂（>1 毫克 / 平方厘米或 0.5 克 / 千瓦），以最大限度地减少或掩盖钛的氧化。

水中杂质：水质差是质子交换膜电解槽电堆失效的主要原因之一。在部分负荷下，由于水循环导致的更高的降解率，工厂的寿命受运行时间的影响。由于膜、催化层中的离聚体、催化剂和多孔传输层等杂质，许多元素很快就会受到影响。

膜降解：PEM 中使用的离子交换膜容易受到化学和物理作用的影响，导致降解。膜的降解可能是由氧化、酸化、高温、湿润 / 干燥循环以及反应产物的积累等引起的。膜的降解会导致质子传导性能下降，进而影响整个燃料电池的性能。

催化剂失活：PEM 中使用的催化剂容易受到污染、腐蚀和电化学反应等因素的影响，导致催化剂的活性降低或失活。催化剂失活会导致电极反应速率减慢，从而降低氢燃料电池的效率。

湿润问题：PEM 需要保持一定的湿润程度以维持离子交换膜的导电性能。然而，湿润过程可能会导致水分过度积累，形成液水，这可能导致膜的失活、氧气还原反应的限制以及气道堵塞等问题。

腐蚀问题：PEM 中使用的金属部件和电极可能受到腐蚀，特别是在高温、高湿润和高压力条件下。腐蚀会损坏电池组件，并可能导致气体泄漏。

水／热管理：PEM 的水和热管理是至关重要的，过度脱水或过度水分可能导致离子交换膜和催化剂层的不稳定性。

温度影响：PEM 的稳定性受到温度的影响，高温可能导致降解和腐蚀，而低温可能导致冻结和活性下降。

3. AEM 电解制氢设备

AEM 膜存在化学和机械稳定性问题，导致寿命曲线不稳定。此外，性能还没有预期的那么好，主要是由于 AEM 电导率低，电极结构差，催化剂动力学缓慢。性能的提高通常是通过调节膜的导电性，或通过添加支持电解质（例如，KOH 或 $NaHCO_3$）来实现的。然而，这样的调整可能会导致耐用性降低。在质子交换膜中，OH^- 离子的速度是 H^+ 质子的 1/3（导电性较低），这迫使 AEM 开发者要么制造更薄的膜，要么制造具有更高电荷密度的膜。Choi 等人便通过 Menshutkin IP 工艺在具有高机械和热化学稳定性的聚碳酸酯基基底上形成碱稳定、高阴离子导电性的季铵选择层，从而制备出 TFC 膜作为一种新型 AWE 膜。高多孔性和薄聚碳酸酯基基底降低了其传输阻力，并增强了膜的机械强度。超薄、致密、碱性稳定的季铵层具有高阴离子电导率，促进了 OH^- 离子在膜上的传输，同时阻止了气体的渗透。

4. 固体氧化物电解制氢设备

SOEC 的性能衰减问题一直以来是研究的重点，也是限制 SOEC 走向商业化的难点。目前最为成熟的 SOEC 技术是采用 Ni–3YSZ 作为支撑体，阴极为 Ni–8YSZ，电解质采用致密的 8YSZ，钆掺杂的氧化铈作为阻隔层，以及使用镧锶钴铁 – 钆掺杂的氧化铈或者锰酸镧锶复合电极作为阳极。目前，该结构的电解池在共电解条件下的耐久性已经超过了 2000 小时。但电解池性能的衰减容易受到测试条件、供应物料、杂质元素（Cr、S、C 等）等多个因素的干扰，导致其始终难以达到商业化要求的耐久性指标。

阳极衰减相比电解质与阴极会更明显的影响电解池性能，这种情形在高电流密度下尤为突出。阳极材料大多为镧锶钴铁和锰酸镧锶，主要的衰减原因为分层现象以及 Sr 偏析。在阳极／电解质界面形成高氧分压会导致阳极的分层现象。Chen 等人的研究表明，锰酸镧锶颗粒在阳极／电解质界面处的破裂以及纳米颗粒的形成是导致电极和电解质分层的原因。为了解决这一问题，Graves 等人进行了 4000 小时的充放电循环实验，发现与恒流电解相比，可逆循环模式可以消除阳极／电解质界面附近发生的微观结构退化，从而实现更加优异的耐久性。Sr 偏析现象是因为锰酸镧锶和镧锶钴铁材料中含有的 Sr 元素在高温下会向电极表面富集，形成富锶二次相（SrO、$SrCrO_4$ 等）。

此外，偏析到阳极／电解质界面的 Sr 还会与电解质中的 Zr 形成导电性较差的 $SrZrO_3$，并导致欧姆阻抗和极化阻抗增加。因此，往往会在阳极与电解质之间加入阻隔层，用于防止阳极与电解质直接接触而生成 $SrZrO$。

阴极多采用镍－钇安定氧化锆材料，目前认为导致 Ni－钇安定氧化锆电极衰减最主要的原因为 Ni 的烧结和迁移问题。由于 SOEC 的工作温度往往在 700～1000℃，在没有外部因素的干扰下，不同粒径大小的 Ni 颗粒会在表面能差的驱动下，大颗粒变大，小颗粒变小乃至消失，最终导致阴极微观结构的粗化，降低多孔扩散层密度，影响电极性能。Simwonis 等人制备了 56 wt%NiO 混合 44 wt% 氧化锆的阴极，还原后暴露在 1000℃ 的 Ar/4%，H_2/3%，H_2O 中，发现经过 4000 小时后 Ni 粒径从 2 微米增加到了 2.6 微米，同时电导率降低了 33.3%。在 SOEC 进行电解水或者共电解时，阴极往往会含有较高比例的水蒸气，研究发现，较高的水蒸气浓度会加速镍颗粒的烧结，导致镍颗粒间的接触面积显著降低。在 SOEC 长期运行过程中，镍－钇安定氧化锆电极的 Ni 颗粒会在各种因素的影响下（电流密度、电位、水蒸气浓度等等）发生迁移，进而也会导致活性层三相界面密度下降。除了测试（运行）条件，气流中的杂质会导致电池耐久性能的衰减。此外，密封材料中的 Si 会对镍基阴极造成损坏，在高温条件下，Si 容易在高蒸气压下生成气态 $Si(OH)_4$，然后在阴极三相界面处发生反应生成 SiO_2 并发生沉积。

除了上述两个主要影响电解池耐久性的因素外，电解质、连接板的衰减都会对耐久性造成影响。Knibbe 等人在 850℃ 下进行了电流密度分别为 1.0、1.5 和 2.0 安培／平方厘米的高温电解耐久性测试，结果表明欧姆阻抗的衰减速率随着电流密度的增加而增加。一般会采用不锈钢作为连接板的材料，而不锈钢中的 Cr 是一种常见的电极污染物，当 Cr 元素沉积在阳极的三相界面区时，会对电池性能造成严重衰减。目前认为可能的机制包括电化学沉积以及化学沉积，电化学沉积为连接板的氧化铬氧化形成气态 Cr^{6+} 物质［CrO_3、$CrO_2(OH)_2$ 等］，且该物质在三相界面区处还原生成 Cr_2O_3 等富铬相，导致电极三相界面区被覆盖并堵塞孔隙，使极化阻抗增加；化学沉积为富 Cr 物种扩散导致 Cr 沉积在阳极上。目前防止 Cr 扩散的方法包括：①在连接板表面镀上涂层防止 Cr 扩散；②使用具有吸附铬功能的接触材料；③开发耐铬阳极。

（四）大型氢机组性能评价与测试

电解制氢机组是涉及催化剂、膜电极、双极板、单电解槽、电堆，从单一材料到系统集成全方位的一体化系统。整个电解过程会涵盖电－热－流－质－力多物理场的耦合与叠加。在对设备机组的性能、寿命、经济性、安全性，甚至在社会价值等方面进行综合评估时，必须要做到静态与动态过程兼具的准确及时地测试与评估。而当设备机组从实验室级别扩大到兆瓦甚至百兆瓦级别时，尤其是对于对接可再生能源生产的耦合制氢技术，测试评估意义更大，难度也更大。

在实时监测中，需要开发对各个部件状态性能在线检测的技术，特别是当工况剧烈波动时，其造成的电流密度、温度、流量和压力等参数大范围波动现象带来的各部件的电－热－质－力分布与对部件性能、能耗带来的影响均需有准确可靠的评估依据与体系。需要明确产能、产率、响应特性、衔接缓冲段的工作特性在稳态与波动工况下的变动规律，甚至于建立完整合理的波动性电力生产的预测手段与协调优化方案。需要实现庞大 BOP 系统的能耗、水耗、热流等方面的监测与控制优化。

另外，电解设备各单元的动态模拟仿真以及系统级别的数字孪生模型的构建技术对于大型氢机组的性能评价与状态检测极为重要。数智化模型技术正在成为氢能产业工业化发展中的备受关注的关键技术之一。

第二节　氢能储运及发电技术

一、储氢技术

（一）概述

氢是地球上广泛存在的元素，具有绿色、环保、热值高、储量大及燃烧产物只有水等特点。随着全球范围内"双碳"战略的逐步推进，氢能的大规模利用成为能源行业的研究热点，而制约氢能大规模工业化应用的关键在于其高效储存与运输的实现。氢气因密度小而储存困难，当前具备工业应用条件的储存形态有高压氢、液氢、金属固氢、无机物储氢、液态有机物储氢等。从 21 世纪开始，美国、德国、日本等国家率先开展了相关研究及探索应用。

随着全球对可持续发展和清洁能源技术的需求日益增长，新能源电力系统得到了广泛关注和应用。然而，太阳能和风能等可再生能源的天气依赖性限制了它们的稳定性和可靠性。因此，解决高比例新能源电力系统的中长期储能问题变得尤为迫切和重要。本节从以下五个方面探讨氢储能作为中长期储能手段对于高比例新能源电力系统的重要意义。

一是能源存储和调度灵活性。氢储能技术通过电解水将电能转化为氢气，并通过燃料电池或内燃机将氢气重新转化为电能。氢气具有高能量密度和很好的储存特性，能够长时间保存能量，并且在需要时可以高效释放出来。这种储能方式提供了重要的灵活性，使得高比例新能源电力系统能够更好地处理能源供需不平衡的问题。

二是平衡可再生能源波动性。可再生能源如太阳能和风能具有随时变化的特点，可以波动性较大，并且与电力需求的波动性不一致。为了平衡供需关系，需要中长期储能技术来调节能源输入和输出之间的差异。氢储能系统能够作为稳定性较强的中长期储能手段，确保可再生能源在高比例新能源电力系统中更加可靠地运行。

三是促进能源综合利用。除了作为储能手段，氢储能技术还能和其他能源系统进行协同，实现能源的综合利用。通过将氢气与可再生能源、电动车辆以及工业过程相结合，实现能源的全方位共享和高效利用。这种综合利用方式有助于提高能源的可持续性并降低对有限资源的依赖。

四是推动新能源产业发展。氢储能作为中长期储能技术，将促进新能源产业的发展。氢燃料电池等相关设备的需求将推动相关产业链的发展，涉及制造、运输、储存等环节，为经济增长和就业创造更多机会。同时，通过技术创新和产业升级，拓宽了新能源行业的发展空间。

五是推动清洁能源替代传统能源。高比例新能源电力系统的建设能够减少对传统能源的依赖，并减少环境污染和温室气体排放。氢储能作为可再生能源系统的一部分，有助于提高可再生能源的可靠性和连续供应，从而加速传统能源向清洁能源的转型。

（二）储氢技术分类

储氢技术可以按照氢气的状态将储氢技术分为气态储氢技术、液态储氢技术、固态储氢技术。

气态储氢技术：①高压气态储氢：将氢气压缩至高压状态，常见的有压缩气体储氢技术；②低压气态储氢：将氢气储存在各种材料中，例如多孔材料、吸附剂等。

液态储氢技术：①液态氢储存：将氢气冷却至低温并压缩成液态储存；②化学液态储氢：将氢气与其他物质进行化学反应形成化合物，储存在液态中，例如甲醚等。

固态储氢技术：①吸氢合金：将氢气吸附于储氢合金表面，通过调节温度和压力等条件释放氢气；②金属氢化物：将氢气与金属形成氢化物，通过加热或调控条件释放氢气。

储氢技术也可以从物理和化学的角度分为物理储氢技术和化学储氢技术。

物理储氢技术：①高压气态储氢：将氢气压缩至高压状态进行储存。这种储氢技术需要特殊的气瓶或储氢容器，以及安全措施来应对高压氢气的存储和释放；②吸附储氢：利用多孔材料、吸附剂等氢气吸附表面进行储存。当需要释放氢气时，调节温度和压力等条件，使吸附的氢气脱附。

化学储氢技术：①化学反应储氢：通过将氢气与其他物质进行化学反应，形成能够稳定储存氢气的化合物。当需要释放氢气时，通过逆反应将化合物分解，释放氢气；②金属氢化物储氢：通过将氢气与金属反应形成金属氢化物进行储存。通过升温或改变条件，使金属氢化物分解，释放氢气。

本节重点对物理储氢和化学储氢两种方式展开介绍。

1. 物理储氢

（1）天然气掺氢储运

天然气掺氢是将氢气与天然气混合在一起使用。它是一种能源转型的策略之一，旨在减少对传统石油和天然气资源的依赖，降低温室气体排放，推动可持续能源的发展。

目前较为常用的天然气掺氢工艺，主要有定压配比系统和在线混合系统两种。

定压配比系统，是指利用在密闭容器中两种气体的混合体积比是气体分压比的原理进行混合配比。通过天然气瓶组和氢气瓶组向固定容积的气瓶充气，测量每次充气的压力，得到所需体积掺氢比。适合要求配比精度低、用量小的试验场所。

在线混合系统，是随着用气端工况变化，及时准确地提供给定掺氢比的混合气。天然气的流量受用气端控制，并通过精度较高的质量流量计计量管道中天然气的流量，根据测量结果按照所需的掺氢比计算得到氢气流量，然后通过质量流量控制仪或比例调节阀控制氢气的流量，最后通过稳压罐进行混合，从而达到所需掺氢比。此方法配比精度较高。

天然气掺氢后将对天然气管网基础设施及终端用能设备产生一定的影响，根据氢气含量不同，对产业链不同环节、不同设备产生的影响也存在差异。研究表明，低比例的氢气（20% 体积比以内）加入天然气管网系统中并不会明显增加相关事故风险及危害，对系统进行轻微改造的情况下最高可以允许 50% 体积比氢气加入天然气管网系统。各国对掺氢比例上限要求具体如表 2-14 所示。

表 2-14　各国天然气掺氢比上限要求

国家	掺氢上限要求
中国	3%
意大利	5%
德国	2%
法国	6%
英国	0.1%
奥地利	4%

据国际能源机构数据，全球开展了近 40 个掺氢天然气管道输送系统应用示范项目。欧洲国家率先开始进行天然气掺氢的研究和示范项目，例如欧盟 Natural Hydrogen 项目、荷兰 Sustainable Ameland 项目、德国 DVG 项目、法国 GRHYD 项目、英国 Hydeploy 项目和 H21Leeds CityGate 项目等。其中，部分示范项目中的最高掺氢比例已达到 20%。

与领域先行国家相比，我国天然气掺氢产业起步较晚，缺乏全面的技术体系和成熟的工程实践。目前初步建成示范项目有 3 个：辽宁朝阳天然气掺氢示范项目，掺氢比例为 10%，实现了制氢、储运、掺混、利用全链条验证；山西晋城天然气掺氢示范项目、河北张家口天然气掺氢入户项目。其他在建或规划的示范性项目还有 12 个。

据国际能源机构统计，自 2013 年以来，全球天然气掺氢的规模增长了 7 倍，2020 年天然气管道掺氢规模达到了约 3500 吨。目前所有正在推进的天然气掺氢项目都能落地，其规模将可能增加 700 多倍，氢气总掺入量将大于 200 万吨。

天然气掺氢储运技术的应用前景广阔，优点包括以下几点：第一，天然气掺氢可以减少对传统石油资源的依赖，促进能源结构的多元化。第二，掺氢技术可以部分解决天然气的储运难题，减少能源损失和运输成本。第三，氢气作为清洁能源，掺入天然气中可以降低温室气体排放量，减缓气候变化。

天然气掺氢储运技术的应用还面临一些挑战：第一，氢气的制备难度和成本问题，特别是在大规模应用中，如何实现经济、环保的氢气制备仍然是重要的研究方向。第二，天然气掺氢储运需要建设更多的氢气制备设施和管道网络，这需要相应的投资和技术支持。第三，在储运过程中，对于混合气体的控制和监测也是一个复杂的问题。

总之，天然气掺氢储运技术具有巨大的潜力和优势，并且正在逐步得到应用。通过不断创新和研发，我们可以期待天然气掺氢储运技术在能源转型中的更大作用，为实现可持续发展提供更清洁、高效的能源解决方案。

（2）纯氢管网储运

纯氢管网储运简单来说，就是通过建设专门的管道网络，将制备好的纯氢气从生产地输送到消费地，实现高效、安全地储运。

相比于现有的储运方式，纯氢管网储运具有以下优势：第一，纯氢管网储运能够提高能源转化效率。传统的燃料能源储输过程中，常常存在能量损失和能源转化不完全等问题。而通过纯氢管网储运，可以直接将纯氢气输送到使用地点，减少能源的损耗和转化过程中的能量浪费。第二，纯氢管网储运有助于减少环境污染。纯氢气作为一种清洁能源，燃烧后只产生水蒸气，不会产生有害气体和固体颗粒物。通过建设纯氢管网储运系统，将纯氢气直接输送到使用地点，可以最大限度地减少温室气体和污染物的排放，对改善环境质量具有显著意义。第三，纯氢管网储运有利于能源的集约化利用。纯氢气是一种高效的能源媒介，可以与其他能源相结合，实现能源的互补利用。通过纯氢管网储运，可以实现能源的灵活配置和优化利用，提高能源利用效率，降低能源消耗。

纯氢管网储运技术的应用还面临一些挑战：第一，由于纯氢气的特殊性质，其在高压下具有高爆炸性和渗透性，对管道的要求较高。第二，纯氢管网储运需要投入大量的资金和技术支持，包括管道建设、安全监测等方面的投入。第三，纯氢管网储运的安全风险也需要引起重视，相关安全措施和技术手段需要不断完善。

国内在 2023 年 6 月 26 日首次高压力纯管道实验取得成功，为实现远距离运输提供技术支撑。该试验是国内首次对输氢非金属管道进行的高压在线测试，也是国内首次对非金属管道进行高压纯氢爆破试验。此次试验依托的国家管网集团管道断裂控制试验场，是继英国、意大利之后全球第三个管道断裂控制试验场。

总之，纯氢管网储运技术具有重要的意义和巨大的潜力。通过不断创新和技术突破，我们可以期待纯氢管网储运技术在氢能源产业链中的更大作用，为推动清洁能源发展和实现可持续发展作出贡献。

（3）高压气态储氢

高压气态储氢是一种常见的氢能源储存方式，通过将氢气压缩至高压状态，以实现储存和运输的目的。随着世界各国对开发利用氢能源的重视，储氢必将成为氢能利用产业的关键。高压气态储氢作为目前唯一商用的储氢技术，已经得到了长足的发展，随着产业化技术的不断突破，气瓶性能不断提升，成本不断降低，高压储氢气瓶正不断朝着轻质高压、低成本、高质量/体积储氢密度方向发展。随着纤维复合材料、聚合物材料以及缠绕设备、缠绕技术的更新升级，高压储氢气瓶必将更大地拓展其应用场景。现在已开发并用于氢气运输和储存气瓶共有四种类型，并形成了不同的标准，具体如图 2-13 所示。

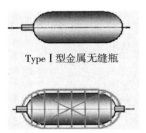

图 2-13　储氢瓶类型

TypeI 型气瓶是由钢制成的无缝气瓶，壁厚很厚，重量很重，是最便宜的储存容器，但仅能存储其 1% 总重量的氢气，效率很低，可用于氢气运输和加氢站中固定式的缓冲罐。TypeII 型气瓶由无缝金属内胆用纤维树脂包裹，重量仅次于 Type I 型气瓶，可以承受高达 45~80 兆帕的压力，也可用作氢气运输作氢气加气站的高压缓冲罐，由于使用的纤维数量相对较少，成本具有竞争力。与 TypeI 型和 TypeII 型气瓶相比，TypeIII 型和 TypeIV 型气瓶通常更轻，35 兆帕的 TypeIII 型气瓶是由无缝铝合金内胆外面包裹纤维树脂复合材料制成，所使用的材料受氢脆的影响较小。受金属材料塑性限制的影响，70 兆帕主要采用 TypeIV 型气瓶，由纤维/树脂包裹的非金属（即塑料）内胆制成，纤维和树脂复合材料提供全部的强度，内胆仅提供密封氢气的作用。TypeIV 型气瓶的缺点是氢气会通过塑料内胆向外渗透。由于 TypeIII 型和 TypeIV 型气瓶使用了大量的碳纤维，因此，它们的价格比较昂贵。目前这两类气瓶是最好的车载储氢气瓶。

美国能源部（DOE）要求 2025 年车载储氢瓶的质量储氢密度（即释放出的氢气质量与总质量之比）达到 5.5%，最终目标是 6.5%。目前车载储氢瓶国内以 35 兆帕 III 型及 70 兆帕 IV 型气瓶为主，35 兆帕 III 型应用在公交、重卡、物流等商用车等领域（表 2-15），质量储氢密度在 4.3% 左右，还没有达到美国能源部预期目标，但 35

兆帕 III 型储氢气瓶具有安全、成本和能效优势，仍是短距离车型应用的首选。IV 型瓶由于内胆材料是塑料材料，气瓶重量更轻，可以有效提高储氢能量密度，是乘用车用储氢瓶的发展方向，典型应用代表是丰田汽车，丰田公司生产的 70 兆帕 IV 型气瓶，质量储氢密度可以达到 5.7%，已达到美国能源部 2025 年的目标。国际上，70 兆帕 IV 型车载储氢瓶日本丰田汽车、丰田合成、韩国 ILJIN 和挪威 Hexagon 等厂家已具备成熟技术，并且已批量装车应用。

2021 年 1—12 月，工信部发布的《新能源汽车推广应用推荐车型目录》和《道路机动车辆生产企业及产品》共有燃料电池车公告 453 款，其中物流车 223 款、客车 144 款、牵引车 79 款，均采用 35 兆帕 III 型储氢瓶，其中北汽福田首次采用 385L 大容积气瓶用于重卡车型来降低成本和提升续航，综合工况续航达 500 千米。未来 35 兆帕 III 型储氢瓶主要向大容积、低成本方向发展，降低成本的主要方式之一是气瓶用碳纤维材料国产化，目前中复神鹰、光威拓展等国内碳纤维厂家 T700 级纤维各项性能指标已接近日本东丽同级别纤维的性能，2021 年多数气瓶厂家已完成国产碳纤维气瓶的型式认证，并已批量应用于 35 兆帕车载储氢瓶上。70 兆帕 III 型车载储氢瓶的技术国内已经掌握，主要应用于乘用车上，北京天海、科泰克、斯林达等多家企业的产品均通过了型式试验，但由于受储氢密度低等因素的影响，到目前为止产品仅有少量应用（表 2–15）。

高压气态储氢虽然已被大量应用，但仍还面临诸多挑战，目前车载储氢瓶的重量太重和体积太大，与传统的燃油车辆相比，车辆续航里程不足，气瓶储氢密度仍需继续提高，来适用长距离续航需求。储氢长管拖车运输效率低，无法完全满足加氢站的需求，需要减轻气瓶重量和提升运输压力。站用储氢瓶需尽快开发成熟的 98 兆帕气瓶。另一方面储氢瓶成本太高，需要用于储氢瓶的低成本材料和阀件，以及低成本、大批量的制造方法。尚未完全建立有助于实施、商业化并确保安全和公众接受的储氢瓶的适用规范和标准。

表 2–15 Type III 型储氢气瓶主要应用

气瓶类型	工作压力	重量储氢密度	主流产品规格	应用领域	技术成熟度	成本
Type III 型气瓶	35MPa	4.3%	100～165L	大巴、公交、卡车、物流车	成熟	较高
Type III 型气瓶	70MPa	3.9%	28～70L	乘用车	较成熟	高

（4）低温液态储氢

低温液态储氢是一种常见的氢能源储存方式，低温液态储氢即将氢气冷却到 -253℃进行液化，然后将其储存在低温绝热容器中的一种储氢技术。由于液氢的密度是标准状况下氢气密度的近 850 倍，所以低温液态储氢在单位储氢量上相比高压气态储氢具有很大的优势。但液氢的沸点极低，将其液化所需要的能量极大，这就对储罐材料的绝热性能有着极高的要求。由于液氢与液氧配对时所产生的高比冲，这种储氢技术适用于长距离储运，比如用作航空运载火箭的燃料或低温推进剂。

低温液态储氢的优势主要包括以下几个方面。第一，低温液态储氢具有极高的能量密度。相较于高压气态储氢和其他储氢方式，液态氢的体积缩小得更加明显，储能效果更佳。这意味着在同样的体积下，液态氢能够储存更多的氢气，为氢能源提供更高的储存和使用效率。第二，低温液态储氢技术相对成熟。液态氢技术在航天、半导体和化工等领域已有多年的应用经验，相关的储氢设备和技术较为成熟，安全性也得到一定保障。这种成熟的技术基础为低温液态储氢的推广和应用提供了有力的支持。

低温液态储氢也存在以下缺点。第一，低温液态储氢设备和运维成本较高。将氢气冷却至液态需要大量的能源和冷却剂，这增加了储氢系统建设和运行的成本。同时，液态氢具有极低的温度，对储氢设备和材料的要求较高，需要使用特殊的材料和技术，这也增加了储氢系统的复杂性和成本。第二，液态氢的气化过程相对复杂。将液态氢气化为气态氢需要输入大量的热量，且气化速度较慢，这对于氢气的供应和使用带来了一定的限制。同时，气化过程中可能产生大量的气化热，需要采取有效的热量回收处理措施，以提高能源利用效率。

综上所述，低温液态储氢面临的挑战是技术创新和成本降低，以推动氢能源的可持续发展。

（5）吸附储氢

吸附储氢是一种常见的氢能源储存方式，通过将氢气吸附在特定的材料表面，以实现高效的氢气储存和释放。以下对吸附储氢材料进行具体介绍。

碳基储氢材料主要分为活性炭、碳纳米纤维、碳纳米管，由于碳基材料与氢气的相互作用较弱，所以提高该材料储氢性能的方法主要有调节材料的比表面积、孔道尺寸、孔体积、对碳基材料进行改性、微孔化、制约金属团聚等。Nazir 等利用尿素和 K_2CO_3 改性活性炭，在 77K/bar 下观察到高达 2.21% 的有效氢气吸附容量。另外，利用硝酸镍浸渍改性活性炭纤维，改性后的活性炭纤维储氢量达到 2.33%，提升 28.4%，利用氨改性活性炭纤维，改性后活性炭纤维的储氢量达 2.39%，提升 35.8%。碳纳米纤维较活性炭来说，其吸氢脱氢能力、比表面积都有了很大程度上的提升，利用镍（Ni）和氧化铈（CeO_2）纳米粒子（NPs）对碳纳米纤维进行改性，增强了碳纳米纤维的储氢性能以及循环稳定性。如图 2-14 所示的碳纳米管的中空结构以及表面的各种官能团为其良好的储氢性能奠定了基础，通过控制碳纳米管的生长方式也可以改善其的储氢性能。研究发现，氢气吸附能力强烈依赖于碳纳米管的形态和结构特征及其比表面积。Edgar 等发现，比表面积为（729.4±3）平方米/克的碳纳米管最佳样品在 12.79 千帕的压力下可以显示出 3.46% 的氢气吸附容量。

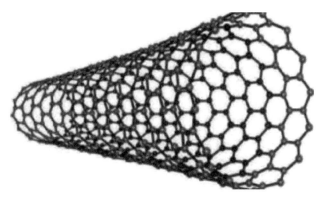

图 2-14　碳纳米管结构图

Bader 等将几种不同质量配比的 KOH 与碳样品进行混合，最佳样品在 200bar 下，-196℃与 25℃的氢容量可达 6% 和 1.22%。Rahimi 等通过使用遗传算法优化活性炭的结构，增加了 2.5% 的氢吸附量。Ariharan 等在氩气气氛下，制备磷掺杂的多孔碳，该多孔碳在 298K 和 10 兆帕下显示出约 1.75% 的氢气存储容量。Li 等将聚丙烯转化为具有优异比表面积和高度集中的微孔尺寸分布的多孔碳，该种多孔材料表现出优异的氢吸附性能，在 2 兆帕的条件下储氢量的范围在 4.70%~5.94%，在 5 兆帕的条件下储氢量的范围 7.15%~10.14%，这项工作还证实了超微孔（<0.7 纳米）可以在大气压下显著促进氢分子的吸附，而超微孔（0.7~2.0 纳米）体积的增加可以提升氢容（>200 兆帕），这为构建理想的多孔吸附剂实现高效储氢提供了指导。Gao 等发现镁修饰的氮化碳（$g-C_3N_4$）的储氢能力接近 7.96%。

金属团聚也是制约碳基储氢材料储氢性能的主要原因之一，Huo 等通过计算发现在多孔石墨烯中掺杂硼可以显著增加金属 - 基材的相互作用并防止钛金属簇的形成，由该团队制作的 Ti 原子装饰的掺硼多孔石墨烯（Ti–B/PG）系统可以稳定吸附 16 个氢分子，吸氢量为 8.58%。碳基储氢材料的价格相对其他固体材料来说较为便宜，且原材料获取容易，但储氢密度相对较低。目前来看，制约碳基材料的金属团聚、将碳基材料微孔化所能提高的储氢密度相对较高，所以，微孔化以及寻找新的可制约碳基材料金属团聚的元素是未来的一大研究热点。将改性、调节比表面积、孔道尺寸、孔体积、微孔化、制约碳基材料金属团聚等方式相互结合极有可能会获得更高的储氢密度。

综上所述，吸附储氢主要取决于材料吸附性能，需要继续进行技术创新和性能提升，以推动氢能源的可靠和高效应用。

2. 化学储氢

（1）有机液体储氢

有机液体储氢基于不饱和液体有机物（烯烃、炔烃或芳香烃等）在催化剂作用下进行加氢反应，生成稳定化合物，当需要氢气时再进行脱氢反应。常用的不饱和液体有机物及其性能如表 2–16 所示。

表 2–16　常用的有机液体储氢材料及其性能

介质	熔点（K）	沸点（K）	储氢密度
环己烷	279.65	353.85	7.19%
甲基环己烷	146.55	374.15	6.18%
咔唑	517.95	628.15	6.7%
乙基咔唑	341.15	563.15	5.8%
反式 – 十氢化萘	242.75	458.15	7.29%

有机液体储氢技术具有较高储氢密度，使得储氢过程能够以相对较低的压力进行，通过加氢、脱氢过程可实现有机液体的循环利用，成本相对较低。同时，常用材料（如环己烷和甲基环己烷等）在常温常压下，即可实现储氢，即提供给氢能源系统可靠的供应，同时其以化学方式固定了氢气，安全性较高。然而，有机液体储氢也存在很多缺点，首先吸附剂的选择和性能优化问题，需要寻找合适的有机液体材料，以提高吸附和解吸的效率。并且配备相应的加氢、脱氢装置，成本较高；脱氢反应效率较低，且易发生副反应，氢气纯度不高；脱氢反应常在高温下进行，催化剂易结焦失活等。

综上所述，有机液体储氢系统的设计和工程实施也需要经过深入研究和开发。

（2）液氨储氢

基于氢气在液态氨中的溶解和吸附过程。氢气可以溶解在液态氨中，形成氨合物。储氢时，氨合物可以通过增加温度或减小压力等条件，使氢气从液态氨中释放出来。这个过程是可逆的，释放出来的氢气可以被使用或储存。

基于液氨在常压、400℃条件下即可得到氢气，常用的催化剂包括钌系、铁系、钴系与镍系。日本学者小岛由继等提出了将液氨直接用作氢能燃料电池的燃料。但有报告称，体积分数仅 1×10^6 未被分解的液氨混入氢气中，也会造成燃料电池的严重恶化。同时，液氨燃烧产物为氮气和水，无对环境有害体。2015 年 7 月，作为氢能载体的液氨首次作为直接燃料用于燃料电池中。对比发现，液氨燃烧涡轮发电系统的效率（69%）与液氢系统效率（70%）相近。然而液氨的储存条件远远缓和于液氢，与丙烷类似，可直接利用丙烷的技术基础设施，大大降低了设备投入。因此，液氨储氢技术被视为最具前景的储氢技术之一。

目前，世界上长输液氨管道主要分布在美国和俄罗斯，其中美国液氨管道总里程接近 5000 千米，俄罗斯液氨管道总里程约 2400 千米。中国液氨管道起步较晚且总里程较短，目前仅有不到 200 千米，如表 2-17 所示。

表 2-17　世界范围内液氨输送管道情况统计表

国家	管道名称	总长度（km）	管径（mm）	设计输量（亿立方米）
美国	海湾中央管道系统	3057.0	250/200/150	200.0
	中美管道系统	1754.0	200/150	91.5
	坦帕湾管道系统	134.0	150	145.0
俄罗斯	托利亚蒂—敖德萨管道系统	2424.0	350	250.0
中国	秦皇岛液氨管道	82.5	80/100/125	10.5
	金源化工液氨管道	29.0	125	6.0
	开阳化工液氨管道	21.5	200	50.0
	云天化液氨管道	28.7	255	28.5

液态氨的优点是可以提供相对较高的氢气储存密度，工作压力较低，相对于气态或高压储氢技术来说，储存和操作更加安全和便利。同时，液态氨储氢系统的能量损失较少，可以提供更高的能源转换效率。然而液氨储氢技术同时面临一些挑战，如氢

气溶解和解吸过程效率低，氨具有气味刺激和对环境的潜在影响。同时，液态氨的储存和操作需要严谨的安全措施。所以，在实际应用中仍需进一步研究和优化。

（3）甲醇储氢

甲醇储氢技术是指将一氧化碳与氢气在一定条件下反应生成液体甲醇，作为氢能的载体进行利用。在一定条件下，甲醇可分解得到氢气，用于燃料电池，同时，甲醇还可直接用作燃料。2017 年，北京大学的科研团队研发了一种铂－碳化钼双功能催化剂，让甲醇与水反应，不仅能释放出甲醇中的氢，还可以活化水中的氢，最终得到更多的氢气。

最近出现了一种热门的储氢方式称为"液态阳光"技术也有望在未来得以发展。"液态阳光"即清洁甲醇和绿色甲醇，在生产氢的过程中使用可再生能源将水进行电解，将液态甲醇作为储氢载体进行"绿氢"的运输。甲醇在常温常压下为液态，是一种良好的储氢载体，相同条件下单位体积液氢的产氢量只有 72 克，而甲醇与水反应可放出 143 克的氢气，可见甲醇产氢量是液氢的 2 倍。如果将汽车燃料发动机和小型甲醇重整制氢装置配合使用，甲醇作为燃料就可以实现氢气的循环使用。一套完整的"液态阳光"储氢系统可以实现短期和中长期的使用需求，实现氢气的及时供应。所以是目前在理论和实际应用中均具有管道运输可行性的有机液体储氢载体。甲醇腐蚀性很小，不需要内防腐，并且输送过程中不需要保温设施。但其氮氧化物排放高，存在一定的安全隐患，能源密度不高。目前，国内外均有在役的甲醇长距离输送管道（表 2–18）。国内外甲醇管道累积长度已超过 7000 千米。甲醇输送管道有新建、改输 2 种管道来源，加拿大充分利用了在役管道资源，将原油、LPG 管道改输甲醇。

表 2–18　国内外在役甲醇长距离输送管道基本情况表

国家	管道名称或起止点	管道全长（km）	输送介质	甲醇输送能力（10^4t/a）
加拿大	埃德蒙顿—达巴容比	1146.0	原油改输甲醇	146
	Cochin	3000.0	LPG 改输甲醇	146
中国	银川—张家港	2656.2	甲醇	2500
	鄂尔多斯—唐山	>1000	甲醇、二甲醚	600
	图可首站—蒙大末站	52.0	甲醇	100

（4）配位氢化物储氢

配位氢化物储氢利用碱金属与氢气反应生成离子型氢化物，在一定条件下，分解出氢气。主要由 $[AlH_4]^-$、$[BH_4]^-$、$[NH_2]^-$ 等配位阴离子和 Li、Na、Mg 等轻金属阳离子形成，如铝氢化物、硼氢化物、氮氢化物、氨硼烷化合物等，配位氢化物含有丰富的轻金属元素，所以有着极高的储氢容量。最初的配位氢化物是由日本研发的氢化硼钠（$NaBH_4$）和氢化硼钾（KBH_4）等。但其存在脱氢过程温度较高等问题，因此，人们研发了以氢化铝络合物 $NaAlH_4$ 为代表的新一代配合物储氢材料。其储氢质量密度可达到 7.4%，同时，添加少量的 Ti^{4+} 或 Fe^{3+} 可将脱氢温度降低 100℃左右。这类储氢材料的代表为 $LiAlH_4$、$KAlH_4$、$Mg（AlH_4）_2$ 等，储氢质量密度可达 10.6% 左右。

作为一种极具前景的储氢材料，配位氢化物存在可逆性差、加/脱氢温度和压力过高、动力学性能差等问题离实际应用还差得很远。研究人员还在努力探索改善其低温放氢性能同时做进一步深入研究。目前提出了两种有效的方法来提高金属氢化物储氢的热力学和动力学。一种是减小金属氢化物的粒径，另一种是掺杂纳米催化剂。纳米材料具有更大的比表面积、更高的晶界浓度和更短的扩散距离三个特点，可以增加反应面积，引入额外的表面能，为储氢提供有效的反应区。粒径影响金属氢化物的析氢性能，可以通过控制孔的大小来调节与温度相关的氢解吸速率。此外，添加剂对储氢动力学有显著影响。不同金属氢化物的储氢条件与能力如表 2-19 所示。

表 2-19 不同金属氢化物的储氢条件及能力

金属氢化物	分解温度（K）	压力（Mpa）	储氢效率
$Mg-30\%LaNi_3$	573	1.0	4.25%
$NaAlH_4$	473	6.0	2.10%
$LiBH_4+SiO_2$	373	5.0	13.50%
$Zn(BH_4)_2$	358	—	8.40%
$NaBH_4$	673	—	7.30%

（5）无机化合物储氢

无机化合物储氢是无机物储氢材料基于碳酸氢盐与甲酸盐之间相互转化，实现吸氢、释氢。反应一般以 Pd 或 PdO 作为催化剂，吸湿性强的活性炭作载体。以 $KHCO_3$ 或 $NaHCO_3$ 作储氢材料时，氢气质量密度可达 2%。例如，H. Kramer 报道了利用碳酸氢盐和甲酸盐相互转化的储氢技术，其吸氢和释氢反应如下：

$$HCO_3^- + H_2 \underset{\text{释氢}70℃\ 0.1Mpa}{\overset{\text{吸氢}35℃\ 2.0Mpa}{\rightleftharpoons}} HCO_2^- + H_2O$$

该方法便于大量的储存和运输，安全性好，原料易得，存储方便。但储氢量和可逆性都不是很理想，储氢量小，催化剂昂贵。

（三）技术经济性分析

为了实现氢能的广泛应用，研发高效、低成本、低能耗的储氢技术是关键。目前，常用的储氢技术包括物理储氢、化学储氢与其他储氢。物理储氢的　成本较低、放氢较易、氢气浓度较高，但其储存条件较苛刻，安全性较差，且对储罐材质要求较高。化学储氢通过生成稳定化合物以实现储氢，虽然安全性较高，但放氢较难，且难得到纯度较高的氢气。其他储氢中的吸附储氢虽能一定程度上避免物理储氢安全性低的问题，但其也一定程度地存在化学储氢放氢难、储氢密度不高等问题，同时其成本相对较高。水合物法储氢具有易脱氢、成本低、能耗低等特点，但其储氢密度较低。表2-20为物理和化学各种储氢方式的对比。

表2-20　物理和化学各种储氢方式的对比

储氢方式		优点	缺点	应用场景
物理储氢	天然气掺氢储运	减少对传统石油资源的依赖；减少天然气损失和运输成本；降低温室气体排放量	氢气管道网络需要相应的投资和技术支持；在储运过程中，混合气体的控制和监测是一个复杂的问题	交通运输；工业领域；热电联供
	高压气态储氢	储氢密度高；可扩展性强；充放氢能力强	容器重量和体积有较高要求；安全性问题；能源效率低	车辆燃料；在化工、半导体和金属制造等行业中，作燃料或工艺气体；实验室科研机构
	低温液态储氢	储氢密度很高；储存和使用效率高；技术相对成熟；安全性高	设备和运输成本高；液化成本高，速度慢，产生大量的热	航天；半导体；化工
	吸附储氢	条件温和；可逆性和可重复利用	吸附容量饱和；吸附材料的稳定性有较高要求	交通运输；移动电源；长期能源储存；储氢罐
	纯氢管网储运	效率高；能耗低，无污染	易爆，易渗透；需要投入大量的资金和技术；安全性低	工业生产；加氢站；实验室科研机构
化学储氢	有机液体储氢	成本相对较低；安全性高；常温常压可实现	对有机液体材料要求高；且易发生副反应，氢气纯度不高；高温下反应，催化剂易失活	车辆燃料；储能系统；移动电源；工业用途；航空航天
	液氨储氢	储氢密度高；压力低安全便利；损失少	有气味；有污染	氢燃料电池车辆；能源储备系统；可再生能源集成

续表

储氢方式		优点	缺点	应用场景
化学储氢	甲醇储氢	甲醇腐蚀性小；不需要保温设施；长距离运输	低储氢密度；能量损失；具有毒性和安全性低；催化剂要求高	供应燃料；高能量密度储氢；可再生能源储存；燃料化学品生产
	配位氢化物储氢	高氢含量；具有可控可逆性；低压制氢	催化剂具有较高成本，易受污染；反应速率慢；热管理挑战；材料稳定性要求高	燃料电池车辆、能源储备系统和可再生能源；半导体制造、氢气校验和研究实验；户外活动、紧急救援、无线通信设备
	无机物化合物储氢	原料易得；存储方便；安全可靠	储氢量小；催化剂昂贵	煤矿和工业领域；氢燃料汽车、无人机和航天器提供动力；加氢站和氢气储罐

　　氢能全产业链中，氢气的高密度储运是氢能发展的一个重要环节，同时也是中国氢能发展的瓶颈之一。在储氢方面，氢储能是新型电力系统季节储能场景下的最佳选择，根据对各类储氢技术分析，适用于大规模、季节性储能的氢能储存技术主要有天然气掺氢、盐穴储氢和固态储氢三种。各类储氢技术指标对比如图2-15所示，由图可以看出，我国低温液态储氢技术应用较少，且该技术的成本高，长期来看，在国内商业化应用前景不如另外3种储氢技术。固态储氢材料储氢性能卓越，是4种方式中较为理想的储氢方式。此外，盐穴储氢成本低且容量大、储存时间长，在经济性上较为合理，适合大规模储氢，在欧洲和美国等地下盐穴较多的地区，储氢成本更为低廉，但是我国盐穴相对较少，在没有盐穴的地方，岩洞储氢和废置油气藏是大规模储氢的第二选择，但两者较为复杂，技术成熟度低。

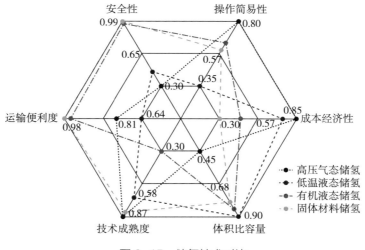

图2-15　储氢技术对比

有机液态储氢综合性能好，但亟待相关技术攻关以降低其成本，在大型储氢技术中前景最为黯淡，除非作为长途供应链的一部分，否则有机液态储氢不太可能被用于固定式储氢。有机液态储氢主要用于氢气的海上运输，而氢气海上运输也可以通过液氢和转化氨储氢实现，且后两者成本优势明显。而固态储氢同样尚未商业化，在用于叉车、采矿车等运输范围内较小的特定场景下，有一定优势。固态储氢材料储氢性能卓越，是4种方式中最为理想的储氢方式，也是储氢科研领域的前沿方向之一。但是现在尚处于技术攻关阶段，因此我国可以以此技术为突破口，打破氢能储存技术壁垒，加速氢能产业发展。

二、输氢技术

（一）概述及经济性

输氢技术依托于储氢技术的发展而进步，针对不同的储氢技术和储氢形态，需选用不同的输氢方式，输氢经济性一定程度上取决于储氢技术的经济性。对现有氢气输送方案的技术经济特征进行分析，构建经济高效的氢气储运及配送基础设施，是氢能产业发展必须解决的重大问题。选择何种运输方式需综合考虑氢的运输量、运输里程、运输过程的能量效率和损耗。在用量小、用户分散的情况下，气态氢气通常通过储氢容器装在卡车进行输送，用量大时一般采用管道输送，或通过车船等工具运输液氢。根据距离和运量的不同，其成本也有差异。

与其他输氢方式相比，管道输氢具有特殊优势，其相对成本较低，当运输距离为100千米时，大容积管道输氢的成本为0.7~2.1元/千克，如果以7元/千克的制氢成本为计算基准，那么管道输氢的成本仅增加了10%~30%。但管道输氢仅适用于点对点的大规模运输，且需要大量的前期投资，通常还要配备新的基础设施。由于物理特性和最终用途的相似性，管道输氢通常会引入管道运输天然气的相关经验，经研究机构计算，通过管道输氢的成本与管道运输天然气相近，理论上认为，氢气在管道中的输送速度比天然气快，可抵消其体积能量密度较低的影响，氢气管道的容量只需比天然气管道增加2%~20%，即可承受相同的能量。

单次运输量越大，单位运输成本越低，故为小规模用户提供服务的难度比大规模用户提供服务难度大得多。长管拖车适用于小批量输氢，成本高昂。对于运输距离在300千米以下的小批量输氢，长管拖车的成本最低，目前输送距离50千米的成本为5.6~8.4元/千克，以7元/千克的制氢成本计算，长管拖车的成本在其上增加了

81%～120%。船舶运输也被考虑在内，但目前成本较高，只有距离在5000千米以上时，船运才是成本最低的输氢方式（船运已成为跨洲输氢的唯一选择）。尽管如此，其成本仍在21元/千克以上。若广泛采用改变氢气形态、转变输氢方式，以及提高长管拖车的工作气压等技术手段，输氢成本在未来存在一定的下降空间，但更重要的是规模的扩大和普及度的提高。经测算，如果各种输氢技术被广泛采用，输氢成本可下降30%。

将测算结果进行对比发现：在0～5000千米范围中，管道运输的成本最低。运输距离在250千米内时，长管拖车运输成本低于液氢槽车，超过250千米则后者更具成本优势（图2-16）。综合来看：

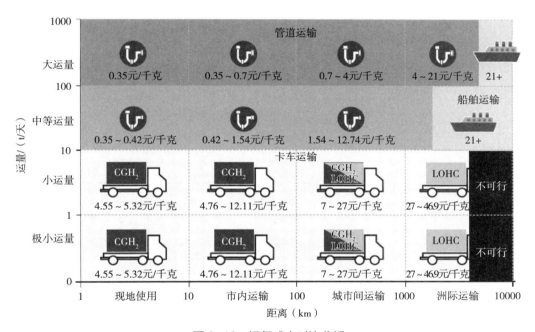

图2-16　运氢成本对比分析

高压储氢使用方便，但储氢量小和安全隐患的缺点显而易见，长期来看在满足氢能规模利用的需求方面存在不足。

低温液化储氢技术的储氢量较高，但是目前的用氢量囿于成本和能耗问题无法规模化利用，液氢应用受限。在氢能产业规模扩大、配套设备和技术提升之后未来可期。

通过对氢能中远期的发展过程、规模化输送模式的经济性比较，未来大规模远距离输送中，管道模式将成为未来氢能的最终模式。管道模式和城市氢气分输相结合，在现有的技术条件下，将有望实现大规模低成本地制氢、储氢和输氢，为我国可再生能源与储氢结合提供完整的解决方案，实现氢能的规模化替代。

因此，在氢能市场渗入前期，氢的应用规模较小，运输将以长管拖车为主，低温液氢、管道运输因地制宜、协同发展；中期（即到 2035 年），氢的运输将以高压液态氢罐和管道运输相结合，针对不同细分市场和区域同步发展；远期（即到 2060 年）氢气管网将密布城市、乡村，成为主要运输方式。近距离氢能分销场景下，城市氢管、高压气氢将成为相互补充的输送模式；随着距离增加，液氢、主干管网等储运方式逐步显现经济性。

（二）应用领域

氢能产业之所以受到前所未有的重视，除了因其具有清洁脱碳的潜力能力外，还因为其完整的产业链带来的就业机会。长产业链势必给经济发展带来巨大的刺激效应，在应用端，氢气除应用于炼油、炼钢、甲醇生产等传统工业领域外，已有商业实践的应用领域还包括交通领域、建筑领域、电力领域等（图 2-17）。这不仅给新参与者创造进入机会和新的就业机会，还给传统能源企业带来转型契机，这是各国、各政府、各能源企业将发展氢能视为重要方向的根本原因所在。

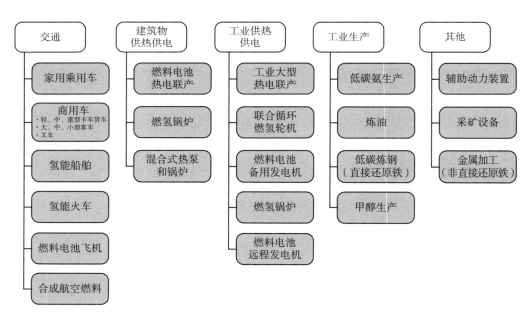

图 2-17　氢能应用领域

与制氢和氢储运一样，氢能应用的成本问题也制约着行业向前发展，而当氢气作为原料直接用于炼油、炼钢等工业时，不涉及氢能转化问题，在交通和电力领域应用时涉及氢燃料电池、燃氢轮机等设备，因此本节重点讨论氢能在供电领域的成本问题。

三、氢发电技术

（一）氢及衍生物发电耦合

1. 概述

氢及其衍生物发电耦合是指将氢及其衍生物发电与其他能源形式和技术进行结合，以实现能源系统的耦合和协同发展。这种耦合可以促进能源的综合利用、能源供需的平衡和能源系统的灵活性。

在全球能源向清洁化、低碳化、智能化的发展趋势下，发展氢能产业已经成为当前世界能源技术变革的重要方向。氢能是保障能源结构清洁化和多元化的重要支撑，对全球能源清洁、低碳、高效、可持续发展具有重要意义。本小节旨在介绍氢及衍生物发电对于我国能源独立安全战略和多轮驱动新型能源体系的重要作用。

常见的发电耦合方式包括：太阳能和氢能燃料电池耦合、风能和氢能燃料电池耦合、水力能和氢燃烧发电耦合、核能和氢燃烧发电耦合。

（1）太阳能和氢能燃料电池耦合：太阳能是一种可再生能源，通过光伏电池将太阳光转化为电能。然而易受到天气和时间的限制。将太阳能和氢能燃料电池结合起来，可以利用太阳能将水分解成氢气，然后将氢气存储起来，以在需要时通过燃料电池产生电能。

（2）风能和氢能燃料电池耦合：风能是另一种可再生能源，通过风力涡轮机将风能转化为电能。然而，风能的可用性也受到天气和地理条件的影响。将风能和氢能燃料电池结合，可以利用多余的风能将水分解成氢气，并将氢气储存起来以供风能不足时使用。

（3）水力能和氢燃烧发电耦合：水力能是一种可再生能源，通过水流驱动涡轮机产生电能。将水力能和氢燃烧发电技术结合，可以利用水力能将水分解成氢气，并将氢气直接燃烧产生电能。这种耦合方法在水电站和水力发电厂中应用广泛。

（4）核能和氢燃烧发电耦合：核能是一种高效的能源来源，通过核反应产生热能，然后将热能转化为电能。将核能和氢燃烧发电技术耦合，可以利用核能的热能来分解水产生氢气，然后将氢气用于燃烧发电。

2. 氢及衍生物发电对于我国能源独立安全战略的重要作用

在实现能源独立安全战略中，氢能源具有以下重要作用。

一是多元化能源供应。氢及其衍生物发电技术可以实现能源供应的多元化。传统能源形式如煤炭、石油、天然气等存在着资源有限和供应风险的问题。引入氢及其衍生物发电技术可以减少对传统能源的依赖，并促进可再生能源的利用。这样一来，能源供应将更加多元化，降低我国单一能源供应的风险，增强能源独立性和安全性。

二是促进可再生能源利用。氢及其衍生物发电可以与可再生能源如太阳能和风能等进行耦合，解决可再生能源的波动性和间歇性问题。可再生能源产生的电能可以用于电解水制备氢气，作为能源的储存介质。这种耦合能够优化可再生能源的利用效率，提高可再生能源在能源供应中的整体比重，推动我国能源结构向更加绿色和可持续的方向转变。

三是提高能源供应可靠性。氢及其衍生物发电技术具有灵活性和快速启停能力，适应调峰和备用发电需求。在能源供应紧张或出现紧急情况时，氢及其衍生物发电可以快速响应，提供可靠的能源供应。这有助于提升我国能源供应的可靠性，保障能源安全。

四是减少环境影响。氢及其衍生物发电是一种清洁能源技术，燃烧后只产生水蒸气，不产生二氧化碳等温室气体和污染物。通过推广氢及其衍生物发电技术，可以减少传统燃煤、燃油发电所带来的空气污染和碳排放，改善大气质量，促进环境保护。

五是创造新的经济增长点。氢及其衍生物发电技术是一项新兴的高技术产业，具有巨大的经济潜力。通过推动氢及其衍生物发电的发展，可以促进相关产业链的形成和壮大，创造就业机会，推动经济增长。这对于实现经济转型和升级具有重要意义。

3. 氢及衍生物发电对于多轮驱动新型能源体系的重要作用

党的二十大报告明确提出，加快规划建设新型能源体系。在推进中国式现代化和顺应全球能源低碳转型大趋势下，新型能源体系的规划和建设要着眼长远，以建设美丽中国和实现碳达峰碳中和为目标有序推进。氢能作为一种清洁能源，是未来国家能源体系的重要组成部分。应充分发挥氢能作为可再生能源规模化高效利用的重要载体作用及其大规模、长周期储能优势，促进异质能源跨地域和跨季节优化配置，推动氢能、电能和热能系统融合，促进形成多元互补融合的现代能源供应体系。在多轮驱动新型能源体系中，氢能源的重要性主要体现在以下方面：

一是多能源整合。多轮驱动新型能源体系旨在实现不同能源形式的协同工作和综合利用。氢及其衍生物发电可以与其他能源形式（如太阳能、风能、地热能等）进行整合，形成多能源系统。通过将不同能源形式有机地结合起来，可以提高能源的供给可靠性和灵活性，优化能源的利用效率，满足不同领域的能源需求。

二是储能和平衡调节。氢及其衍生物发电技术可以作为能源的储存介质和平衡调节手段。可再生能源具有波动性和间歇性，而氢及其衍生物的制备和利用可以将多余的电能转化为氢燃料进行储存，满足能源供需的平衡调节需求。在可再生能源供应不足的情况下，可以使用氢燃料电池或氢燃气轮机发电，将储存的氢能转化为电能，平衡能源供需。

三是环境友好和碳减排。氢及其衍生物发电是一种清洁能源发电方式，燃烧后只产生水蒸气，不产生二氧化碳等温室气体和污染物。通过推广氢及其衍生物发电技术，可以减少传统化石能源的使用，降低碳排放和环境影响，促进能源的绿色转型和可持续发展。

四是能源安全和独立性。氢及其衍生物发电技术可以提高能源的供应安全性和独立性。多轮驱动新型能源体系的建设旨在减少对进口能源的依赖，提高能源的自主供给能力。通过推动氢及其衍生物发电技术的发展，可以利用本土可再生能源和氢资源，降低对进口能源的需求，增强国家能源安全。

综上所述，氢及其衍生物发电技术在我国能源独立安全战略和多轮驱动新型能源体系中具有重要地位和作用。通过大力发展这一领域，可以推动我国能源结构的转型升级，促进可持续发展，实现能源独立和安全的战略目标。

（二）氢燃气轮机发电

1. 氢燃气轮机发电介绍

氢燃气轮机发电是一种利用氢气作为燃料进行发电的技术。氢燃气轮机发电利用氢气的燃烧产生高温高压气体，通过推动轮叶转动发电机产生电能。在燃烧过程中，氢气与空气混合燃烧，只产生水蒸气，不会产生二氧化碳等温室气体和其他污染物。

在当前逐步推进"双碳"目标的大背景下，绿色氢能的高效利用成为当前社会关注的重要议题之一。而绿色氢能又与可再生绿电息息相关，因此绿氢的应用将有助于进一步深入推动双碳进程。在此基础上，氢燃气轮机将作为未来新型电力系统的主要设备，在未来能源系统中发挥重要的作用。借助氢燃气轮机，绿氢可以对富余电力及逆行长期存储，在电力系统出现缺口时通过燃料电池或燃气轮机等发电设备重新转化为电，显著增强电力系统的运行灵活性，缓解乃至消除源荷双侧的不确定性，解决一般储能技术无能为力的季节性电量平衡难题，提供秒级至分钟级时间尺度的灵活性，进而提高电力系统的供应保障能力，解决风光等可再生能源置信容量低、最小出力与实际容量差距大带来的容量效益较弱、抗极端天气影响能力弱等缺陷。同时，氢燃气轮机属于同步发电机，具有较高的出力可控性、高爬坡率和较强的频率调节和电压支撑能力，可以有效缓解惯性低、抗扰性弱、机端电压低的电子化电力系统所面临的频率与电压稳定性和宽频震荡等问题，可作为煤电等传统机组退出后系统安全稳定的支撑性电源。

2. 氢燃气轮机发电的优势

使用氢燃气轮机发电有以下优势：

一是高效清洁：氢气燃烧后只产生水蒸气，不会产生二氧化碳和其他污染物，具有极高的环境友好性。

二是高效能量转换：氢燃气轮机发电的效率通常较高，可以达到 50% 以上。这意味着相比传统发电方式，氢燃气轮机能够更有效地将燃料转换为电能。

三是快速启停和调节：氢燃气轮机具有较高的启停和调节能力，适用于调峰和备用发电需求，具备快速响应市场需求的优势。

四是多能源整合：氢气作为一种可再生能源，可以与其他能源形式，如风能、太阳能等进行整合，形成多能源系统。

3. 氢燃气轮机发电技术以及应用

氢燃气轮机发电技术系统主要包括氢气供应系统、燃烧系统、涡轮机系统、运行控制系统等关键子系统。

氢气供应系统：包括氢气生产、储存和供应等环节。氢气可以通过多种方式生产，如电解水制氢、化石燃料重整制氢等。储存方式通常有压缩氢气和液态氢气存储等。

燃烧系统：包括燃烧室和燃料喷射系统等。氢气燃烧具有高燃点和高点火能量的特点，需要适当的燃烧室设计和燃料喷射技术来实现稳定燃烧。

涡轮机系统：包括压缩机、燃气轮机和发电机等。压缩机将气体压缩，在燃烧中提供所需气体压力；燃气轮机通过燃烧产生的高温高压气体来驱动涡轮机转动；发电机通过转动的涡轮机产生的动力转化为电能。

运行控制系统：用于调控燃气轮机的运行状态和发电输出。涉及燃烧控制、负载调节、机组保护和故障诊断等方面的功能。

氢燃气轮机发电技术的优势在于氢气的高能量密度和无污染排放，能够通过利用可再生能源产生的绿色氢气，减少对化石燃料的依赖，实现低碳环保的电力生产。目前，已经有多个国家就该项技术展开项目研究。

2018 年，荷兰开始将煤气火力发电站改造成 440 兆瓦的氢发电设备；2020 年，法国启动了 12 兆瓦氢燃气轮机发电项目。同年，美国爱依斯全球电力公司（IPP）启动纯氢燃气轮机发电项目；美国 Magnum 发展公司也和犹他州政府合作开发 840 兆瓦氢燃气轮机发电项目（图 2-18），计划首先实现 30% 氢气混合气体发电，2045 年实现纯氢发电。

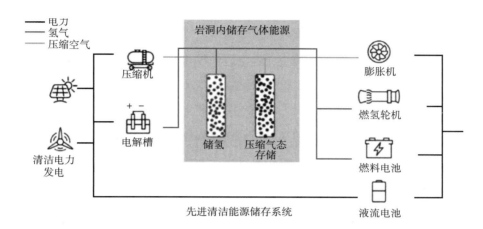

图 2-18　美国犹他州 Magnum 发展公司开发的清洁能源储存和发电系统

日本三菱 Power 株式会社、川崎重工业和大林组等公司在积极开发混氢以及纯氢燃气轮机发电技术。三菱 Power 株式会社的燃气轮机发电效率高达 64%，计划在该 14 吉瓦的燃气轮机发电中混入 30% 的氢气燃烧发电，对应的氢消耗量 30 万吨，最终实现纯氢燃气轮机发电，将来对应目标氢消耗量 1000 万，这样既可实现大规模氢—电转换，又能大幅度扩大氢能的应用规模。中国起步较晚，《中国 2030 年能源电力发展规划研究及 2060 年展望》报告显示，2060 年我国电力预计总装机容量约 8.0 太瓦，其中：风电及光伏电合计约 6.3 太瓦，将成为电网中的绝对主力电源；氢燃料发电预计装机达到 0.25 太瓦，在电网中主要起调峰作用。

4. 氢燃气轮机发电的挑战

在氢气生产方面：目前，大部分氢气仍然依赖于化石燃料进行生产，需要加速发展可持续的氢气生产技术，如水电解、太阳能电解等，以确保氢气的可持续供应。

在储存和运输方面：氢气具有低密度和易泄漏的特点，需要建立完善的储存和运输体系，确保氢气的安全性和可靠性。

在适应氢能特性设备方面：氢气燃烧的高温、高压和快速燃烧速度等特点对燃烧室和涡轮机等部件的设计提出了一定的要求，目前仍缺少可以适应氢能燃烧的设备。

5. 氢燃气轮机发电未来发展方向

一是提高氢气燃烧效率。未来的发展目标之一是提高氢气燃烧的效率，以提高轮机的发电效率。通过优化燃烧室设计、燃烧控制和燃料喷射技术，降低氢气的点火能量和燃烧稳定性要求，并减少可能产生的氧化氮（NO_x）等污染物排放。

二是提高轮机可靠性和运行灵活性。未来的发展方向之一是提高氢燃气轮机的可靠性和运行灵活性。通过改进材料、设计和制造工艺，增强轮机的耐久性和可靠性，提高设备的长期稳定运行能力。同时，将氢燃气轮机与电力系统进行集成，实现灵活的运行调度和响应能力，以适应能源系统的变化需求。

三是研究氢气存储与供应技术。未来的发展目标之一是研究和发展更经济、高效的氢气存储和供应技术。例如，开发新型储氢材料和技术，提高氢气的存储密度和释放效率；构建完善的氢气供应链，包括氢气生产、运输、储存和加注设施，以满足氢燃气轮机的需求。

四是增强安全性考虑。氢气具有高燃点和易燃性，因此，未来的发展方向之一是加强氢燃气轮机的安全性考虑。这包括设计和采用安全防护措施，例如泄漏检测和自动关闭系统，以及开展系统级的风险评估和安全培训。

（三）天然气掺氢发电

1. 天然气掺氢发电介绍

天然气掺氢发电是将氢气掺入天然气中作为燃料进行发电的技术。通过在现有天然气发电设备上进行简单的改造，可以实现天然气与氢气的混合燃烧。天然气是我国主要的化石能源之一，而氢气是一种清洁能源，通过掺氢发电可以减少二氧化碳等温室气体的排放，提高发电的环保性和可持续性。这种技术可以逐步推广，减少对传统天然气的依赖，同时为氢能源的转型提供平稳过渡。

天然气的主要成分是甲烷，表2-21给出了常温常压下氢气和甲烷的主要性质对比。

表 2-21　常温常压下氢气、天然气主要性质

项目	氢气	天然气
密度（kg/m^3）	0.089	0.7～0.75
沸点（℃）	−252.78	−162
气化热（kJ/kg）	899.1	423
发热量（kJ/m^3）	10 794	33 440～41 800
燃点（℃）	574	630～730

续表

项目	氢气	天然气
燃烧界限（%）	5～75	5～15
爆炸极限（%）	4～76	5～15
颜色	无色	无色
气味	无味	混有加臭剂会有刺鼻味道
火焰传播速度	快	较慢

由表 2-21 可知，氢气具有密度小、爆炸区间范围宽、最小点火能量低、火焰温度高、扩散数大等特点。因此，掺氢天然气和常规天然气的物性、燃爆特性都存在一定差异，具体差异大小取决于掺氢比。通过调配不同比例的掺氢天然气，也可优化原单一气体的燃烧特性。

2. 天然气掺氢发电的优势

使用天然气掺氢发电有以下优势：

一是环境友好。通过掺入氢气，可以减少天然气燃烧过程中产生的温室气体排放，减少对全球气候变化的影响。同时，由于氢气燃烧只产生水蒸气，相对于天然气，其空气污染物排放也较低。

二是能源转型。天然气掺氢发电技术可以帮助推动能源转型，减少对传统石化燃料的依赖。通过利用氢能，可以逐步实现能源供应的绿色化和可持续性。

三是灵活性和可调度性。掺氢发电技术不会改变天然气发电机组的基本结构和工作方式，具有较高的灵活性和可调度性。在能源系统中，可以根据能源供应的需要和氢气的可用性进行灵活调整和优化。

3. 天然气掺氢发电技术研究与应用

（1）天然气掺氢发电全过程

氢气生产：制氢技术路线主要有化石燃料重整制氢（如煤制氢、天然气制氢）、工业副产氢（如焦炉煤气副产氢、氯碱工业副产氢）、清洁能源电解水制氢、其他制氢新技术（如太阳能光解水制氢、生物质制氢）。

混合燃料准备：将生产的氢气与天然气混合形成混合燃料。通常，混合气体比例由实际需求和可供应的氢气量确定。这种混合可以通过调整混合阀或调节供气比例来实现。

燃烧发电：混合燃料进入天然气燃气轮机或燃气发电机组进行燃烧。在燃烧过程中，混合燃料与空气混合，燃烧产生高温高压气体，推动涡轮旋转，通过发电机转动产生电力。燃气轮机或燃气发电机组的改造和适配可确保混合燃料的完全燃烧和发电效率。

发电产物：燃烧过程中，混合燃料经过连续的燃烧、旋转能量转换和发电产生后，产生的排放物主要是水蒸气。相比于燃烧天然气产生的二氧化碳和其他污染物，混合燃料的发电过程减少了温室气体的排放和环境污染。

（2）天然气混氢工艺

天然气掺氢工艺中，混氢是重要的一步。氢气和天然气混合工艺主要有定压配比系统和在线混合系统两种：

定压配比系统：是利用在密闭容器中两种气体的混合体积比是气体分压比的原理进行混合配比的。通过天然气瓶组和氢气瓶组向固定容积的气瓶充气，测量每次充气的压力，得到所需体积掺氢比，适用于要求配比精度低、用量小的试验场所。

在线混合系统：是随着用气端工况变化，及时准确地提供给定掺氢比的混合气。天然气的流量受用气端控制，并通过精度较高的质量流量计计量管道中天然气的流量，根据测量结果按照所需的掺氢比计算得到氢气流量，然后通过质量流量控制仪或比例调节阀控制氢气的流量，最后通过稳压罐进行混合，从而达到所需掺氢比。此方法配比精度较高。

（3）天然气混氢站在国内首个掺氢燃机电厂的运用研究

国家电投湖北分公司荆门氢混燃机示范项目是我国首个氢混燃气轮机联合循环（CC）、热电联供（CHP）示范项目，该电厂为改造项目，设计最高掺氢比例为30%。天然气取自原天然气管网，氢气在初始阶段由气体公司经管束车供气，远期考虑铺设氢气管道输送至电厂。

4. 天然气掺氢发电的挑战

在氢气供应与储存方面：氢气的生产和储存仍面临挑战。目前，氢气的生产成本较高，而且氢气的储存密度相对较低，需要进一步发展和改进高效、经济的氢气生产和储存技术，以支持天然气掺氢发电的规模化应用。

在混气比例优化方面：混合天然气和氢气时，需要优化混气比例以实现最佳的燃烧效率和发电性能。不同混气比例会对燃烧和发电过程产生不同的影响，因此需要进一步研究和优化兼顾经济性、环境性能和系统稳定性的混气比例。

在燃烧特性和安全性方面：天然气掺氢燃烧的特性和安全性需要进一步研究和评

估。混合燃料的燃烧特性可能不同于纯天然气燃烧，对燃烧室、燃烧控制和排放控制等方面提出了更高的要求。此外，氢气具有易燃性和高燃点的特性，需要采取适当的安全措施来保证氢气的安全使用。

在系统集成和协同发展方面：天然气掺氢发电技术需要与现有的天然气基础设施和燃气轮机系统协同发展。这涉及设备改造和集成、运行控制和监测等方面，需要考虑整体系统的兼容性、稳定性和可靠性。

5. 天然气掺氢发电未来发展方向

一是提高氢气供应与储存技术。未来的发展方向之一是进一步研究和发展高效、经济的氢气生产和储存技术。这包括利用可再生能源电解水制备氢气、通过氢气运输和氢气管网建设提高氢气供应能力，以及发展新型的氢气储存技术，如化学吸附、固态储氢、液态有机氢等。

二是混气比例优化与燃烧控制。未来的发展目标之一是通过优化混气比例和燃烧控制技术，实现更高的燃烧效率和发电性能。通过研究混气比例对燃烧过程和发电性能的影响，确定最佳混气比例，同时优化燃烧系统的设计和控制策略，以提高能源利用效率和减少污染物排放。

三是系统集成与能源联网。未来的发展趋势是将天然气掺氢发电技术与其他能源系统进行集成，如可再生能源发电系统、能源储存系统等，以实现能源的互补和协同利用。此外，推动能源联网和智能能源管理系统的发展，通过能源数据共享和优化调度，进一步提高能源利用效率和系统的灵活性。

综上所述，天然气掺氢发电技术是能源转型中的一个创新方向，可以减少温室气体排放，推动绿色能源发展。通过技术创新、政策支持和市场推动，可以逐步推广和应用这一技术，为可持续发展和能源安全做出贡献。

（四）氨发电及掺氨发电

随着全球对清洁能源需求的不断增加，氨作为一种高效的氢源，引起了广泛的研究兴趣。氨发电技术以氨气作为燃料，通过直接氧化或掺氨方式转化为电能，具备广阔的应用前景。本小节旨在介绍氨发电及掺氨发电技术的原理、优势、挑战与未来发展方向。

1. 氨发电及掺氨发电介绍

氨发电是一种利用氨作为燃料的发电技术。它通过将氨气与氧气反应产生燃烧热能，从而驱动发电机发电。氨气在此过程中被转化为氮气和水蒸气，不会造成二氧化碳等温室气体排放。掺氨发电是将氨气掺入传统燃料（如天然气或煤气）中一起燃烧的技术。掺氨发电可以通过调整氨气参与燃烧的比例，实现对燃料组合和燃烧过程的优化，提高发电效率和减少排放。这种技术可以在现有的发电设备上灵活应用，减少技术改造的成本和时间。

氨气是一种无色有毒气体、密度略小于空气，具有典型的刺激性气味，极易溶于水，可形成具有碱性的氨水，对铜、锌等金属有腐蚀作用。由于存在强氢键，氨沸点较高、易液化、储存（−33℃常压冷藏或 0.8 ~ 1.0 兆帕加压存储）和运输成本较低。可作为氢的有力替代者，氨和氢基础物性参数对比见表 2–22。

表 2–22　氢、氨物性参数

项目	氢	氨
密度（g / L）	0.089	0.771
沸点（℃）	−251.77	−33.34
熔点（℃）	−259.20	−77.73
临界温度（℃）	−239.9	132.4
临界压力（MPa）	1.313	11.298
比热容［kJ /（kg · K）］	14.30	2.19
燃烧热（kJ / mol）	286	383
爆炸限值（%）	4 ~ 75	15 ~ 28

由表 2–22 可知，氨的沸点显著高于氢，更易液化，降低了氨气的储存运输成本。同时，尽管氨气同样属于易燃易爆气体，但爆炸限值比氢气窄得多，表明氨基燃料的使用相对更加安全。

2. 氨发电及掺氨发电技术优势

使用氨燃烧发电或者掺氨燃烧发电具有以下优点：

一是减少碳排放。由于氨不含碳，因此可以为燃气涡轮机、燃料电池和往复式发动机提供燃料，而不会直接排放二氧化碳。尽管从目前的燃料来源过渡到氨仍然会产生碳，但包括碳源（即甲烷、甲醇）在内的双燃料交换战略有可能在短期内实现碳排放数量级的减少，最终实现零碳能源系统。

二是提高供应安全性。氨可以由丰富的原材料合成，即氢气（在水中）和氮气（在空气中）。氨的生产和运输量已经相当大（1.8 亿吨 / 年），因此是一种实用和可扩展的燃料。

三是降低能源成本。在过去的研究中只有通过抽水蓄能（在合适的大坝／蓄水池中）、压缩空气储能（在合适的地下空腔中）和化学储能（包括氨）才能实现大规模（电网）能源套利。氨储能的成本与压缩空气和抽水蓄能相当或更低，而且不受地域的限制，其技术难度远低于其他储能方式，如蓄电池。氨的运输和储存已经有了相当多的基础设施，并有完善的安全处理程序，这减少了对进一步基础设施和培训投资的需求。

3. 氨发电技术研究重点

目前氨发电技术仍处于研究和发展阶段，尚未广泛商业化应用。以下是一些目前正在研究和实践的氨发电技术：

氨内燃发动机：使用氨作为燃料，通过内燃机的燃烧转化为机械能，再通过发电机将机械能转化为电能。氨内燃发动机的研究主要集中在燃烧过程的优化和排放控制等方面。内燃机按照点火方式可分为压燃式内燃机以及点火式内燃机。在燃料选择方面，两种动力设备各有侧重，压燃式内燃机所需燃料要求可燃性好、易着火，而点火式内燃机由于火花塞点火能量充足，要求燃料的抗爆震能力强。

氨燃气轮机：燃气轮机主要由压气机、燃烧室和涡轮机三部分组成。20 世纪 60 年代，进行了有关氨基燃料燃气轮机的研究。FAEHN 等在发动机燃烧室中进行了氨燃烧试验，指出由于燃烧性差，需要将燃烧室体积增加 3 倍来强化火焰性能，并提出利用催化辅助氨燃烧系统改善火焰性能，可使燃烧室大小和响应与碳氢化合物系统相当。随后 VERKAMP 等将氨与传统化石燃料性能进行对比，指出氨在燃气轮机中所需的点火能量较高，且能够保持稳定火焰的当量比范围也较窄。由于这些弊端的限制，氨基燃料燃气轮机的研究和开发被暂时搁置，直到最近无碳化能源的兴起，氨基燃料燃气轮机才被重新提起。

日本东北大学和国家先进工业科学与技术研究所（AIST）合作对氨基燃料燃气轮机进行了多项研究。KURATA 等首次在 50 千瓦微型燃气轮机上实现了氨、空气燃烧发电，发电试验设备如图 2-19 所示。该系统实现了在无催化剂或添加氢气时以80 000 转／分钟的转速稳定运行，燃烧器燃烧效率在 89%～96% 之间，产生 44.4 千瓦电力功率的同时，通过 SCR 设备将 NO_x 排放量降至 10×10^{-6} 以下。基于此，引入了富稀两级燃烧技术，成功将 NO_x 排放量降至 337×10^{-6}。随着氨基燃料研究及燃气轮机技术的发展，不断出现现代化燃气轮机燃烧理念，从而弥补氨基燃料在燃气轮机中的不足，包括干式低排放燃烧（DLE）技术、富燃 – 快速熄火 – 贫燃（RQL）技术以及低氧温和燃烧（MILD）技术。ROCHA 等对这三种燃烧技术进行了数值验证和比较，指出 DLE 技术的超高 NO_x 排放使得该技术不适用于氨燃气轮机，而 RQL 和 MILD 技术应用于燃气轮机中，NO_x 和未燃氨排放均较低，有望成为未来研究重点。

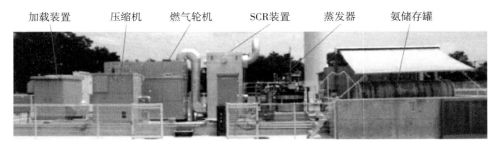

图 2-19　氨燃气轮机试验装置图

热交换氨发电：这种技术利用氨的特性，在高温环境下析出氨气，然后通过燃烧氨气产生蒸汽，驱动汽轮机发电。这种方法可以利用太阳能、地热能等热源来产生氨气，能够实现可持续发电。

燃料电池：在 21 世纪兴起的氢能源浪潮中，氢燃料电池发展迅速，但由于其体积能量密度低，储存条件苛刻，后续应用受到制约。氨作为重要的氢能源载体，被认为是燃料电池中替代氢或碳氢燃料的有利燃料。首先，可通过钠或锂等便宜的催化剂实现裂解产生氢气和无害的氮气；其次，氨体积密度大，便于储存和运输，可实现集成化，且安全性也优于氢气，特殊的气味更易检测泄漏问题。氨基燃料电池研究目前主要集中在固体氧化物燃料电池、碱性燃料电池以及质子交换膜燃料电池等领域（表 2-23）。

表 2-23　不同种类燃料电池优缺点对比

电池	优点	缺点	解决思路
固体氧化物燃料电池	技术成熟、原位氨分解	操作温度高、易腐蚀	热电联产、降低氧化影响
碱性燃料电池	成本低、高度耐受氨	能量密度低、商业供应少、与 CO_2 反应	创新氨系统、提高能量密度
PEM 燃料电池	技术成熟、适用于便携式设备	铂金成本较高、对残留氨敏感	减少铂金使用量、优化氨处理技术

4. 掺氨发电技术研究重点

目前，掺氨发电技术已经在一些煤电和天然气发电厂中进行实践和研究（图 2-20）。以下是一些目前正在研究和应用的掺氨发电技术：

氨燃烧改造：将氨气直接加入传统燃煤或天然气发电厂的燃烧系统中进行燃烧。

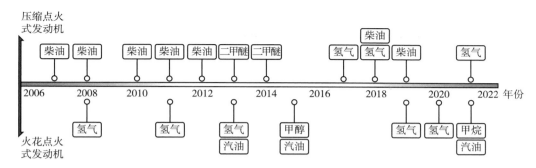

图 2-20　氨的双燃料研究情况一览表（2006—2021）

通过调整燃烧工艺和燃料配比，使氨气与传统燃料充分混合燃烧，改善燃烧效率和减少排放。

氨煤混合燃料：将氨气与煤炭进行混合，形成氨煤混合燃料。这种方法可以减少煤炭的消耗量，降低煤炭燃烧过程中的污染物排放，并提高燃烧效率。

氨氧化：将氨气通过催化剂催化氧化为氮气和水，再将产生的氮气与空气一起进入燃烧系统进行燃烧。这种方法可以提高燃烧效率和减少排放，但需要克服催化剂选择和氨气氧化过程中的技术难题。

氨尿素联合发电：将氨气和尿素加入传统燃煤发电厂中的锅炉燃烧过程，利用氨气提高煤炭的可燃性，并使尿素发生氧化反应产生氮气和水蒸气。这种方法可以改善燃烧效率和减少污染物排放。

5. 氨发电和掺氨发电的挑战

在储存和运输方面：需要解决氨气的储存和运输问题，包括安全性、成本和效率等方面的难题。

在燃烧与排放控制方面：氨气的燃烧过程需要解决燃烧稳定性、燃烧温度和 NO_x 排放等问题，确保氨发电的安全和环保性。

由表 2-24 可知，氨层流火焰速度和绝热火焰温度均明显低于其他燃料，这表明氨在氧化燃烧过程中，活性较低、燃烧不稳定、放热过程缓慢。

表 2-24　不同燃料燃烧特性对比

项目	NH_3	H_2	CH_4	C_2H_5OH	汽油	柴油
密度（$kg \cdot m^{-3}$）	0.730	0.083	0.666	1.590	—	—
低位热值（$MJ \cdot kg^{-1}$）	18.8	120.0	49.0	26.9	44.0	42.4
能量密度（$MJ \cdot L^{-1}$）	11.5	4.8	9.7	21.3	32.0	35.2

项目	NH$_3$	H$_2$	CH$_4$	C$_2$H$_5$OH	汽油	柴油
层流火焰速度（cm·s^{-1}）	7	280	35	41	34	—
点火延迟时间（ms）	1383	51.43	72.2	6.6	10	1.12
绝热火焰温度（℃）	1800	2110	1950	2082	—	—
自燃温度（℃）	650	520	630	323	370	254

在经济性方面：目前氨发电技术仍面临成本较高的问题，需要进一步降低成本以提高经济竞争力。

6. 氨发电与掺氨发电未来发展方向

一是改进氨气燃烧技术。研究新型的氨气燃烧方式，提高燃烧效率，减少碳氧化物和氮氧化物的排放。研究人员可以探索氨气和空气的混合燃烧、氨气的预混合燃烧等技术，以达到更高的能源利用效率。

二是解决氨气的储存和运输问题。改进氨气的储存技术，提高氨气的储存密度和稳定性，降低储存成本和安全风险。同时，也需优化氨气的运输方式，提高运输效率和安全性。

三是融合氨气与其他能源技术。将氨发电和掺氨发电技术与其他可再生能源技术相结合，如太阳能、风能等，实现能源互补和季节性能源储存。这样可以提高整体能源系统的可靠性和可持续性。

四是提高氨气合成技术效率。研究新型的氨气合成催化剂和反应工艺，提高氨气的生产效率和能源利用效率。同时，通过开发基于可再生能源的氨气合成技术，降低碳排放和环境影响。

五是加强安全管理与风险控制。加强氨气储存和运输的安全管理，制定严格的安全标准，并不断改进安全技术和装备。同时，进行风险评估，及时解决潜在的安全问题，确保氨发电和掺氨发电技术的可靠性和安全性。

（五）甲醇发电及合成材料

甲醇是一种重要的化学品，广泛应用于能源、化工和合成材料等领域。甲醇不仅可以作为一种清洁燃料用于发电，还可以通过化学合成获取多种合成材料。本文将对甲醇发电和基于甲醇的合成材料进行综述，探讨其在可持续能源和材料科学中的应用前景与挑战。

1. 甲醇发电技术介绍

甲醇发电技术是一种利用甲醇作为燃料的发电方式。甲醇是一种无色、透明的液体，可以通过化学合成或生物质转化等方法获得。甲醇发电技术的主要原理是通过将甲醇燃烧产生的热能转化为机械能，再通过发电机将机械能转化为电能。

2. 甲醇发电重要途径

（1）非直接甲醇燃料电池

非直接甲醇燃料电池（Indirect Methanol Fuel Cell，IMFC）是一种以甲醇作为燃料的质子交换膜燃料电池类别，具有高效率、模组小、可在低温运作及无须水管理系统等特点。甲醇在送入燃料电池前，会先经过重组器进行甲醇重组反应。且甲醇在 $-97.0 \sim 64.7$℃间皆为液态，使此种燃料电池可在较低温度运作，发电后产生纯水和二氧化碳。

（2）甲醇直接燃料电池

甲醇直接燃料电池（direct methanol fuel cell，DMFC）是一种将甲醇直接转化为电能的燃料电池技术。它具有使用便利、高能量密度和无污染排放等特点，可应用于小型家用发电系统、便携式电源等领域。直接甲醇燃料电池是质子交换膜燃料电池的一种特例，其结构与质子交换膜燃料电池一致，同样由电极、质子交换膜和外部电路构成，其反应原理如图 2–21 所示。与质子交换膜燃料电池不同，DMFC 直接采用甲醇作为燃料，不经过重整制氢步骤，直接将甲醇溶液通入电池阳极，在阳极催化剂的作用下，甲醇被分解为二氧化碳和质子及电子，质子经由质子交换膜传输到达电池阴极与氧气发生反应生成水，水在高温的作用下汽化直接排除电池系统，而电子则由外部电路传导，形成回路产生电流。DMFC 电池反应如下：

$$阳极：CH_3OH + H_2O \rightarrow CO_2 + 6H^+ + 6e^-$$
$$阴极：3/2O_2 + 6H^+ + 6e^- \rightarrow 3H_2O$$
$$总反应：CH_3OH + 3/2O_2 \rightarrow CO_2 + 2H_2O$$

虽然直接甲醇燃料电池已经在多个领域有了较好的应用，但 DMFC 全面商业化还有很长的路要走。目前，主要有两大技术难题：第一，甲醇在 DMFC 阳极催化反应中会产生副产物一氧化碳，一氧化碳会导致催化剂金属铂中毒，从而导致催化效率下降。第二，目前商业化的质子交换膜阻醇效率较低，甲醇会透过质子交换膜渗透到阴极，在阴极产生混合电位，使 DMFC 的开路电压下降，从而降低 DMFC 的整体性能。因此，开发具备高效阻醇能力的质子交换膜对于 DMFC 仍是迫在眉睫的需求。

（3）甲醇燃烧发电

甲醇可以通过燃烧产生热能，驱动发电机发电。这种发电方式简单可行，但排放物中仍会产生一定的二氧化碳和有害气体。作为一种新型的替代燃料，甲醇燃料的

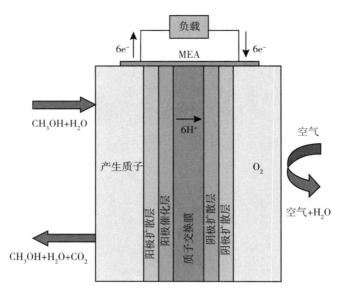

图 2-21　甲醇直接燃料电池反应原理

技术性能具有很大的优势。相比较汽油、柴油等化石燃料，甲醇的分子量小、结构简单，且含氧量高达 50%，有利于完全燃烧，燃烧后的产物大部分是水和少量的二氧化碳，一氧化碳、HC、NO_x 和颗粒物的排放量都较低；甲醇的沸点低，燃料雾化较好，也利于改善排放；甲醇着火界限为 6.0% ~ 36.5%，这个范围要比汽油、柴油的宽，所以甲醇燃料可以燃烧的混合气浓度范围较大，有较大的自由度来选择运行工况，利于减少排放和节约燃料；甲醇燃料的理论混合气热值接近于汽油和柴油，所以选用甲醇作为代用燃料对功率也不会有太大的影响。综上可以看出甲醇作为代用燃料具有较好的技术性能，从技术性能方面来说，甲醇是一种十分有优势的代用燃料。

3. 甲醇发电技术优点

甲醇发电具有以下优势：

一是能源可持续性：甲醇是可再生能源的重要组成部分，可以由多种原料制备，如天然气、煤炭和生物质等。这使得甲醇成为一种可持续和可替代的能源选择，有助于减少对传统石油和天然气等有限资源的依赖。

二是环境友好性：相比传统燃料，甲醇燃烧产生的排放物较少。它可以减少温室气体排放，降低大气污染物的生成，包括氮氧化物和颗粒物等。从全球气候变化和空气质量改善的角度来看，甲醇发电具有较好的环境友好性。

三是高能量密度：甲醇具有较高的能量密度，相比于传统燃料电池中使用的氢气，在相同体积或质量下提供更多的能源。这使得甲醇成为一种理想的能源选择，尤其适用于需要高能量密度的应用，如移动电源和便携式设备。

四是燃料供应便利性：甲醇作为一种液体燃料，其储存和运输相对容易。相比起氢气等气体燃料，甲醇的储存和供应链更加成熟和可靠，可以更方便地应用于广泛的领域，包括家庭、商业和工业等。

五是多功能性：甲醇不仅可以用于发电，还可以通过化学合成获得多种合成材料，如纤维、塑料和涂料等。这使得甲醇成为一种有广泛应用潜力的原料，能够满足不同领域的需求。

4. 甲醇发电技术面临的问题

一是设备损耗问题：甲醇是含氧燃料，H/C 值较大，所以甲醇燃烧时会产生较多的水蒸气及较少的一氧化碳，由于甲醇燃烧产生的水蒸气较多，在燃气轮机启动、暖机期间及燃烧室内温度不高时容易在燃烧室壁上形成冷凝物，促进酸性物质的生成，导致设备磨损增加。

二是排放物控制难题：甲醇的甲醛排放值略高，甲醛是一种对人体有害的物质，目前甲醛的排放控制技术仍是一个有待研究的课题。

三是甲醇的腐蚀溶胀性：甲醇燃料的腐蚀溶胀性是甲醇燃料在使用和推广中的一个的重大难题。

5. 甲醇的合成材料

甲醇合成通常使用的材料包括以下几种：

催化剂：甲醇合成的催化剂主要有氧化锌 – 铬催化剂和氧化铜 – 锌催化剂等。这些催化剂能够促使二氧化碳和氢气在适当的温度和压力下发生反应生成甲醇。

原料气：甲醇合成的原料气通常由二氧化碳和氢气组成。二氧化碳可以从天然气、煤和生物质等来源中获得。氢气则可以通过水蒸气重整、部分氧化或电解水等方式制备。

反应器：甲醇合成通常使用固定床反应器或流化床反应器。固定床反应器是将催化剂填充在反应器中，通过控制进料气体在催化剂上的流动来实现反应。流化床反应器则是在气体的作用下使催化剂床物颗粒悬浮并流动，从而提高反应效果。

分离设备：甲醇合成反应后，需要利用分离设备将甲醇从反应产物中分离出来。这通常包括蒸馏、萃取和吸附等步骤。

需要注意的是，甲醇合成是一个复杂的化学过程，涉及多个设备和材料。具体的使用材料和工艺条件可能会根据具体的生产工艺和厂家而有所不同。以上只是一般情况下的常用材料。

（六）技术经济性分析

1. 技术成熟度分析

（1）氢燃气轮机

截至 2023 年，氢燃气轮机技术仍处于相对较早的发展阶段，尚未完全成熟。氢燃气轮机是一种利用氢气作为燃料进行驱动的燃机，其工作原理类似于传统的燃气轮机。尽管氢燃气轮机具有潜在的优势，比如零排放、高效率以及用途灵活性等，但目前仍存在一些技术和经济方面的挑战。

首先，氢气的燃烧特性与传统燃料有所不同，需要进行针对性的燃烧系统设计和优化。氢气燃烧的高温、高压和快速燃烧速度等特点对燃烧室和涡轮机等部件的设计提出了一定的要求。其次，氢气的存储和供应也是一个关键问题。由于氢气的低密度和高易燃性，需要采用高压或低温储存技术，以确保安全性和高能量密度。另外，氢气的制备仍然是一个挑战。目前，大部分氢气的生产仍依赖于化石燃料转化或分解水制氢的方法，这在某种程度上与氢燃气轮机技术的环境友好性相悖。

（2）掺氢天然气燃烧发电

目前，掺氢天然气燃烧发电技术已经取得了一定的成熟度，并且在一些实际应用中已经得到了验证。这种技术是将氢气掺入天然气中，以在燃烧过程中减少碳排放并提高燃烧效率。掺氢天然气燃烧发电技术的成熟度主要表现在以下方面：

燃烧适应性：天然气和氢气的燃烧特性有所不同，因此需要对燃烧系统进行调整和优化。燃烧适应性的研究已经进行了一段时间，通过调整燃气比例、燃烧器设计和喷嘴结构等方面的优化，使得掺氢天然气能够在现有燃气燃烧设备中稳定燃烧。

燃气质量控制：氢气的纯度、湿度和流量等因素对掺氢天然气燃烧的影响较大。相关技术已经相对成熟，能够对氢气进行准确的质量控制，以确保其与天然气的混合能够达到最佳的燃烧效果。

排放控制：掺氢天然气燃烧相对于传统燃煤发电来说可以显著减少碳排放。排放控制技术已经相对成熟，能够有效地监测和控制燃烧过程中产生的废气排放，以保证环境和空气质量的要求。

然而，掺氢天然气燃烧发电技术仍然面临一些挑战。其中包括氢气供应的可靠性、储存和运输的成本等问题。总的来说，掺氢天然气燃烧发电技术已经初步成熟，但仍需要进一步的研究和实践来完善各个方面的技术和应用，以促进其在能源转型中的广泛应用。

（3）氨发电技术

截至 2023 年，氨发电技术仍处于相对早期的发展阶段，并且尚未完全成熟。然而，目前已经有一些研究和实验项目在氨发电技术方面取得了一定的进展。众多研究机构和能源公司进行了氨发电的实验和示范项目，以验证其可行性和效益。且项目主要集中在氨的合成、储存和燃烧技术方面。

（4）掺氨发电技术

掺氨发电技术是将氨气掺入传统燃料（如天然气或煤气）中，用于提升发电效率和降低碳排放。掺氨发电技术的实施相对较为简单，因为它可以借鉴现有的天然气发电系统。然而，为了确保稳定的燃烧和减少氮氧化物排放，需要进一步研究掺氨比例、燃烧设备改造以及废气处理等方面的技术。

（5）甲醇燃烧发电

该技术在能源领域已经具有相对较高的成熟度。甲醇是一种可再生的液体燃料，其燃烧过程可以产生高温高压气体，进而驱动发电机发电。

甲醇燃烧发电技术的成熟度主要表现在以下几个方面：

燃烧技术：针对甲醇的燃烧特性，已经有成熟的燃烧技术和燃烧器设计可供选择。通过优化燃烧室结构、喷嘴设计和燃烧过程控制等，可以实现高效、稳定和低排放的甲醇燃烧。

排放控制技术：针对甲醇燃烧产生的废气排放，已经有成熟的控制技术可供应用。通过废气处理系统、SCR 脱硝技术等，可以有效控制氮氧化物、二氧化硫和颗粒物等污染物的排放，以满足环境排放标准。

燃料供应链：甲醇在市场上已经比较普遍，且具有较好的供应链。甲醇可以通过多种方式生产，包括自然气转化、生物质转化等，因此可以灵活应用于不同地区和能源资源条件下的发电需求。

实际应用案例：甲醇燃烧发电技术已经在一些实际工程中得到应用。例如，一些甲醇发电厂已经建设并成功运行，为当地提供电力和热能。

尽管甲醇燃烧发电技术已经相对成熟，但在实际应用中仍面临一些挑战，例如甲醇的储存和供应、燃烧效率的进一步提升、碳排放的控制等。此外，由于甲醇属于液体燃料，其在运输和储存方面也面临一些技术和经济问题。

由表 2-25 可知，本节论述的多种新能源发电技术中，尤以甲醇发电技术成熟度最高，掺氢天然气发电与掺氨发电技术次之，氢发电与氨发电技术目前仍处于技术研究阶段，还未有实际应用案例。

表 2-25　氢能源发电技术成熟度对比

发电方法	技术成熟度	是否已经投入生产运营	存在问题
氢燃气轮机发电	低	否	缺少适应纯氢燃烧的系统和设备，氢气的制备、存储和运输
掺氢天然气发电	较高	是	氢气的制备、存储和运输
氨发电	低	否	氨发电的诸多技术仍处于研究实验阶段，尚无法投入应用氨的合成
掺氨发电	较高	是	氨的合成，掺氨比例、燃烧设备改造以及废气处理
甲醇发电	高	是	燃烧效率、碳排放

根据目前的技术趋势和发展方向，对于以上几种新能源发电技术在 2060 年的技术分析如下：

氢燃气轮机：氢燃气轮机技术的发展主要存在两个问题：缺少适应纯氢燃烧的设备以及氢气的制备、储存和运输问题。针对这两项难题做如下推理：其一，随着科技的发展，燃气轮机技术将会不断改进，以提高能效和减少排放。新的材料和设计理念的应用可能使得燃气轮机具有更高的温度和压力容限，从而能够满足纯氢燃烧条件。其二，由于氢能作为未来清洁能源的主力军之一，市场占有率会不断提升，预计会出现更加高效、环保、低价的氢气制备、储存和运输工艺。

天然气掺氢发电：由于天然气掺氢技术可以在原有的设备上稍作改装进行使用，所以该技术成熟度较高。目前最大问题就是氢气的制备、储存和运输。相信随着氢能市场占有率的提高和科学的进步，能够研究出更加高效的氢能制备、存储和运输工艺。预计到 2060 年，该技术将通过不断优化掺氢比例和完善发电设备来获得发展和推广。

氨发电：纯氨发电技术目前正处于研究初期，目前正在研究的多种技术如氨内燃发动机、氨燃气轮机、热交换氨发电和氨基燃料电池等均处于实验阶段。此外，氨能源的合成技术目前也尚不成熟。但是由于氨能成本较低、储存运输便利等优点，众多国家与企业都开展了相关项目研究，有望成功推动氨燃烧技术和氨合成技术的发展。

掺氨发电：掺氨发电与掺氢发电类似，可以在现有的设备基础上稍加改动，实现应用。所以技术成熟度较高。相信通过不断改进掺氨基础设施的设计，调整混合气体比例和优化燃烧工艺后，掺氨发电技术能够得到广泛应用。

甲醇发电：甲醇发电技术目前已经比较成熟，在多地发电厂中得到了广泛应用。

未来应致力于提高甲醇燃烧效能、改进甲醇合成技术和降低甲醇发电过程中的碳排放量等问题。预计到 2060 年，可实现稳定和持续的甲醇发电。

2. 经济性分析

考虑以下几个关键因素对氢能源发电经济性进行分析：

从原料制备成本来看，目前不论是氢能或是氨能均存在原料制备成本过高的问题，而且会受到原料成本的影响。例如，水电解制氢的原料成本主要取决于电力价格，而煤炭或天然气制氢则受到燃料成本的影响。随着可再生能源成本的下降和新型制氢技术的发展，预计未来氢及其衍生物的原料成本将逐渐降低。氨与甲醇同理。

从储存和运输成本来看，以上三种能源中，氢能存储和运输成本较高，氨能次之，甲醇成本最低。除能源自身特性影响外，储存和输送设施的建设成本、运营成本以及损耗等都需要考虑在内。

从发电设备成本来看，氢能源发电技术中转换技术的主要成本是发电设备本身，如燃料电池、内燃机、燃气轮机等。这些设备的成本取决于其规模、技术复杂度和制造成本等因素。

从转化效率及转化成本来看，转换技术的效率直接影响着经济性。高效率的转换技术能够将氢能源转化为电能或机械能，提高能源转换效率，减少能源损失。因此，转换技术的效率对于经济性至关重要。

从维护及运营成本来看，除了设备成本，转换技术的经济性还需要考虑维护和运营成本。这包括设备维护、燃料供应、废气处理等。维护和运营成本的合理控制可以降低系统的运营成本和总体经济性。

从市场需求和价格来看，氢能源发电技术被视为可持续清洁能源发展的潜在方向，因为该燃料燃烧过程只产生水和热。随着对减少碳排放和实现低碳经济的需求增加，对氢能源发电的需求预计将持续增长。

第三节　可再生能源制氢标准体系

一、电解水制氢标准现状

标准是行业高质量、规范发展的关键因素，推动包括氢能在内的标准体系建设是实现双碳目标的重要举措。2022 年 3 月，国家发展改革委、国家能源局联合印发的《氢能产业发展中长期规划（2021—2035 年）》要求：推动完善氢能制、储、输、用标准体系，增加标准有效供给。我国电解水制氢产业已进入快速发展的窗口期，亟须加快完善配套标准体系，推动建立计量、检测和认证体系，支撑绿氢产业有序、高质量发展。

我国十分重视氢能领域技术标准研究与制定工作，于 2008 年批准成立了两个与氢能技术直接相关的全国标准化技术委员会，分别是：全国氢能标准化技术委员会（SAC/TC309）和全国燃料电池及液流电池标准化技术委员会（SAC/TC342），秘书处承担单位分别为中国标准化研究院和机械工业北京电工技术经济研究所。其中 SAC/TC309 对口跟踪国际标准化组织 ISO/TC197 氢能技术标准动态，主要负责我国氢能制取、储运、应用等领域的标准化工作。

截至 2023 年，我国共发布氢能相关国家标准 121 项，包括现行标准 103 项、被替代标准 15 项以及废止标准 3 项，涵盖术语、氢安全、制氢、氢储存和运输、加氢站、燃料电池及其应用等方面，占比如图 2-22 所示。

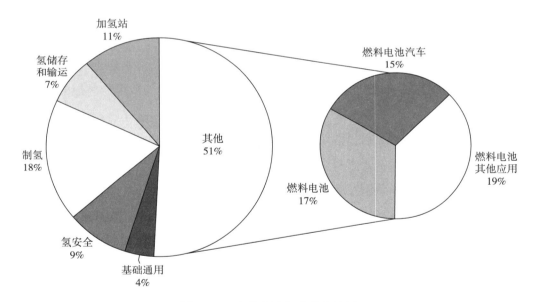

图 2-22　氢能国家标准分布情况

电解水制氢标准是氢能标准体系中的基础和核心，与其他子体系的标准有着密切的联系和互动。例如，水电解制氢标准与氢安全标准相关，需要考虑水电解制氢过程中可能产生的爆炸、泄漏等风险，并采取相应的防护措施；水电解制氢标准与氢储存和输运标准相关，需要考虑水电解制氢设备与储运设备之间的接口和兼容性，以及储运条件对水电解制氢设备性能的影响；水电解制氢标准与加氢站标准相关，需要考虑水电解制氢设备在加氢站中的布局和配置，以及加注连接装置和加注参数的匹配；水电解制氢标准与燃料电池及其应用标准相关，需要考虑水电解制氢设备产出的氢气纯度、压力、流量等参数是否满足燃料电池系统及其应用场景的要求。

电解水制氢标准是推动我国水电解制氢技术和产业发展的重要手段，也是提升我国在国际上的话语权和影响力的重要途径。通过制定和实施水电解制氢标准，可以促进我国水电解制氢技术创新和产品质量提升，增强我国水电解制氢设备在国内外市场的竞争力；通过参与和推动国际水电解制氢标准化工作，可以反映我国在该领域的技术优势和发展需求，推动国际标准向我国有利方向发展，为我国开拓国际市场创造有利条件。

目前国内，全国氢能标准化技术委员会（SAC/TC309）组织制定了四个明确指出水电解制氢系统技术条件、安全要求以及能效能级的国家标准。分别为 GB/T 37563—2019《压力型水电解制氢系统安全要求》、GB/T 37562—2019《压力型水电解制氢系统技术条件》、GB 32311—2015《水电解制氢系统能效限定值及能效等级》、GB/T 19774—2005《水电解制氢系统技术要求》，其中两个明确指出水电解制氢系统技术条件的国家标准，如表 2-26 所示。

表 2-26　水电解制氢系统标准

标准号	标准名称	标准规定	标准适用
GB/T37562—2019	压力型水电解制氢系统技术条件	规定了压力型碱性水电解制氢系统和 PEM 水电解制氢系统的术语和定义、分类与命名、技术要求、试验与检测、标志、包装	适用于工作压力大于或等于 0.3MPa 且小于或等于 5.0MPa 的压力型碱性水电解和压力型 PEM 水电解制氢系统
GB/T19774—2005	水电解制氢系统技术要求	规定了以水电解法制取氢气，氧气的制氢系统的术语和定义、分类与命名、技术要求，试验与检测、标志、包装	适用于工业用、商业用固定式、移动式水电解制氢系统；本标准适用于压滤式水电解制氢装置，包括碱性水电解、固体聚合物电解质水电解

电解水制氢系统包括以下单体设备或装置：水电解槽及其辅助设备——分离器、冷却器、压力调节阀、碱液过滤器、碱液循环泵；原料水制备装置；碱液制备及贮存装置；氢气纯化装置；氢气储罐；氢气压缩机；气体检测装置；直流电源、自控装置等。

在电解槽方面，结构应以降低单位氢气电能消耗，减少制造成本、延长使用寿命为基本要求。应合理选择水电解槽的结构型式，电解小室及其电极、隔膜的构造，涂层和材质，并对零部件的质量和检查方式予以规定。

在压力容器方面，规定此系统的压力容器主要用于气液分离、冷却和储存，相关设计、制造及验收应符合相应的安全技术标准。

在氢气储罐方面，氢气储罐应分为常压型氢气罐和压力型氢气罐，工作压力应按水电解制氢系统工艺流程、氢气使用特点确定，相关装备如球型罐、氢气钢瓶的制造和检验应符合相关国家标准。

在氢气压缩机方面，应根据不同压力和氢气纯度要求选择不同类型压缩机。同时还应设置安全阀以及氢气缓冲罐作为安全设施。

在氢气纯化器方面，采用催化法去除氧杂质，采用降温法和吸附法去除氢气中的水分。应采用自动控制装置控制氢气纯化温度。另外，还应设置压力调节阀、氢气关闭阀、阻火器进行压力平衡、气流切断以及防火措施。

在管路布置和材质选择、电气设备及配线、自动控制和监测系统、设备安装组装、试验检测、标志、随机文件等方面，国家标准当中也都做出了相应的要求。

目前，国家尚未针对制氢加氢一体站的建设制定具体的标准，但加氢站中涉及设置制氢装置、氢气纯化装置等，也应符合上述国家标准。

除上述国家标准之外，中国电工技术协会、中国氢能联盟等协会及研究机构也发布了有关水电解制氢系统的相关团体标准，如 TCES175-2022《质子交换膜水电解制氢系统性能试验方法》、T/CAB0166-2022《碱性水电解制氢系统"领跑者行动"性能评价导则》等。但对于水电解制氢系统性能测试方法以及可再生能源水电解制氢系统技术要求等国家标准尚待制定。

目前，现有的标准已不足以满足电解水制氢产业的发展需求，主要存在以下几个问题：首先，电解水制氢的标准体系尚未建立。在过去的十多年中，只制定了 4 项国家标准，这些标准主要针对电解水制氢系统，却缺乏针对材料与零部件、电解槽设备、系统工程建设、运行维护、评价等方面的标准。其次，现行标准的完整性、先进性和适用性不足。现有标准是基于中小型规模和稳态电源输入条件下的电解水制氢系统制定的，一些技术要求无法适应大规模可再生能源电解水制氢的实际场景。此外，现行标准在系统检测和试验方面的内容不完整，无法支持建立完整的电解水制氢检测能力。因此，迫切需要修订和完善现行标准，以适应电解水制氢技术和产业的发展趋势。第三，标准修订的基础研究不够充分。电解水制氢技术涉及多种不同的技术路线，如碱性、PEM、SOEC、AEM 等，制定产品标准、测试标准、工程建设标准和安全标准等需要大量的基础研究和应用经验。目前，电解水制氢相关技术和产品仍处于技术研究和示范阶段，缺乏充足的示范应用经验，标准研制工作面临较大的难度。最后，标准的实施和应用效果一般。目前尚未建立支撑电解水制氢发展的标准、检测、计量和认证体系，质量监管体系也尚未形成。部分现行标准未能得到有效实施，项目审批、建设、验收和运营等方面缺乏有效的规范。

二、电解水制氢标准体系构建

为贯彻落实国家关于发展氢能产业的决策部署，充分发挥标准对氢能产业发展的规范和引领作用，国家标准委与国家发展改革委、工业和信息化部、生态环境部、应急管理部、国家能源局等部门联合印发《氢能产业标准体系建设指南（2023版）》（以下简称《指南》）。这是国家层面首个氢能全产业链标准体系建设指南。

《指南》提出了标准制修订工作的重点。在基础与安全方面，主要包括术语、图形符号、氢能综合评价、氢品质、通用件条件等基础共性标准以及氢安全基本要求、临氢材料、氢密封、安全风险评估、安全防护、监测预警、应急处置等氢安全通用标准，是氢能供应与氢能应用标准的基础支撑；在氢制备方面，主要包括氢分离与提纯、水电解制氢、光解水制氢等方面的标准，推动绿色低碳氢来源相关标准的制修订；在氢储存和运输方面，主要包括氢气压缩、氢液化、氢气与天然气掺混、固态储氢材料等氢储运基本要求，容器、气瓶、管道等氢储运设备以及氢储存输运系统等方面的标准，推动安全、高效氢储运相关标准的制修订；在氢加注方面，主要包括加氢站设备、系统和运行与安全管理等方面的标准，推动加氢站安全、可靠、高效发展相关标准的制修订；在氢能应用方面，主要包括燃料电池、氢内燃机、氢气锅炉、氢燃气轮机等氢能转换利用设备与零部件以及交通、储能、发电核工业领域氢能应用等方面的标准，推动氢能相关新技术、新工艺、新方法、安全相关标准的制修订。氢能产业标准体系建设如图2-23所示。

电解水制氢标准体系是氢能标准体系中的重要组成部分，它对于推动绿色制氢技术的发展和应用，保障制氢系统的安全和效率，提高制氢产品的质量和性能，具有重要的地位和作用。水电解制氢标准体系以水电解制氢技术应用的推进为核心，与氢能标准体系保持一致，并遵循以下原则：

科学性：科学性是确保技术系统安全、可靠和稳定运行的根本条件。标准体系的层次划分以氢能产业的发展为核心，以水电解制氢技术为基础，针对存在交叉的门类或项目，服务于整体需求。

协调性：水电解制氢标准体系由多个要素组成，避免重复和交叉，子体系之间相

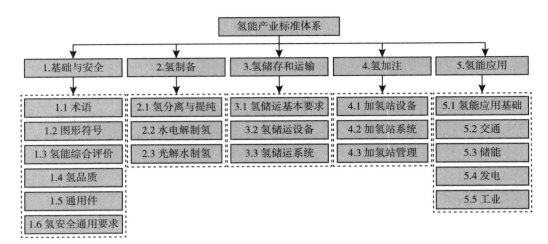

图 2-23　氢能产业标准体系框架

互连接、相互依存，相互制约。同时，区分标准的共性和个性特征，妥善安排标准项目在不同层次上的协调发展。

先进性：水电解标准体系中涵盖的标准应充分体现与国际标准和国外先进标准的等同、等效或参照原则，确保我国水电解标准体系与国际先进标准保持一致性或兼容性，确保我国标准体系的先进性。

兼容性：在标准体系中，首先采用现行有效的国家标准和行业标准；同时，根据标准内容相关性、科学性、适用性和先进性的评估，适当引入团体标准。用户可以根据市场需求和技术发展，自主决定是否采用。

可扩展性：水电解制氢标准体系是一个动态发展的体系。标准的构建既要考虑当前技术水平和经济发展需要，又要预见未来技术发展趋势的恰当性。在标准体系中充分考虑其可扩展性，并根据技术和产业发展情况的变化进行持续更新和完善。

电解水制氢标准体系结构如图 2-24 所示，包括：材料与零部件、设备、系统、运行管理等四个部分，主要反映标准体系各部分的组成关系。材料与零部件标准为电解槽核心零部件标准，位于标准体系结构图的最底层，是设备标准的基础；设备标准包括电解槽主体和辅助设备标准，是系统标准的重要组成；系统标准包括通用要求、工程建设、运行管理、退役等；综合评价标准是对水电解制氢安全、能源资源、环境影响、技术经济性的综合评价。

1.　材料与零部件

水电解制氢过程中的材料和零部件是关键基础。随着核心材料和关键零部件产量

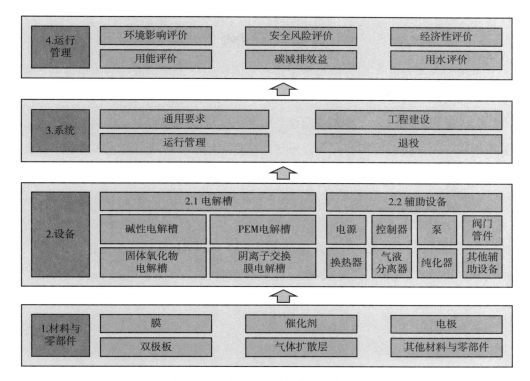

图 2-24　电解水制氢标准体系结构

的增加，产业中游需要相应的产品质量体系，以确保可检测、可比较和规范化的质量标准。由于不同技术路线的电解槽使用不同的膜、催化剂、双极板等组件，其材料、结构设计和制备工艺各不相同，因此很难使用单一标准进行统一要求。为此，我们应制定特定材料或零部件的性能测试方法、表征方法、设计制造和技术要求等标准。在制定标准的过程中，我们应遵循逐步成熟、逐个制定的原则，避免预先过多布局。

2. 设备

水电解制氢系统的主体设备是电解槽，我们应针对碱性、PEM、SOEC、AEM 等不同技术路线制定专门的产品标准。这些标准将规定电解槽设备的技术要求、性能测试方法、型式试验要求、出厂检验要求、标志、包装和运输要求等，以支持电解槽产品质量评估和监管，同时为下游的装备成套、整体解决方案设计和大型水电解制氢工程设计提供质量保证。水电解制氢系统的辅助设备包括变压器、整流器、控制器、泵、阀门管件、换热器、气液分离器、纯化器、液位计、氢气检测仪、氧气检测仪、温度测量仪表、压力测量仪表和流量计等。这些设备大多属于较成熟的通用设备和仪器仪表，已有相应的国家标准和行业标准可供参考。对于新设备和新技术（如氢气流量计量和氢气纯化技术要求），我们可根据产业实际需求制定相应的标准。

3. 系统

水电解制氢系统在不同应用场景下将有不同的设计方案。现有的水电解制氢系统标准尚未涵盖以可再生能源电力为电源的要求，例如水电解制氢系统与电网互动运行的功能、性能指标、试验检测和安全性要求等。这限制了现有水电解制氢系统参与电网灵活调控应用示范的能力。此外，对于大型水电解制氢系统的建设、运营和维护管理，我们需要制定专门的标准，以支持项目的审批、建设和运营管理。

4. 运行管理

运行管理是水电解制氢标准体系的重要组成部分，需要制定与水电解制氢系统相关的安全风险评价、能效与能耗评价、用水评价、碳排放核算、碳减排量核算方法、技术成熟度评价和经济性评价等标准。这些标准将支持新技术和新产品的应用推广，以及项目的综合评价。

电解水制氢标准体系框架如图 2-25 所示：

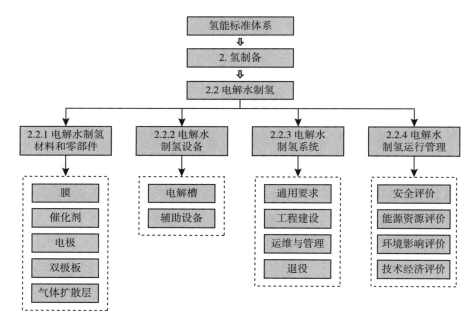

图 2-25　电解水制氢标准体系框架

三、电解水制氢标准未来发展建议

我国依托 SAC/TC342 和 SAC/TC309 标准技术委员会分别确立并构建的氢能技术标

准体系和燃料电池标准体系，结合相关的氢能技术行业标准，在推动我国氢能技术发展中发挥了巨大的作用，但不可忽视，随着材料和工艺的不断创新，一些发展较快的氢能技术领域还存在标准滞后、薄弱，甚至是空白等问题，制约了关联产业的发展。

当前，国内外水电解制氢技术和产业正处于快速发展阶段，现行标准不足以支撑产业发展，针对水电解制氢标准的制修订与实施工作提出以下建议：

一是加快推动水电解制氢设备与系统标准国家标准的研制，支撑产业应用发展；加强材料与零件、综合评价方面的技术研究，推动技术研发与标准研制协同发展，优先制定团体标准，提前布局国际标准。

二是强化水电解制氢标准预研工作，相关专业标准化技术委员会广泛组织高校、科研机构、企业等单位，针对关键共性技术问题开展专题研究，为标准制定提供依据。

三是加强水电解制氢材料与零部件、设备和系统等的测试技术和测试方法研究，建立健全水电解制氢全链条检测与认证体系，为水电解制氢产业质量监管和质量提升提供支撑。

四是转化水电解领域先进适用的国际标准，提升国内技术水平，鼓励龙头企业、研究机构、高校等单位的技术专家参与国际标准化工作，逐步提升水电解制氢国际标准化能力，增进标准化国际合作，推动我国积极参与制定氢能领域国际标准。

第四节　可再生能源制氢典型应用场景

一、电源侧可再生能源电制氢

（一）并网型系统制氢

并网型系统制氢是将风光等新能源机组接入电网，从电网取电的制氢方式。并网型系统制氢能够依赖电网可以获得稳定的电力来源，确保了氢气的稳定生产；可以受益于现有的基础设施，如电网和发电设施，减少与建设新基础设施相关的资本开支；可充分利用弃风弃光电力，明显降低制氢成本。但并网型系统制氢的电力一部分来自非清洁能源，这让绿氢生产的清洁性受到质疑；而且系统内电能需要经过逆变、升压、整流多次变换，导致损耗较大，最终电能利用效率偏低；并网型系统制氢仅限于能够获得可靠电网电力的地区，在偏远或离网的地方不可行。图 2-26 是并网型系统制氢的架构图。

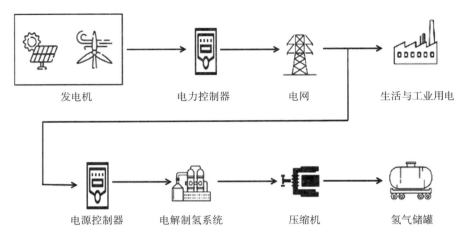

图 2-26 并网型系统制氢

陆上大规模风电场和光伏电站通常配置储能单元以及动态无功补偿装置 SVG，风电场与光伏电站内部汇集后通过升压站汇集，再经过一定距离传输后到达制氢站，再通过变压器降压，然后通过晶闸管整流器或者 IGBT 型整流器进行电解水制氢，制取氢气存储至储氢罐。

由于现有风电场以及光伏电站多为交流汇集，因此陆上可再生能源耦合制氢系统多采用交流组网架构。大规模风电场和光伏电站通常配置储能单元以及动态无功补偿装置 SVG，风电场与光伏电站内部汇集后通过升压站汇集，再经过一定距离传输后到达制氢站，再通过变压器降压，然后通过晶闸管整流器或者 IGBT 型整流器进行电解水制氢，制取氢气存储至储氢罐。由于现有风电场以及光伏电站多为交流汇集，因此，陆上可再生能源耦合制氢系统多采用交流组网架构。

并网型可再生能源耦合制氢系统不仅能够利用弃风、弃光功率制取氢气，实现低成本制氢；另一方面，利用电解制氢系统的灵活性，提高可再生能源并网的友好性。并网型可再生能源耦合制氢系统又分为弱电网和强电网两种情况。强电网下交流母线电压和频率稳定，可再生能源耦合制氢系统主要关注系统经济运行，因此其主要关键技术为计及可再生能源不确定性和电网分时电价的风氢耦合系统经济性优化调控技术。利用该技术重点实现低谷电价与弃风弃光功率联合制氢，而在电价较高时，尽量上网减少制氢，以确保整个系统经济性最优。

在实际可再生能源耦合制氢项目中，由于可再生能源上网容量指标受限，国内大部分已立项的制氢项目处于并网不上网或者有限上网状态，因此，现有的大部分可再生能源耦合制氢项目处于弱电网连接状态。在弱电网中，由于可再生能源上网容量受限，电网短路容量较小，可再生能源耦合制氢系统不仅需要关注联络线功率控制问题，也需要关注弱电网条件下可再生能源耦合制氢系统稳定性问题。为了确保弱电网条件下可再生能源耦合制氢系统安全、可靠运行，亟待解决以下关键技术。

（1）弱电网条件下可再生能源耦合制氢系统的稳定性分析方法。研究可再生能源耦合制氢系统的小信号与大信号建模方法；研究弱电网条件下风电耦合制氢系统的稳定性分析方法，揭示可再生能源耦合制氢系统的失稳机理，分析影响系统失稳的主导因素。

（2）弱电网条件下可再生能源耦合制氢系统稳定性提升技术。研究可再生能源耦合制氢系统无源与有源阻尼控制技术；研究系统级的附加阻尼控制策略，提升系统稳定边界，避免可再生能源耦合制氢系统振荡失稳。

（3）多时间尺度下源－网－氢－储多能互补系统的电力动态平衡控制技术。在弱电网调节下，上网和下网容量受限，风电功率和制氢功率不匹配程度若超过储能和电网平衡控制能力，则系统交流母线和频率有可能发生越限导致系统停机，系统大规模停机不仅会带来经济损失，同时还可能造成设备损坏等风险。因此，需要研究源－网－氢－储多能互补系统电力动态平衡控制技术，避免风电与制氢功率不匹配引起系统母线电压和频率越限保护停机等问题。

1. 平准化成本模型

平准化成本（LCOH）考虑了资金的时间价值对成本的影响，其分析方法广泛应用于能源项目的经济性评价。该模型实质是发电厂与电解厂总成本的折现值与总制氢量的比值，从项目的全寿命周期角度出发衡量制氢项目的经济性，可对不同项目、不同规模、不同容量项目的综合竞争力进行比选，应用范围更加广泛。根据平准化成本分析的原理，结合国内外学者的研究成果，本文将 LCOH 定义为：

$$C_{\text{G·LCOH}} = \frac{\sum_{T=1}^{n} \dfrac{C_{\text{CAPEX}} + C_{\text{FOM}} + C_{\text{TAX}} + C_{\text{ele}} + C_{\text{W}} + C_{\text{INT}}}{(1+i)^T}}{\sum_{T=1}^{n} \dfrac{V_T}{(1+i)^T}}$$

其中，C_{CAPEX} 表示投资成本；C_{FOM} 代表固定运维成本；C_{ele} 代表购买绿电成本；C_{W} 代表水费；C_{TAX} 代表税收成本；C_{OP} 表示机会成本；C_{INT} 代表利息成本。

2. 关键性指标

目前碱性电解槽制氢（AWE）作为最为成熟的电解技术占据着主导地位，尤其是一些大型项目的应用；质子交换膜电解水制氢（PEM）运行更加灵活、更适合可再生能源的波动性，许多新建项目开始转向选择 PEM 电解槽技术；而高温固体氧化物电解水制氢（SOEC）目前仍处于实验室研发阶段，测算成本暂时只考虑 AWE 和 PEM 电解槽，电解槽标准按照技术边界标准设定。

基于表 2-27 的测算假设，测算 AWE 和 PEM 制氢成本。

表 2-27　制氢成本测算基本假设

项目	AWE	PEM
装机容量（兆瓦）	100	100
制氢功率（%）	65	70
电解槽单位成本（元/千瓦）	2000	7500
电解槽日可利用时长（小时）	10	10
电解槽寿命（年）	20	
购买绿电成本（元/千瓦时）	0.4	

3. 结果与盈利性测算

（1）成本分析

测算目前两种电解技术制氢成本结果如表 2-28 所示，与煤制氢和天然气制氢成本对比不具有经济优势，而氢储能制氢环节由于人工、运维和原辅料属于刚性支出，所以降低制氢成本需要从设备购置费用入手。制氢产业还未达到大规模商业化应用，整体规模偏小，随着电解水制氢系统商业化规模化发展，设备成本也不断降低。

表 2-28　制氢成本测算结果　　　　　　　　　　　单位：元/千克

项目	AWE	PEM
固定成本	2.35	8.5
维护成本	0.60	1.25
电费成本	22.22	21.44
水费成本	0.04	0.04
税收成本	0.29	0.38
利息成本	0.57	2.06
机会成本	0.47	1.71
合计	26.54	34.75

从成本占比结构分析，AWE 制氢购买绿电成本最高，购电成本占比超过制氢总成本的 80%；对于 PEM 电解槽制氢成本占比最高的是购电成本，其次是固定成本，购电成本和固定成本占比超过制氢总成本的 70%。由此得出电解水制氢技术降本驱动因素主要为：设备单位成本、购电成本、电解槽效率等。

根据经济边界中的电力现货市场显示电价按月进行波动，因此按照月波动价格探究电价对制氢成本的影响。从图 2-27 中可以看出，随着购电成本的下降，制氢成本下降趋势显著，而且购电成本的占比也随着购电成本的增加而增加。

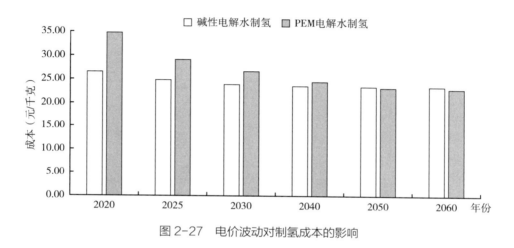

图 2-27　电价波动对制氢成本的影响

目前制氢成本主要受购电成本、设备单位成本和电解效率几大因素影响。而且在设备成本一致的情况下由于 PEM 电解槽电解效率高于碱性电解槽，制氢成本也较碱性电解制氢成本更低。接下来探究随着技术进步对制氢成本带来的影响。

学习曲线模型是一种应用广泛的模型，其实质是边际或平均单位成本为累积产能的函数。未来制氢系统成本的下降可以用如下式子来描述。

$$C(t) = C_O \times \left(\frac{I_{(t)}}{I_O} \right)^{-\propto}$$
$$b = 1 - 2^{-\propto}$$

式中描述了氢储能单位成本 $C(t)$ 下降的学习曲线：其中，C_O 为该技术在基准年的成本（元），$I_{(t)}$ 为该技术在 t 时期的累计产量/装机容量（千瓦），I_O 为该技术在基准年的累计产量/装机容量（千瓦），$\propto$ 为学习指数，可与学习率 b 进行换算。由于 PEM 设备成本远高于 AWE，因此降本空间更大，AWE 学习率取 16%、PEM 取

18% 进行计算。

AWE 和 PEM 制氢成本下降趋势如图 2-28 所示，可以得出在只考虑设备成本下降的情况下，在 2050 年 PEM 制氢成本小于 AWE 制氢成本，因此可以得出初步结论，在 2050 年之前重点发展 AWE 制氢，在 2050 年之后大力发展 PEM 制氢技术。如果考虑其他因素，如电解效率、寿命等，2050 年的时间节点可能会更加提前。

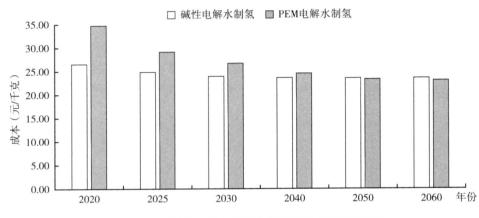

图 2-28   碱性电解槽和质子交换膜制氢成本下降趋势

（2）盈利性分析

并网型可再生能源制氢厂配套 100 兆瓦的电解设备，制氢厂收入来源为销售氢气和氧气收入，其中固定资产残值率为 3%，增值税率为 13%，营业税及附加税率为 11%，所得税遵循"三免三减半"的政策，按 25% 计算；配备员工 5 名，其中一名为管理层，普通员工薪资按每年 5 万元标准，管理层按每年 8 万元标准。

并网型可再生能源制氢厂主要收入为售卖氢气，根据氢气价格的不同盈利性也随之变化。氢气售卖价格为 30 元 / 千克时，制氢厂的内部收益率为 4%，静态回收期为 12.91 年；具体情况如下表，能够得出氢气价格加政府补贴在 28.5 元 / 千克时，为盈亏平衡点，此时内部收益率为 0%，静态回收期为 21.18 年（表 2-29）。

表 2-29   氢气售价及政府补贴对盈利能力的影响

售氢价格（含政府补贴，元 / 千克）	28	29	30	35	40	45
IRR	-2%	2%	4%	15%	23%	32%
静态回收期	27.6 年	17.28 年	12.91 年	6.06 年	3.96 年	2.94 年

当未来碳市场交易逐步落实，绿氢将在碳市场交易中进一步获取收益。由于绿氢几乎没有碳排放，对比灰氢减碳量 4783 吨，引入 CCER 后获得收益，并网型可再生能源制氢厂盈利能力更好。表 2-30 以氢气售价 30 元 / 千克为基准，探究 CCER 交易价格对盈利能力的影响。

表 2-30　CCER 交易价格对盈利能力的影响

CCER 单位收益（元 / 千克）	1	1.2	1.4	1.6	1.8	2
IRR	7%	7%	8%	8%	9%	9%
静态回收期	10.53 年	10.16 年	9.81 年	9.48 年	9.18 年	8.89 年

（二）离网型系统制氢

在实际可再生能源耦合制氢项目中，由于可再生能源上网容量指标受限，国内大部分已立项的制氢项目处于并网不上网或者有限上网状态，处于弱电网连接状态。为了确保弱电网条件下可再生能源耦合制氢系统安全、可靠运行，亟待解决以下关键技术。

（1）弱电网条件下可再生能源耦合制氢系统的稳定性分析方法。研究可再生能源耦合制氢系统的小信号与大信号建模方法；研究弱电网条件下风电耦合制氢系统的稳定性分析方法，揭示可再生能源耦合制氢系统的失稳机理，分析影响系统失稳的主导因素。

（2）弱电网条件下可再生能源耦合制氢系统稳定性提升技术。研究可再生能源耦合制氢系统无源与有源阻尼控制技术；研究系统级的附加阻尼控制策略，提升系统稳定边界，避免可再生能源耦合制氢系统振荡失稳。

（3）多时间尺度下源 - 网 - 氢 - 储多能互补系统的电力动态平衡控制技术。在弱电网调节下，上网和下网容量受限，风电功率和制氢功率不匹配程度若超过储能和电网平衡控制能力，则系统交流母线和频率有可能发生越限导致系统停机，系统大规模停机不仅会带来经济损失，同时还可能造成设备损坏等风险。因此需要研究源 - 网 - 氢 - 储多能互补系统电力动态平衡控制技术，避免风电与制氢功率不匹配引起系统母线电压和频率越限保护停机等问题。图 2-29 是离网型系统制氢的系统架构图。

在离网型制氢系统中，为了保证系统稳定运行，由于可再生能源和电解水制氢单元的动态特性难以实时匹配，因此除了可再生能源场站配置的固有储能之外，还需配

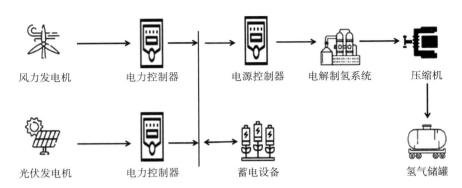

风力发电机   电力控制器   电源控制器   电解制氢系统   压缩机

光伏发电机   电力控制器   蓄电设备   氢气储罐

图 2-29   离网型系统制氢架构图

置一定数量的储能单元用于稳定交流母线电压和频率。在离网型制氢系统中，在关注经济性的同时更加应该关注离网系统长期稳定运行控制能力。为了确保离网型可再生能源耦合制氢系统稳定运行，亟待解决以下关键技术。

（1）构网型储能容量优化配置技术。为了确保大规模可再生能源离网制氢系统稳定运行，需要配置一定容量的电化学储能系统，其储能容量配置技术至关重要。储能容量配置不足将会导致储能系统无法平衡可再生能源和制氢功率的不匹配功率；而储能容量配置过剩，将会导致制氢系统投资成本过高，阻碍大规模离网型可再生能源耦合制氢系统的推广和商业化运行。此外，现有储能配置方案通常按照可再生能源容量比例进行配置，而实际中储能容量配置大小还与系统的控制方法紧密相关，因此除了考虑静态容量配置外，还需要结合系统中各单元的动态特性与控制方式。因此储能配置不仅需要考虑系统经济性，同时需要考虑系统的稳定控制能力。

（2）高压大功率构网型储能系统关键装备研制技术。目前构网型储能系统功率变流器主要分为低压模块化并联方案和高压直挂方案。低压方案类似于现有的储能电站，多个储能单元经过工频变压器升压后并联构成大规模储能系统，然而低压模块化并联解决方案需要多个工频变压器，造成系统成本高、效率低。同时，低压并联方案中多个储能单元还存在并联谐振与环流抑制问题。高压直挂储能系统通常采用级联 H 桥拓扑，将大容量蓄电池组拆分，并分配到不同的桥臂上，该方案避免使用工频变压器，降低了投资成本，提升了系统效率。此外，多个电池组分配到不同桥臂上，每个桥臂电池数量减小有助于 BMS 管理。然而，高压直挂储能系统控制和调制上更加复杂，还需要解决共模电流抑制及电池侧二次脉动电流的平抑问题。

（3）规模化构网型储能系统的协同控制技术。由于离网型制氢系统失去了大电网，储能系统作为主控单元稳定交流母线电压和频率，因此储能系统将运行在电压源控制模式。目前构网型储能控制技术多种多样，如下垂控制、虚拟同步机控制、虚拟振荡器控制等。不同构网控制策略的适应性还有待进一步研究。此外，由于受到开关器件耐压和耐流限制，若大规模储能系统采用低压模块化方案，还需要研究模块化构网型储能系统的并联谐振与环流抑制以及 SOC 均衡控制技术。

（4）离网型大规模可再生耦合制氢系统能量管理与协同控制技术。为了确保系统长时稳定运行，需要充分考虑可再生能源和制氢电解槽的动态响应差异性，同时在协同和能量管理过程中需要分析各单元通信时间。进一步研究风光可再生能源功率预测提升技术，提升功率预测的准确性。研究精细化能量管理和多模式协调控制，确保可再生能源与制氢不匹配功率始终处于储能可控容量范围内。

无论是并网型还是离网型风电制氢耦合制氢系统，还需要对风电耦合制氢系统全寿命周期技术经济性评价。结合风电制氢系统工程示范和实际运行经验，并根据我国相关政策（碳减排和交易政策、氢能发展规划等）的制定实施进度，建立符合实际情况的风电制氢经济性评价模型，探讨风电制氢系统在不同技术路线和氢气应用场景下的全寿命周期平准化成本和收益，最终获得符合我国发展国情并切实可行的氢能发展商业模式。

1. 平准化成本模型

离网型系统的 LCOH 模型包括了平准化度电成本（levelized cost of energy，LCOE）模型。LCOE 模型通常作为衡量发电技术竞争力的指标，其实质是发电厂总成本的折现值与总发电量的折现值的比值，是国际上通用的评估不同区域、不同规模、不同投资额、不同发电技术的发电成本的方法。参考国内外学者和研究机构的研究成果和平准化度电成本理论，将 LCOE 表示为：

$$C_{LCOE} = \cfrac{\displaystyle\sum_{t=1}^{n} \cfrac{(C_{es} + O_{es} + F_{es} + T_{es} - R_{es}) + 0.2 \times (C_{S} - R_{S})}{(1+r)^t}}{\displaystyle\sum_{t=1}^{n} \cfrac{E_t}{(1+r)^t}}$$

其中，t 表示不同时间；C_{es} 为发电厂固定成本；R_{es} 为发电厂固定资产残值；O_{es} 为发电厂年运营维护成本；F_{es} 为发电厂应还利息；T_{es} 发电厂应缴税金；r 为折现率；按照 20% 进行配储，C_s 为储能装置固定成本；R_s 为储能装置固定资产残值；E_t 为发电厂年发电量。

$$C_{\text{OG·LCOH}} = NC_{\text{LCOE}} + \frac{\sum_{t=1}^{n} \dfrac{C_{\text{ele}} + O_{\text{ele}} + F_{\text{ele}} + T_{\text{ele}} - R_{\text{ele}}}{(1+r)^t}}{\sum_{t=1}^{n} \dfrac{H_t}{(1+r)^t}}$$

其中，N 为电解厂生产单位千克氢气耗电量；C_{ele} 为电解厂固定成本；R_{ele} 为电解厂固定资产残值；O_{ele} 为电解厂年运营维护成本；F_{ele} 为电解厂应还利息；T_{ele} 为电解厂应缴税金；H_t 为电解厂年制氢量。本文采用此计算模型，先计算出发电厂的度电成本 LCOE，再以此计算出系统的 LCOH。其中电解厂的运营维护成本为

$$O_{\text{ele}} = F + S + M + B + W + Q$$

其中，F 为修理费；S 为员工工资即福利费；M 为材料费；B 为保险费；W 为水费；Q 为其他费用。

2. 关键性指标

从表 2-31 至表 2-33 中可以看出，储能、发电厂、电解厂建造均符合技术标准。

表 2-31　发电厂技术参数

参数	光伏	风力
储能容量（兆瓦时）	100	
发电厂投资成本（元／千瓦）	6000	8000
装机容量（兆瓦）	100	100
发电厂残值率（％）	5	5
发电厂折旧年限（年）	15	20
发电厂年均利用小时数（小时）	1800	2000
电厂自用率（％）	1	1

表 2-32　电解厂技术参数

参数	数据
电解厂投资成本（元／千瓦）	4410
电解厂装机容量（兆瓦）	100
电解厂残值率（％）	5
电解厂折旧年限（年）	15
电解厂年均利用小时数（小时）	1800
单位电量制氢量（千克／千瓦时）	0.0154
水费（元／吨）	1.75
单位制氢耗水量（千克）	9
所得税（％）	25（三免三减半）

表 2-33　发电厂、电解厂共有技术参数

参数	数据
增值税（%）	13
城市维护建设税（%）	5
教育费附加（%）	3
资本金比例（%）	20
贷款年利率（%）	5
贷款年限（年）	15
企业基准收益率（%）	8
机组寿命（年）	20
贴现率（%）	5.60
修理费率	1~5 年保修、6~10 年 1.2%、10~20 年 1.5%
工人数量（人 /100 兆瓦）	12
人均年工资（元）	60 000
职工福利费提取率（%）	14
劳保统筹提取率（%）	31
住房公积金提取率（%）	12
材料费（元 / 千瓦）	20
其他费（元 / 千瓦）	30
保险费率（%）	0.25

3. 结果与盈利性测算

（1）成本分析

在发电总成本中，发电站和储能装置的固定成本占一半以上。发电站固定成本包括设备购置费和土地、厂房等固定资产投资以及建筑安装工程费；其中，设备购置费占绝大多数。在计算制氢成本时将电力成本单独折合相加，制氢成本结果中的固定成本仅为电解厂的固定成本，其中电解槽均使用碱性电解槽。

从表 2-34 成本占比构成分析，耗电成本占比最高，其中光伏制氢耗电成本占比高达 83.69%，风电制氢耗电成本占比 81.58%。但是可以发现离网型系统制氢均比并网型系统制氢成本要高，主要原因在于建设发电厂的固定投资成本过高，导致度电成本高于并网购买绿电的成本，进而影响制氢总成本。接下来通过对发电厂固定成本进行敏感性分析。

表 2-34　制氢成本测算结果

项目（元/千克）	光伏	风力
度电成本（元/千瓦时）	0.51	0.44
耗电成本	33.11	28.57
固定成本	3.66	
维护成本	0.93	
水费成本	0.01	
税收成本	0.22	
利息成本	0.89	
机会成本	0.74	
合计	39.56	35.02

从图 2-30 中能够发现发电厂的成本对制氢成本的影响显著，且光伏和风力的单位投资成本变化时，制氢成本下降速度基本相当。当光伏和风力发电厂的单位投资成本相同时，风力发电的制氢成本更低。

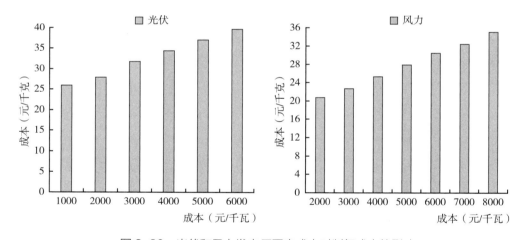

图 2-30　光伏和风力发电厂固定成本对制氢成本的影响

（2）盈利性分析

离网型可再生能源制氢厂和发电厂、储能设备相结合，制氢厂收入来源仍为销售氢气和氧气收入，其中固定资产残值率为 3%，增值税率为 13%，营业税及附加税率为 11%，所得税遵循"三免三减半"的政策，按 25% 计算；配备员工 12 名，平均每人按每年 6 万元发放薪资。

当发电厂为光伏发电厂时，氢气售卖价格为30元/千克时，政府补贴5元/千克，制氢厂的内部收益率为-9%，不具备盈利能力；当政府按10元/千克的氢气进行补贴时，制氢厂的内部收益率为6%，静态回收期为11.63年（表2-35）。

表2-35　氢气售价及政府补贴对盈利能力的影响

售氢价格 （含政府补贴，元/千克）	35	40	45	50	55	60
IRR	-6%	10%	19%	27%	35%	43%
静态回收期	47.86年	8.49年	4.87年	3.42年	2.63年	2.14年

当发电厂为风力发电厂时，氢气售卖价格为30元/千克时，制氢厂的内部收益率为-10%，不具备盈利能力；当政府按5元/千克进行补贴时，制氢厂的内部收益率为5%，静态回收期为11.81年；当政府按10元/千克的氢气进行补贴时，制氢厂的内部收益率为13%，静态回收期为6.78年（表2-36）。

表2-36　氢气售价及政府补贴对盈利能力的影响

售氢价格 （含政府补贴，元/千克）	30	35	40	45	50	55
IRR	-7%	9%	19%	27%	35%	43%
静态回收期	53.53年	8.62年	4.91年	3.44年	2.64年	2.15年

当未来碳市场交易逐步落实，绿氢将在碳市场交易中进一步获取收益。由于绿氢年产生碳排放量几乎为0，在碳市场中能够获得收益，使离网型光伏可再生能源制氢厂盈利能力更好。表2-37以氢气售价35元/千克为基准，探究CCER交易价格对盈利能力的影响。

表2-37　CCER交易价格对盈利能力的影响

CCER单位收益 （元/千克）	1	1.2	1.4	1.6	1.8	2
IRR	-1%	0%	0%	1%	2%	3%
静态回收期	23.33年	21.17年	19.38年	17.92年	16.67年	15.59年

根据表2-38，离网型风电可再生能源制氢厂根据CCER交易价格的不同盈利能力也随之增强。

表 2-38 CCER 交易价格对盈利能力的影响

CCER 单位收益 （元 / 千克）	1	1.2	1.4	1.6	1.8	2
IRR	11%	12%	12%	12%	13%	13%
静态回收期	7.49 年	7.3 年	7.12 年	6.95 年	6.78 年	6.62 年

综合比较在氢气价格相同的情况下，风电离网型比光伏离网型盈利能力强，静态回收期更短。

（三）可再生能源制氢合成氨

1. 平准化成本模型

可再生能源制氢合成氨的平准化成本模型简称 LCOA，参考国内外学者和研究机构的研究成果和平准化度电成本理论，将 LCOA 表示为：

$$\text{LCOA} = \frac{\sum_{T=1}^{n} \frac{C_{\text{CAPEX}} + C_{\text{OM}} + C_{\text{INT}} + C_{\text{TAX}} + C_{\text{H}} + C_{\text{N}} - R_{\text{O}}}{(1+i)^T}}{\sum_{T=1}^{n} \frac{V_A}{(1+i)^T}}$$

C_{CAPEX} 表示初始投资，元；R_{O} 表示固定资产残值，元；C_{OM} 和 C_{INT} 分别表示第 T 年的运营成本和利息成本，元；C_{TAX} 表示税收成本；C_{H} 和 C_{N} 表示使用氢气和氮气的成本；V_A 表示合成氨的量；T 表示项目运营时间，年；i 表示折现率（一般取值 5% ~ 8%）。

2. 关键性指标（表 2-39）

表 2-39 成本测算参数

工程投资	初始投资	运行寿命 / 年
用氢成本	23 元 / 千克	—
空分制氮和合成氨装置	4111 元 / 吨	15
运维成本	2%	—
LCOA	3524 元 / 吨	

3. 盈利性测算

可再生能源制氢合成氨的主要产品有液氨、氨水和液氧，其中液氨销售价格为 4000 元 / 吨，氨水销售价格为 200 元 / 吨，液氧销售价格为 420 元 / 吨。

测算得可再生能源制氢合成氨系统的内部收益率为 4%，投资回收期为 13.07 年，经济效益未达到基准收益。当液氨价格发生变动时内部收益率也随之发生变化（表 2-40）。其中氢原料成本占合成氨总成本比例约 70% ~ 85%，同样也是影响盈利能力的关键因素（表 2-41）。

表 2-40　液氨售价对盈利能力的影响

液氨价格（元／千克）	3000	4000	4200	4400	4600	4800
IRR	−8%	4%	12%	18%	24%	30%
静态回收期	59.21 年	13.07 年	7.35 年	5.11 年	3.91 年	3.17 年

表 2-41　用氢价格对盈利能力的影响

氢成本（元／千克）	17	19	20	21	22	23
IRR	36%	30%	24%	18%	12%	4%
静态回收期	2.67 年	3.17 年	3.91 年	5.10 年	7.34 年	13.07 年

（四）海上风电制氢

目前，海上风电制氢以电解槽的位置不同划分，分为岸上制氢系统和海上平台制氢系统两种系统配置。第一种系统的电解槽位于岸上，电力通过传统电缆传输到岸上，在岸上生产氢气。海底电缆有高压交流和高压直流两种。其中高压交流技术成熟，结构简单，成本低，但存在谐振、在线损耗比高压直流大等问题，且需要静态及动态无功补偿装置。高压直流控制灵活，输送距离不受限制，可工作在无源逆变状态，但换流设备造价较高，体积与质量较大。除此之外，在陆上制氢方案中，运营商可以控制出售给电网和送入电解槽的电量，甚至可以在极低电价期间从电网购买电力来生产氢气，从而提升电网运营商的负载灵活性。这种系统模式也被称为混合系统。

第二种系统配置由海上风电场、海上电解槽和陆上储氢设施组成，利用海上平台就地制氢。输氢方式又可细分为海上平台制氢管道输氢与海上平台制氢船舶运氢。电解槽位于海上平台，风力发电机产生的电力短距离传输到电解槽平台，在那里生产、压缩氢气再输送到岸边。由于为电解槽供电的电力来源是风电场，因此在制氢过程中不会排放碳，生产的氢气也成为绿色氢气。

海上风电制氢技术方案拓扑图如图 2-31 所示，本文对岸上制氢、海上平台制氢管道输氢与海上平台制氢船舶运氢三种制氢方式进行详细的技术讨论。

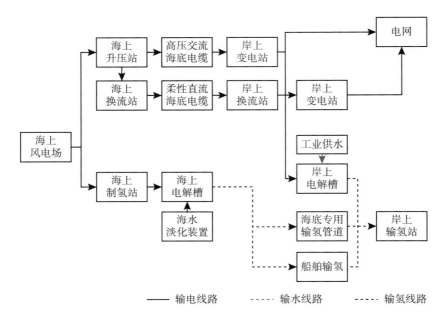

图 2-31　海上风电制氢技术方案拓扑图

1. 岸上制氢

由于电解槽在岸上，故海上风电机组产生的电力需先通过海底电缆传输到陆上，再才能作为电解制氢的电能输入。而海底电缆传输的电力类型又可分为交流电与直流电两种。

（1）交流输电。海上风电经交流输电岸上制氢系统主要由海上风电场、海上升压站、陆上变电站、陆上换流站、制氢站和交流电缆组成。海上风电机组输出的交流电，经海上升压站汇流升压后由交流海底电缆输送至陆上换流站，然后将交流电转换成直流电，再经由变电站将电能传输给岸上制氢站进行制氢。海上风电经交流输电岸上制氢系统拓扑结构如图 2-32 所示。

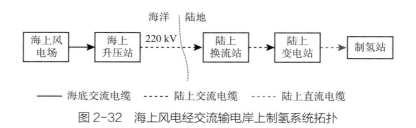

图 2-32　海上风电经交流输电岸上制氢系统拓扑

交流输电的优点如下：

一是技术成熟。交流输电是目前电力系统中广泛采用的传输方式，相关技术和设备已经相当成熟，并且有大规模的应用经验。

二是低成本。交流输电系统在小规模和中等规模的风电场中具有较低的建设和运营成本。

三是跨地区联网能力与电网运行稳定性。交流输电网络能够方便地将不同风电场的电能连接起来，以提供更大范围的供电。且交流系统具有较好的系统稳定性和故障处理能力，在海上风能制氢混合系统中，可以通过调整电压和频率来实现电网的平衡。

但高压交流输电传输方式对于长距离、大容量输电存在以下问题：

一是输电损耗大。传输相同有功功率，交流输电线路的工程造价和功率损耗比直流输电线路增长得快。

二是有效负荷能力低。海底电缆的电容效应会产生大量的无功功率，降低了电缆的有效负荷能力，并抬升了电网电压，且难以在海底输电电缆中间进行无功补偿。

三是安全系数不高。采用交流传输方式后，海上风电场和陆上电网任何一方的故障都会直接影响到另一方，对系统的安全运行不利。

四是线路容量限制。交流输电线路的容量受限于电阻、电感和电容等因素，限制了长距离输电的能力。

（2）直流输电。当海上风电的离岸距离超过70千米甚至更远，采用高压交流输电将不能满足大容量、远距离海上风电输送的需求。高压直流输电具有输送距离远、运行调控灵活等优点，适用于输电距离更远的海上风电的并网，成为未来海上风电输送的研究热点。

海上风电经直流输电岸上制氢系统主要由海上风电场、海上升压站、海上换流站、陆上变电站、制氢站和直流电缆组成。海上风电机组输出交流电，经海上升压站汇流升压后由海底电缆输送至海上换流站，然后由海上换流站转换成直流电后再通过直流海底电缆将电能输送至陆上变电站，最后输送给制氢站进行制氢。与海上风电经交流输电岸上制氢系统相比，主要差异是经直流输电岸上制氢系统需要海上换流站。海上风电经直流输电岸上制氢系统拓扑结构如图2-33所示。

直流输电的优点如下：

一是低输电损耗。直流输电线路较交流输电线路具有较低的输电损耗，可以在长距离输电中减少能量损失。

二是大容量输电。直流输电线路能够实现高电压、大容量的输电，适用于大规模

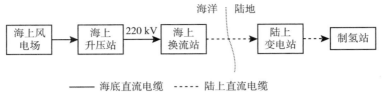

图 2-33　海上风电经直流输电岸上制氢系统拓扑

海上风电场的长距离输送。

三是无视电阻、电感和电容。直流输电线路不受电阻、电感和电容等因素的限制，减少了输电线路容量的限制。

直流输电的缺点如下：

一是高成本。与交流输电相比，直流输电系统的建设和运维成本较高。

二是技术要求高。直流输电系统的设计和运营相对复杂，对设备和技术要求高，需要专业人员来进行操作和维护。

综合考虑，交流输电适用于小规模和中等规模的海上风电场，而直流输电更适合于大规模海上风电场的长距离输电。选择采用交流还是直流输电取决于具体的项目要求和考虑因素，例如输电距离、容量需求、成本方面以及现有电网的情况等。

由于岸上制氢系统的电解槽位于陆地上，电能从海上风电机组输送到岸上需先通过海上升压站升压，然后通过长距离的海底电缆到达陆地后通过陆上变电站降压才可用于制氢。长距离的电能输送及转换导致较高的输电线路的建设和维护成本，输电过程中的能量损失也会导致能源输送的成本增加。而且在土地资源紧张的地区，岸上的电解槽也会导致土地利用冲突的问题。寻找合适的用地用于建设大型电解槽可能会面临困难。为解决上述的问题，现已有将电解槽置于海上平台的方案，风电机组产生的电能直接输入到海上平台就近的电解槽中制造氢气，将长距离传输电能至岸上改进为长距离输送氢气至岸上，能有效降低运维成本。

2. 海上平台制氢管道输氢

海上平台制氢及管道输氢系统主要由海上风电场、海上换流站、海上制氢站、运氢中转站和输氢管道组成。海上风电机组输出交流电，经海上换流站转换成电解槽所需的直流电，然后通过电缆将直流电输送至海上制氢站进行制氢，最后将氢气通过氢气管道输送至岸上运氢中转站。拓扑结构如图 2-34 所示。

海上平台制氢管道输氢的优点如下：

一是长期稳定供应。通过管道输送氢气可以提供长期稳定的供应，无须频繁运输

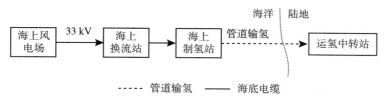

图2-34 海上平台制氢及管道运输系统拓扑

和转运氢气的过程。

二是较高的输送效率。氢气在管道中可以以高速、低能耗的方式进行输送，因此输送效率较高。

三是便于集成和扩展。通过建设氢气管道网络，可以将多个海上制氢平台连接在一起，以满足更大范围的氢气需求，并方便今后的扩展和升级。

海上平台制氢管道输氢的缺点如下：

一是建设和维护成本高。建设和维护海上平台制氢管道需要大量的投资和工程师运维工作，成本较高。

二是管道安全性要求高。氢气是易燃易爆的气体，因此需要特殊的管道设计和安全措施来确保安全输送。

3. 海上平台制氢船舶运氢

海上平台制氢及船舶运氢系统主要由海上风电场、海上换流站、海上制氢站、岸上运氢中转站和运氢船舶组成。海上风电机组输出交流电，经海上换流站转换成电解槽所需的直流电，然后通过海底电缆将直流电输送至海上制氢站进行制氢，最后将氢气通过船舶输送至陆上运氢中转站。拓扑结构如图2-35所示。

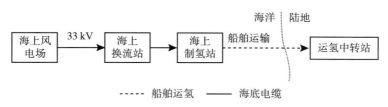

图2-35 海上平台制氢及船舶运输系统拓扑

海上平台制氢船舶运氢的优点如下：

一是灵活性高。通过制氢船舶运输氢气，可以灵活调整运输路线和目的地，满足不同地区的氢气需求。

二是较短的建设周期。相对于建设氢气管道网络，建造船舶的时间较短。

三是可应对紧急需求。制氢船舶可以迅速响应氢气紧急需求，并在较短时间内将氢气输送到指定地点。

海上平台制氢船舶运氢的缺点如下：

一是运输能力限制。制氢船舶的运输容量有限，无法满足大规模氢气需求或长期稳定供应。

二是能源消耗。制氢船舶进行运输过程中需要消耗燃料，会产生一定的能源消耗和排放。

三是运输成本较高。相较于管道输送，制氢船舶的运输成本较高。

综上所述，选择管道输送氢气还是船舶运输氢气应基于具体情况和需求来决定。对于长期稳定的供应和大规模需求，管道输送可能更适合；而对于灵活调整和应对紧急需求的情况，船舶运输可能更合适。

4. 技术经济性分析

（1）海上风力发电制氢方案经济性模型

海上风电场建设和运行成本构成与陆上风电场基本一致，主要包括风电机组成本、电缆成本、支撑结构成本、安装成本、运营维护成本等。

总投资成本等年值模型：采用等年值法对海上风电岸上制氢、海上平台制氢及船舶运氢和海上平台制氢及管道输氢 3 种方案进行经济性分析。成本包括设备总投资成本和运行维护成本，计算公式如下所示。

$$A = C_{cap} \frac{i(1+i)^{n_a}}{(1+i)^{n_a}-1} + M$$

式中：A 为总成本的等年值；C_{cap} 为总投资成本（万元）；M 为年运行维护成本，万元；i 为贴现率；n_a 为回收年限。本文中 $i = 0.05$，$n_a = 20$ 年。

设备投资成本：设备总投资成本 C_{cap} 包括风电机组、换流站、变电站、输电海缆、碱性电解槽、氢气压缩机、集装管束箱、氢气管道、船舶等设备的采购成本及海上设备的平台建设成本。这里不考虑每个系统中均有的风电机组及海上升压站成本。设备投资成本模型如下所示。由于系统中设备不一样，具体到每个系统的设备投资成本模型稍有不同。

$$C_{cap} = C_{cable} + C_{on-sub} + C_{off-conv} + C_{elec} + C_{compr} + C_{box} + C_{ship} + C_{pip}$$

式中：C_{cable}、C_{on-sub}、$C_{off-conv}$、C_{elec}、C_{compr}、C_{box}、C_{ship}、C_{pip} 分别为电缆、陆上变电

站、海上换流站、碱性电解槽、氢气压缩机、集装管束箱、船舶和管道的投资成本（万元）。

年运行维护成本：运行维护成本主要考虑系统中设备维护成本、损耗成本及运行成本。系统各部分的年维护成本可以通过投资成本乘以年维护费率得到，将系统各部分维护成本相加即可得到风电系统的年维护成本。系统年运行维护成本模型如下所示。根据系统中不同设备，具体到每个系统的年运行维护投资成本模型稍有不同。

$$M = C_{cable}m_{cable} + C_{on-sub}m_{on-sub} + C_{off-conv}m_{off-conv} + C_{elec}m_{elec}$$
$$+ C_{compr}m_{compr} + C_{box}m_{box} + C_{ship}m_{ship} + O_{ship} + L_{cable} + L_{pip}$$

式中：m_{cable}、m_{on-sub}、$m_{off-conv}$、m_{elec}、m_{compr}、m_{box}、m_{ship} 分别为电缆、陆上变电站、海上换流站、碱性电解槽、氢气压缩机、集装管束箱和船舶的年维护费率；O_{ship} 为船舶年运行油耗成本（万元）；L_{cable}、L_{pip} 分别为电缆、管道年损耗成本（万元）。

由于各系统中电力电子变换器的损耗相同，本文忽略电力电子变换器的损耗，只考虑传输部分损耗。海上风电经交流或直流传输岸上制氢系统传输损耗分别指海底交流电缆或直流电缆传输损耗，年损耗费用等于年损耗电量乘以海上风电上网电价。电缆年损耗成本模型如下所示。

$$L_{cable} = p_{tariff} \times P_{cable} \times t$$

式中：P_{tarrif} 为海上风电上网电价（万元）/ 兆瓦时；P_{cable} 为交流电缆或直流电缆损耗，兆瓦；t 为风电场年利用小时数（h）。

（2）三种海上风力发电制氢方案经济性对比分析

本文以总装机容量为 300 兆瓦的某海上风电场为例，对海上风电岸上制氢、海上平台制氢及船舶运氢和海上平台制氢及管道输氢 3 种方案，分别在离岸距离 25、50、75 千米下进行经济性分析。成本估算数据基于市场调研及相关文献资料。各系统中各设备功率均按风电场额定功率配置。

海上风电场年发电量参考大丰 300 兆瓦海上风电项目，预计年发电量 7.97×10^8 千瓦时。电解生产并压缩 1 立方米氢气需耗能 5.15 千瓦时。根据年发电量及电解生产氢气所需能耗，可计算出 1 年产氢量为 1.55×10^8 立方米。

海上风电岸上制氢系统中岸上制氢站在靠近海边不远处，因此忽略海上升压站和陆上变电站间的一段陆上电缆，将其全部当作海底电缆处理。海上风电岸上制氢、海上平台制氢及船舶运氢和海上平台制氢及管道输氢方案中，海上风电场与海上升压站间的海底电缆连接方式及距离和海上升压站相同，因此本文不考虑这几部分的设备成本、维护成本和损耗成本。为对比三种方案的经济性，海上平台制氢及管道输氢和海上平台制氢及船舶运氢方案中，氢气运输上岸的运氢中转站与海上风电岸上制氢系统中岸上制氢站位置相同。根据文献调研结果，系统中各设备年维护费率如表 2-42 所示。此外碱性电解槽、氢气压缩机、集装管束箱总成本较低，年维护费率按 1% 估算。

表 2-42　各设备年维护费率

设备	年维护费率（%）
交流电缆	1.2
陆上变电站	1
海上换流站	2
直流电缆	0.5
船舶	0.2

1）海上风电岸上制氢方案成本分析

海上风电岸上制氢方案的经济参数如表 2-43 所示。其中交流电缆成本是考虑无功补偿后的成本。根据交能网统计数据，2018 年每座加氢站成本为 0.12 亿元，氢气压缩机成本占 42%，计算出氢气压缩机成本为 504 万元。

表 2-43　海上风电岸上制氢经济参数

系统构成	费用构成	费用
交流电缆	设备	887 万元 / 千米
陆上变电站	设备 + 安装	（43.47+5.22）万元 / 兆瓦
海上换流站（220kV）	设备 + 安装	（220+77）万元 / 兆瓦
直流电缆	设备	550 万元 / 千米
陆上换流站（220kV）	设备 + 安装	（220+26.4）万元 / 兆瓦
碱性电解槽	设备 + 安装	（201+24.1）万元 / 兆瓦
氢气压缩机	设备	504 万元 / 台
集装管束箱	设备	120 万元 / 个

当前我国已竣工的海上风电场项目相对较少，施工设备、施工队伍单一且施工经验不足。陆上风电的基础施工和机组安装费用占总投资额约为 10%，海上风电基础施

工和机组安装占总投资额的 35% 以上。陆上碱性电解水设备安装成本以设备价格的 12% 计。参考上述安装成本，本文陆上设备安装成本按设备价格的 12% 估算，海上设备安装成本按设备价格的 35% 估算。存储氢气的集装管束箱，以南亮压力容器技术（上海）有限公司生产的 TT11-2140-H2-20-I 型为例，其额定质量为 33.2 吨，工作压力为 20 兆帕，每次可充装体积为 4164 立方米，价格为 120 万元 / 台。根据年产氢量可计算出所需集装管束箱为 37 224 个，平均每天需要 102 个集装管束箱。海上风电经交流或直流输电岸上制氢系统中，岸上存储氢气的集装管束箱个数按 102 个配置。根据表 2-43 中数据，海上风电经交流和直流输电岸上制氢系统对应不同离岸距离的固定资产成本分别如表 2-44、表 2-45 所示。风电场年利用小时数取 4000 小时，海上风电上网电价取 0.061 万元 / 兆瓦时。

　　根据经济性模型及以上数据，可计算出海上风电岸上制氢系统的各部分成本。海上风电经交流输电岸上制氢系统年成本构成分别如图 2-36、图 2-37 所示。从成本构成可以看出，系统成本主要集中在固定资产成本上，维护成本和损耗成本占比相对较小。随离岸距离增大，两个系统中总成本均增大，其中交流输电系统中固定资产成本及年损耗成本增长幅度最大直流输电系统中固定资产成本较大，交流海缆输电系统损耗比直流输电系统损耗大。

表 2-44　海上风电经交流输电岸上制氢系统投资成本

离岸距离（千米）	投资成本（万元）					
	交流海底电缆	陆上变电站	陆上换流站	碱性电解槽	氢气压缩	集装管束箱
25	22 175					
50	44 350	14 607	73 920	67 530	504	12 240
75	66 525					

表 2-45　海上风电经直流输电岸上制氢系统投资成本

离岸距离（千米）	投资成本（万元）					
	直流海底电缆	海上换流站	陆上变电站	碱性电解槽	氢气压缩	集装管束箱
25	13 750					
50	27 500	89 100	14 607	67 530	504	12 240
75	41 250					

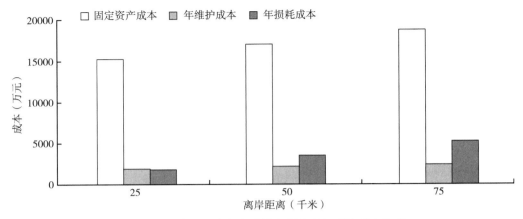

图 2-36 海上风电经交流输电岸上制氢系统成本构成

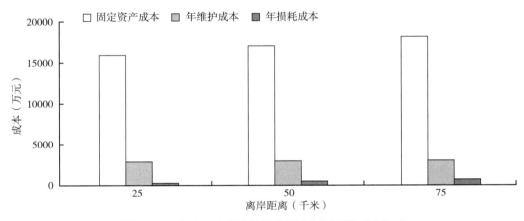

图 2-37 海上风电经直流输电岸上制氢系统成本构成

2）海上平台制氢及管道输氢方案成本分析

海上平台制氢及管道输氢方案的经济参数如表 2-46 所示。目前我国已经有多条输氢管道，其中巴陵—长岭氢气输送管道单位投资成本为 456 万元 / 千米，济源—洛阳氢气输送管道单位投资额为 616 万元 / 千米，取均值为 536 万元 / 千米。一般海洋管道成本与同距离、同规模的陆地管道相比，高出 40% ~ 70%，本文取中间值 55%。根据上述数据，估算出海底氢气管道费用为 831 万元 / 千米。

表 2-46　海上平台制氢及管道输氢经济参数

系统构成	成本构成	费用
海上换流站（33kV）	设备 + 安装	（200+70）万元 / 兆瓦
碱性电解槽	设备 + 安装	（201+70.35）万元 / 兆瓦

系统构成	成本构成	费用
氢气压缩	设备	504 万元 / 台
气氢运输管道	设备	831 万元 / 千米

海上风电场中设备和安装需要考虑台风、防腐等因素，因此其设备费及安装费和陆上相比均有增加。但目前没有针对海上制氢的碱性电解槽成本数据，本文海上电解槽设备成本参考岸上电解槽成本，仅考虑安装成本差异。根据表 2-46 数据，海上平台制氢及管道输氢方案对应不同离岸距离的固定资产成本如表 2-47 所示。

表 2-47　海上平台制氢及管道输氢系统投资成本

离岸距离（千米）	固定资产成本（万元）			
	海上换流站	碱性电解槽	氢气压缩	氢气管道
25				20 775
50	81 000	81 405	504	41 550
75				62 325

海上平台制氢及管道输氢方案中氢气管道年维护费用为 2.5 万元 / 千米，年平均能量损失为 1.4 万元 / 千米。根据经济性模型及以上数据，可计算出海上平台制氢及管道输氢系统的各部分成本，如图 2-38 所示。从成本构成可以看出，系统成本主要集中在固定资产成本上，维护成本较小，损耗成本可忽略不计。随离岸距离增大，各组成成本均增大，其中固定资产成本幅度最大，维护成本和损耗成本增长可忽略不计。

3）海上平台制氢及船舶运氢方案成本分析

海上平台制氢及船舶运氢方案的经济参数如表 2-48 所示。氢气运输船舶采用集装箱船舶。2019 年单位集装箱（twenty-feet equivalent unit，TEU）船舶造价为 0.67 万美元 /TEU，即 4.6 万元 /TEU，配货毛重为 17.5 吨。由于海上风电岸上制氢系统中每天产氢量需 102 个集装管束箱存储，船舶运氢按每天运输 1 趟计算，也需 102 个集装管束箱。每个集装管束箱的额定质量为单位集装箱船舶配货毛重的 2 倍，因此每个集装管束箱船舶的价格按原本集装管束箱船舶价格的 2 倍计算。根据表 2-48 中数据，海上平台制氢及船舶运氢系统对应不同离岸距离的固定资产成本如表 2-49 所示。

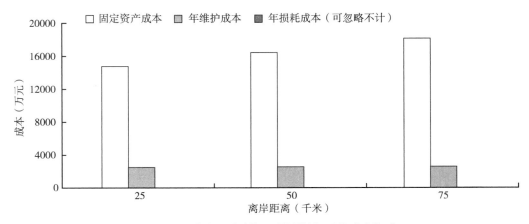

图 2-38　海上平台制氢及管道输氢系统成本构成

表 2-48　海上平台制氢及船舶运氢经济参数

系统构成	成本构成	费用
海上换流站（33kV）	设备 + 安装	（200+70）万元 / 兆瓦
碱性电解槽	设备 + 安装	（201+70.35）万元 / 兆瓦
氢气压缩	设备	504 万元 / 台
集装箱船舶	设备	9.2 万元 /TEU
集装管束箱	设备	120 万元 / 个

表 2-49　海上平台制氢及船舶运氢方案投资成本组成

离岸距离 （千米）	固定资产成本（万元）				
	海上换流站	碱性电解槽	氢气压缩	船舶	集装管束箱
25					
50	81 000	81 405	504	938.4	12 240
75					

　　海上风电制氢及船舶运氢系统中，由于氢气储存在集装管束箱中，船舶运输氢气损耗忽略不计。但船舶存在运行费用，由于船舶耗油量成本与总成本相比很小，这里船舶耗油量参考 2 万吨装箱船舶耗油量，每 100 千米耗油量约 5453L，柴油价格按 7 元 / 升计算。

　　根据经济性模型及以上数据，可计算出海上平台制氢及船舶运氢系统的各部分成本，其成本构成如图 2-39 所示。从成本构成可以看出，系统成本主要集中在固定资产成本上，维护成本较小，运行成本可忽略不计。随离岸距离增大，固定资产成本及维护成本不变，仅运行成本增大。

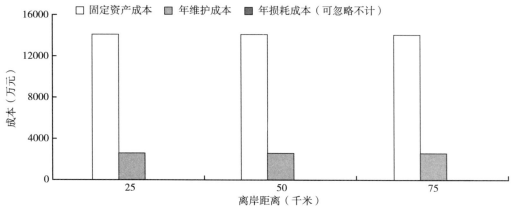

图 2-39　海上平台制氢及船舶运氢系统成本构成

综上，三种方案经济分析对比如下：

综合总投资成本和年运行维护成本，300 兆瓦海上风电场对应的三种不同制氢方案的等年值费用随离岸距离的变化曲线如图 2-40 所示。通过对三种不同制氢技术方案的经济性比较可以看出，基于交流输电系统的海上风电岸上制氢方案随离岸距离增大，等年值费用增长幅度最快，接近 152 万元 / 千米；海上平台制氢及管道输氢方案随离岸距离增大，等年值费用增长幅度接近 70 万元 / 千米；基于直流输电系统的海上风电岸上制氢方案随离岸距离增大，等年值费用增长幅度接近 57 万元 / 千米；海上平台制氢及船舶运氢系统随离岸距离增大，等年值费用变化不大。

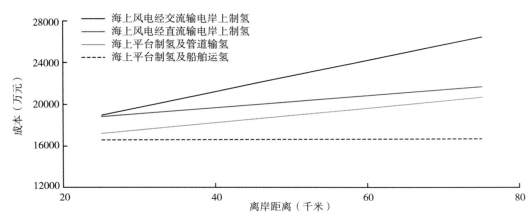

图 2-40　300 兆瓦风电场不同风电制氢系统等年值费用随离岸距离变化

可得出结论：

一是：三种海上风电制氢方案中，海上平台制氢及船舶运氢方案最具经济性且随离岸距离加大，等年值费用基本不变。海上风电岸上制氢方案和海上平台制氢及管道输氢方案随离岸距离加大，等年值费用均不同幅度增加。

二是：海上风电岸上制氢方案中经直流输电系统等年值费用较海上平台制氢及管道输氢方案高。但随离岸距离加大，这两种系统等年值费用差距缩小。离岸距离25千米时，经直流输电系统的等年值费用比海上平台制氢及管道输氢方案高9.5%；离岸距离50千米时，高6.9%；离岸距离50千米时，高4.7%。

5. 案例分析

可再生能源制氢是达成碳达峰目标、实现碳中和愿景的重要路径。海上风电制氢是未来绿氢生产的主力军之一。海上风电制氢作为可再生能源制氢的重要组成部分，具有巨大的市场潜力和广阔的发展前景。考虑了三个设计案例来评估与风力发电厂相关的氢气生产的经济特性。

案例1：分布式制氢：每个风力涡轮机都安装了电解系统，利用浮动结构上直接产生的电力生产氢气。每个涡轮机产生的氢气通过立管和歧管收集在海床上，并通过天然气管道向内陆输送。

案例2：集中式制氢：在风力发电厂附近安装大型电解系统的海上平台，收集产生的电力生产氢气，并通过天然气管道将其输送到内陆。

案例3：陆上制氢：在风力发电厂附近安装一个海上变电站，电压增加到足以将电流输送到内陆并通过高压电缆传输。这是海上风力发电厂的常见传输系统。

（1）平准化成本模型

$$\text{LCOH} = \frac{\sum_{t=1}^{n} \dfrac{(C_{\text{CAPEX}} - R_{\text{O}} + C_{\text{OM}} + C_{\text{INT}} + C_{\text{TAX}})}{(1+i)^t}}{\sum_{t=1}^{n} \dfrac{H_t}{(1+i)^t}}$$

式中，LCOH 表示平准化制氢成本，元/千克；C_{CAPEX} 表示初始投资（包括海上风电场与电解槽等资本投入），元；R_{O} 表示固定资产残值，元；C_{OM} 和 C_{INT} 分别表示第 t 年的运营成本和利息成本，元；t 表示项目运营时间，年；i 表示折现率（一般取值5% ~ 8%）。

（2）关键性指标（表 2-50）

表 2-50　成本测算参数

项目	单位	分布式	集中式	陆上
初始投资（万元）	风力涡轮机	145 600	145 600	145 600
	浮动结构	132 600	132 600	132 600
	系泊系统	8299.2	8299.2	8299.2
	电缆	12 600	12 600	12 600
	安装	58 531.2	58 531.2	58 531.2
	电解系统	118 272	98 784	98 784
	天然气管道	29 925.7	26 933.2	—
	高压电缆	—	1411.2	14 112
	海上平台	—	12 544	19 600
	基础设施安装	126	11 920.3	33 398.4
	施工期间保险	5532.8	5532.8	5532.8
	其他	511 149	51 496.9	52 906
运营成本（万元/年）	涡轮机和浮动结构	4368	4368	4368
	电解系统	2365.3	1975.4	1975.4
	海上平台	—	125.3	196
	天然气管道	126	113.4	—
	高压电缆	—	16.8	168
分解成本（万元）	涡轮机和浮动结构	40 971.7	40 971.7	40 971.7
	海上平台	—	10 192	10 192
	天然气管道	12.6	11.2	—
	高压电缆	—	240.1	2398.9
产氢率（千克/年）		11 095 699	11 063 076	10 780 248
LCOH（元/千克）		42.29	47.49	49.44

　　分布式案例的制氢设施建设成本高于其他两种案例，但由于它不需要海上平台或高压电缆，因此投资成本最低。同样，集中式外壳最大限度地减少了高压电缆的使用，也具有相对较低的 LCOH。由于海上变电站和电缆的影响，陆上案例的成本更高。但比起可再生能源制氢成本，海上风电制氢成本完全不具有经济优势。海上风电制氢各环节成本占比如图 2-41 所示：

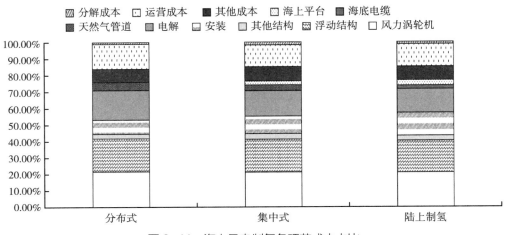

图 2-41　海上风电制氢各环节成本占比

（3）盈利性测算

海上风电制氢的主要产品为氢，氢气售价按 40 元 / 千克，运行期为 20 年，固定资产残值率为 3%。

测算得分布式的内部收益率为 –2%，静态投资回收期为 24.95 年；集中式的内部收益率为 4.57%，陆上制氢的内部收益率为 5.4%（表 2–51）。海上风电制氢经济性整体不超过基准收益率（8%）的主要原因在于制氢设施的投资成本高且售氢价格偏低。

表 2-51　氢气售价及政府补贴对盈利能力的影响

类别	售氢价格 （含政府补贴，元 / 千克）	30	40	50	60	70	80
分布式	IRR	–4%	–2%	0%	1%	3%	4%
	静态回收期	29.78 年	24.95 年	21.51 年	18.93 年	16.93 年	15.32 年
集中式	IRR	0%	3%	5%	6%	8%	10%
	静态回收期	20.52 年	17.24 年	14.90 年	13.15 年	11.79 年	10.71 年
陆上	IRR	0%	2%	4%	6%	8%	9%
	静态回收期	20.97 年	17.64 年	15.25 年	13.47 年	12.08 年	10.97 年

当未来碳市场交易逐步落实，绿氢将在碳市场交易中进一步获取收益（表 2-52）。氢气价格设定为 40 元 / 千克。

表 2-52 碳市场收益对盈利能力的影响

类别	碳市场收益（元/千克）	1	1.5	2	2.5	3	3.5
分布式	IRR	1%	1%	1%	1%	1%	1%
	静态回收期	19.93 年	19.76 年	19.50 年	19.43 年	19.27 年	19.11 年
集中式	IRR	3%	3%	3%	3%	3%	3%
	静态回收期	16.97 年	16.84 年	16.71 年	16.58 年	16.41 年	16.33 年
陆上	IRR	2%	3%	3%	3%	3%	3%
	静态回收期	17.36 年	17.23 年	17.10 年	16.97 年	16.84 年	16.72 年

二、电网侧可再生能源电制氢——氢储能发电

氢储能技术，就是将富余的电力用于制造可长期储存的氢气，然后在常规燃气发电厂中燃烧气体发电，或用燃料电池进行发电用于交通、热电联供等场景。换句话说，就是利用富余的、非高峰的或低质量的电力来大规模制氢，将电能转化为氢能储存起来，然后再在电力输出不足时利用氢气通过燃料电池或其他方式转换为电能输送上网，发挥电力调节的作用。

不仅如此，氢储能作为一种清洁、高效、可持续的无碳能源存储技术，还具有其他储能技术无法比拟的优势。

（1）实现长时储能。在新能源消纳方面，氢储能在放电时间（小时至季度）和容量规模（百吉瓦级别）上的优势比其他储能明显。采用化学链储氢，氢能以化学链的形式储存，转化效率可达到约 70%，储能时长可以年计，采用固态储氢、有机液态储氢等方式，储能时长可按月计。

（2）突破地理限制，实现生态保护。相较于抽水蓄能和压缩空气储能等大规模储能技术，氢储能不需要特定的地理条件且不会破坏生态环境。

（3）规模储能经济性强。随着储能时间的增加，储能系统的边际价值下降，可负担的总成本也将下降，规模化储氢比储电的成本要低一个数量级。

（4）储运方式灵活。氢储能可采用长管拖车、管道输氢、天然气掺氢、特高压输电–受端制氢和液氨等方式，不受输配电网络的限制，从而实现大规模、跨区域调峰。

（5）液态氢能量密度大。液态氢能量密度为 143 兆焦耳/千克，可折算为 40 千瓦时/千克，约为汽油、柴油、天然气的 2.7 倍、电化学储能（根据种类不同，在 140 兆焦耳/千克）的百倍，氢储能是少有的能够储存百吉瓦时以上的方式。

1. 度电成本模型

对于氢储能而言，全寿命周期成本包括资本性支出成本、运维成本、贷款利息和税收成本。

$$C_{LCC} = C_{CAPEX} + C_{O\&M} + C_{FIN} + C_{TAX}$$

根据全寿命分析成本和氢储能类型发电量，根据公式：

$$LCOS = \frac{\sum_{t=1}^{n} \frac{(C_{CAPEX} + C_{OM} + C_{FIN} + C_{TAX})}{(1+i)^t}}{\sum_{t=1}^{n} \frac{P_E}{(1+i)^t}}$$

式中，P_E 表示发电量，i 表示折现率，设为 8%，可得出氢储能的度电成本，为 2.95 元/千瓦时。

2. 关键性指标（表 2-53）

表 2-53　氢储能参数

项目	取值	项目	取值
储能电站功率（兆瓦）	50	功率成本（元/瓦）	0.15
储能电站容量（兆瓦）	100 000	容量成本（元/瓦）	0.05
电解效率	65%	放电效率	40%
系统循环次数	6000	评估年限（年）	20
每年放电循环次数	2	固定资产折旧年限（年）	20
贷款比例	70%	贷款利率	4.9%
贷款年限（年）	20	系统年衰减率	2%
固定资产残值率	3%	增值税率	16%
所得税率	25%	谷时充电电价（元/千瓦时）	0.25
峰时电价（元/千瓦时）	1.5	折现率	8%

3. 盈利性测算

储能电站跨季节套利收益计算如式所示：

$$E_W = Q \cdot DOD \cdot (\eta^{dis} p^{dis} - \eta^{ch} p^{ch})$$

式中，E_W 为储能电站一个季度内的高峰低谷电价差套利收益（元）；Q 为储能电站的容量（千瓦时）；DOD 为储能电站的充放电深度（％）；p^{dis}、p^{dis} 分别为 t 时刻的充电与放电价格（元/千瓦时）；η^{dis}、η^{ch} 分别为储能电站的放电和充电效率（％）。

假设配套 50 兆瓦/10 万兆瓦时氢储能系统，充电使用弃风弃光电力，即当谷时电价为 0 元/千瓦时、峰时电价为 1.5 元/千瓦时，项目资本金 IRR 为 –7.3%，项目静态回收期 45.15 年（表 2–54）。

表 2–54 氢储能峰谷套利价差变动对盈利性的影响

峰谷价差	1	1.5	2	2.5	3	3.5
IRR	–10.26%	–7.3%	–5.01%	–3.09%	–1.41%	0.09%
静态回收期	67.52 年	45.15 年	34.04 年	27.39 年	22.97 年	19.82 年

假设氢储能发电每年减少碳排放量为 100 万吨，未来按照碳市场交易规则可获得 CCER 收益，内部收益率及静态回收期变化见表 2–55。

表 2–55 CCER 交易价格对盈利能力的影响

CCER 交易价格（元/吨）	15	30	45	60	75	90
IRR	–6.39%	–5.54%	–4.75%	–4.01%	–3.31%	–2.65%
静态回收期	40.2 年	36.25 年	33.03 年	30.34 年	28.07 年	26.13 年

三、负荷侧可再生能源电制氢

氢气质量能量密度是汽柴油的 3 倍以上，是车用液化气（liquefied petroleum gas，LPG）和压缩天然气（compressed natural gas，CNG）的 2 倍以上。但由于氢气的比重小，气态氢气的体积能量密度不到 LPG 的 1/8 和天然气的 1/3，液态氢气的体积能量密度不到汽、柴油的 1/3，LPG 和天然气的 1/2。作为能量的载体，体积能量密度的大小，直接影响存储和运输的经济性和碳排放。氢气的运输方式包括压缩氢气输送、氢气专用管道输送、液化氢气输送、液体有机物氢载体输送、金属合金储氢输送等方式，前三种是目前采用的方式，后两种目前还未推广应用。

目前，在氢气的制取、储存和运输、加注这三个氢能供应的主要环节中，储存和运输环节占总成本的 35%～55%，占比最大。因此，从降低氢能利用的成本角度，降低氢气的储存和运输成本是关键。从减少二氧化碳排放的角度考虑，氢气的储运过程伴随着大量的能量消耗，能量消耗意味着二氧化碳排放，即储运过程二氧化碳的排放量大，会削弱氢能应用的二氧化碳减排效果。因此，取消氢气运输过程的分布式就地制氢不仅可以节约成本，还可以大幅降低氢气的压缩和运输带来的二氧化碳排放量。现有的分布式就地制氢主要用于需求侧，其耦合方式包括可再生能源制氢 – 加氢站一体化、可再生能源制氢合成氨或合成甲醇以及天然气管道沿线本地制氢等。

本节重点对可再生能源制氢与加氢站耦合场景进行介绍，并建立了成本模型，列出了关键性指标，进行了盈利性测算。

（一）可再生能源制氢与加氢站耦合

交通运输领域是二氧化碳排放的主要贡献者之一，2017 年占全球二氧化碳排放量的 25%。在中国，2019 年交通运输约占二氧化碳排放总量的 10%。因此，绿色交通是未来的主要发展趋势。为了进一步推动电动汽车和氢燃料电池汽车的快速发展，许多国家都制定了减少甚至禁止销售燃油汽车的计划，如挪威、荷兰和英国等国家。同时，世界主要国家也制定了电动汽车和氢燃料电池汽车的短期目标。例如，到 2030 年，中国预计有 6600 万辆私人电动汽车和 100 万辆氢燃料汽车。

按照氢气来源分类，目前加氢站主要包括两种形式，分别为外部供氢型和内部制氢型，如图 2–42、图 2–43 所示。外部供氢型加氢站的氢气主要由外部长管拖车或者管道输送，而内部制氢型加氢站氢气源于加氢站内部产生。

目前，我国加氢站主要依靠长管拖车进行氢气运输，受设备影响，存在氢气运输能力低、成本高、装卸时间长且综合能效低等问题。

在加氢站建造中，一方面可以通过选址新建加氢站，另一方面可以在原有加油站基础上进行改造升级构建混合合建站。根据中国氢能联盟的数据，我国加氢站建设投资较大，其中设备成本占到 70%。不含土地费用，国内建设一座日加氢能力 500 千克、加注压力为 35 兆帕的加氢站需要约 1200 万元，相当于传统加油站的 3 倍。此外，由于城区用地极为紧张，难以提供更多的场地新建加氢站。而全国加油站众多，遍布全国各地，且基础设施完善，因此在对现有的加油站进行改造，并将分布式可再生能源、储能单元、制氢单元以及加氢装置耦合一起，构建含有油 – 电 – 氢的分布式交通能源服务系统是一种更加合理的解决方案。

可再生能源制氢 – 加氢耦合一体化是一种新型模式，该方案无须外部输运氢气，有助于降本增效。与此同时，由国家发展改革委、国家能源局推出的氢能产业发展中长期规划（2021—2035 年）也提到，要坚持需求导向，统筹布局建设加氢站，有序

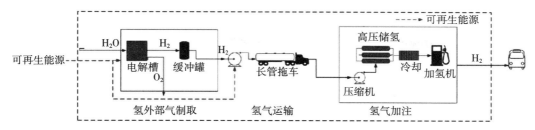

图 2-42　外部供氢型加氢站的典型运营方式

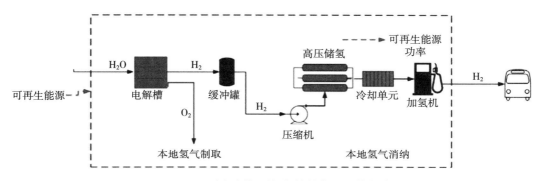

图 2-43　内部制氢型加氢站的典型运营方式

推进加氢网络体系建设。坚持安全为先，节约集约利用土地资源，支持依法依规利用现有加油加气站的场地设施改扩建加氢站。鼓励在燃料电池汽车示范线路等氢气需求量集中区域，布局基于分布式可再生能源或电网低谷负荷的储能 / 加氢一体站，充分利用站内制氢运输成本低的优势，推动氢能分布式生产和就近利用。综合上述因素，无论从经济层面还是从政策层面，未来站内本地制氢、储氢和加氢一体化的加氢站新模式将成为主要趋势。

可再生能源制氢 – 加氢一体化系统的典型结构如图 2-44 所示。

可再生能源制氢 – 加氢站可以分为交流架构和直流架构。在交流组网系统中，风电、光伏、储能、电动汽车充电桩、制氢电源等电气装备通常需要两级能量转换，显著提升了设备成本，同时也降低了系统整体效率。此外，在控制层面上不仅需要交流母线电压还需要控制频率。而对于可再生能源制氢 – 加氢站直流组网系统，风电、光伏、储能、充电桩、制氢电源等设备仅需要一次变换即可以汇入直流母线，从而降低了设备投资成本，提高了系统效率，且控制对象为直流母线电压，简化了控制环节，因此可再生能源制氢 – 加氢站采用直流组网是一种更加高效耦合方式。

分布式"绿电制氢"虽然能够实现二氧化碳零排放，但也带来了新的问题。

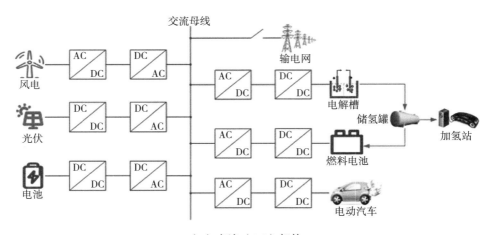

（a）交流（AC）架构

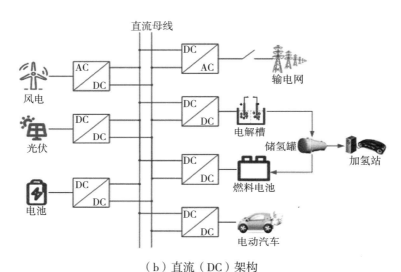

（b）直流（DC）架构

图 2-44　制氢 - 加氢站一体化典型结构

　　一是选址受天气影响限制。风力发电和光伏发电需要有相应的资源条件，在风力资源和太阳能资源匮乏的地区难以实现分布式的"绿电"生产，因此可再生能源制氢 - 加氢融合系统将受到地理限制。

　　二是需配置储能系统。风力发电和光伏发电受气象条件影响较大，输出功率具有随机性和间歇性，因此需要配置相应的储能系统，充分结合电网和储能保证产氢的连续性。

　　三是投资较高。可再生能源制氢 - 加氢站除了制氢成本以外，还需要投资资金用于风光储等配套单元建设，因此投资成本可能大于甚至远大于加氢站本身的投资。

因此，未来分布式可再生能源制氢 – 加氢站需要解决选址、储能配置和投资等问题。

1. 成本模型

假设加氢站为现场制氢，制氢方式采用可再生能源制氢。模型根据各类加氢站的设计标准将成本分为 4 部分，包括：建设成本、运营成本、运输成本以及原料成本。

$$C_a = C_d + C_{OM} + C_T + C_M$$

$$C_H = \frac{C_a}{S_H}$$

式中，C_a 表示加氢站年均成本，C_d 表示年折旧成本，C_{OM} 表示年运营成本，C_T 表示运输成本，C_M 表示使用原料成本，C_H 表示氢使用成本，S_H 表示加氢站年销售氢气量。

2. 关键性指标

根据设定，加氢机设置在室外，根据标准设定一定数量的干粉灭火器，制氢加氢一体站建设成本构成符合技术标准。从表中可知，在现场制氢加氢站中，制氢装置成本的占比很大（表 2-56）。对于现场制氢加氢站，在相同供氢能力下，获得便宜的电力是降低现场制氢加氢站成本的关键。

表 2-56　加氢站建设成本组成

项目	可再生能源制氢
制氢装置成本（万元）	20 000
压缩机成本（万元）	435
储氢瓶及加氢系统成本（万元）	406
其他设备成本（万元）	500
安装成本（万元）	250
土地和土地建设成本（万元）	347
全部建设成本（万元）	4686

3. 盈利性测算

站内制氢厂加氢站增加了制氢投资，制氢采用电解水制氢，减少了氢气运输成本，整体来看氢气加注价格有一定优势，假设加氢站日加注能力约为 1000 千克，储氢压力为 45 兆帕，加氢压力为 35 兆帕，寿命为 20 年，制氢厂除供给加氢站的氢气外，多余氢气仍可对外售卖。加氢站加氢价格为 30 元 / 千克，政府补贴 20 元 / 千克，单独售卖氢气为 30 元 / 千克，测算加氢站得 IRR 为 6%，静态回收期为 11.05 年（表 2-57）。

表 2-57　氢气售价及政府补贴对盈利能力的影响

售氢价格 （含政府补贴，元 / 千克）	30	40	50	60	70	80
IRR	3%	18%	31%	43%	55%	67%
静态回收期	15.08 年	5.25 年	3.18 年	2.28 年	1.78 年	1.46 年

（二）可再生能源制氢与化工园区耦合

根据前面分析可知，氢气的储运成本较高，而化工园区对氢气需求较大，利用外部氢气将会显著增加化工原料的成本，而在化工园区附近或站内配置可再生能源与制氢装备，构建分布式可再生能源就地制氢—储氢—制氨（制甲醇），这种一体化新模式有助于降本增效。

可再生能源制氢与化工园区耦合系统的典型结构如图 2-45 所示。系统内包括风电机组、燃气轮机、电解槽、碳捕集、储氢罐以及储氧罐。发电侧风能和液化天然气作为能量来源，将能量提供给电解槽产生氢气，以满足化工园区用氢需求。其中风电机组为核心供能部分，燃气轮机在富氧燃烧下辅助供能，排放的二氧化碳被碳捕集设备捕获，如果存在电力富余将转化为氢能存储在储氢罐中。

可再生能源制氢与化工园区耦合系统相较于传统化工，在原理、装置等并无本质不同。其主要区别在于原料氢供应的波动性、间歇性，故要求新增深度变负载、生产—备用快速切换等能力。此外，化工侧灵活性提升、消纳波动性绿氢还可大幅降低电气侧调节负担，节约配套储能成本，提高整体经济性，并为参与电力平衡调控奠定基础。可再生能源制氢与化工园区耦合新型系统需要解决以下技术挑战。

一是化工合成柔性负荷调控潜力挖掘。受绿氢化工消纳新能源的需求牵引，学界逐步开展了化工合成柔性调控方面的研究。传统化工强调"安稳长满优"（安全、稳定、长周期、满负荷、效益优），故操作方式为长期（通常在数月以上）保持满负荷、操作量基本平稳的"刚性"生产模式。但在当前绿氢化工研究快速推进、示范工程批量落地的背景下，学界普遍认为合成氨、甲醇等需具备柔性负载调控能力。

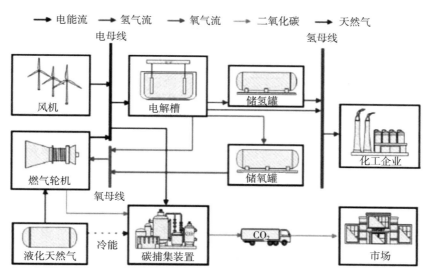

图 2-45　可再生能源制氢与化工园区耦合系统的典型结构

其负载下限由反应器热平衡和催化剂活性范围决定，理论下限 20%；若采取辅热保温措施，则可在无原料氢供应、合成反应停止时维持反应器温度，实现热备用以适应绿氢供应的间歇性。以合成氨为例，由于合成塔热惯性较大，对于分钟级电力波动导致的原料输入不平稳，需设置原料气和产物储罐缓冲；对于小时级以上波动，则能在保证安全的前提下调节负载，但需提升自动化控制水平予以实现。此外，受变负载操作下温度、压力波动影响，合成塔、压缩机、循环回路、储罐等设备将承受更大的疲劳载荷，需在工艺设计、设备选型时加以考虑。需综合上述因素，挖掘化工合成柔性负荷调控潜力，为可再生能源制氢 – 化工园区耦合系统调控提供支撑条件。

　　二是化工合成柔性调控能力提升技术。化工合成柔性调控能力提升的关键难点在于变负载生产过程中维持适宜的反应器、催化剂温度。目前，从合成反应条件及催化剂、柔性过程控制两方面开展研究，具体评述如下：①合成反应条件及催化剂。催化剂直接影响反应能垒，决定反应所需温度、压力，对能耗、灵活性影响显著。一方面，研发新型催化剂降低温度和压力要求，可拓宽负载范围、降低能耗。另一方面，热惯性是大型合成装置负载调控的主要约束，低温度、压力需求下装置启停更快，更好地适应绿氢流量波动。②柔性过程控制。为避免绿氢供应波动下变负载操作导致失温 / 失压、超温 / 超压等安全问题，需通过先进过程控制（advanced process control，APC）动态调整空分、压缩、循环、换热等操作量，在催化剂活性范围和设备安全边界内卡边操作，提升负载可调范围和能量效率。亟须针对绿氢化工过程建立多稳态柔性生产工艺，开发柔性控制技术。

三是面向电力平衡调控的绿氢化工协调控制技术。由于电力平衡调节时间尺度为秒级到分钟、小时级，化工负载调节时间则长达数小时至数天，且受向氨、醇下游用户供应化工产品的长期产量约束，二者之间存在跨时间尺度的物质（物料组分）和能量（电能、温度、压力）平衡匹配问题。以往电氢耦合系统相关研究主要关注电—氢转换的能量平衡，但对于"源—网—绿氢—化工"耦合系统的质能平衡匹配尚存空缺之处。为此，需厘清多工段之间的质能平衡机理，研究绿氢化工系统的负荷灵活性量化方法，刻画过程安全前提下的可调度能力，进而提出"源—网—绿氢—化工"协同控制技术，明晰并、离网条件下参与电力平衡调节的可行性、经济性。

四是可再生能源制氢—制氨/制甲醇运行调控系统软件开发。为满足工程应用需求，需要综合考虑园区内硬件设备静动态特性以及运行约束条件等，开发可再生能源制氢–制氨/制甲醇能量管理与运行调控系统。运行调控平台则需负责绿氢化工系统各工段的监测与调控，应满足以下需求：①支持开停车、升降负荷等常规调度操作；②支持新能源消纳、电网平衡调控的动态操作，实现多时间跨度的生产模拟。对于前者，需要分析各工段在不同指令下的操作步骤。对于后者，需解决并、离网状态下绿氢化工的灵活性量化难题。

（三）无人海岛分布式可再生能源制氢系统

在无人海岛地区建设气象海况监测设备、无人值守边防站等基础设施时，电力供应难以做到完全不依靠外界输入能源，实现自身可持续发电供能是一直困扰其潜力开发的主要难题。由于负荷小、离岸远，通常采用光伏发电、风力发电和波浪能发电等设备配合储能系统以及应急柴油发电机构建无人海岛微网系统。在实际使用过程中，可再生能源不能全天候满足设备可靠供电，还需要定期上岛补充柴油燃料，不仅存在污染，其保障工作要求同样严苛。

海岛周边可再生能源丰富，在海岛微网设计中可以因地制宜开发绿色能源。在海岛微网设计方案中，部署制氢及储氢设备，结合氢内燃机和燃料电池替代柴油机，可以实现无人海岛微网零碳绿色发电，通过氢气替代柴油燃料，能够解决燃料成本高、燃料补给受极端天气影响困难以及柴油发电产生碳排放和环境污染等问题。无人海岛分布式可再生能源就地制氢系统典型结果如图 2-46 所示。在无人海岛上配置风光可再生能源、波浪能发电单元、储能单元、制氢单元、储氢单元、燃料电池以及氢内燃气，构建无人海岛独立微网。利用可再生能源和波浪能配合储能系统实现就地制氢，所产生的氢气一方面存储在储氢罐，另一方面作为燃料电池以及氢内燃气的燃料实现发电，确保无人海岛上关键电气设备长时稳定可靠运行。

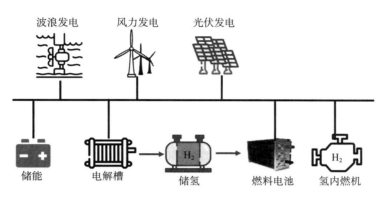

图 2-46　无人海岛分布式可再生能源就地制氢

为了确保无人海岛分布式可再生能源就地制氢系统长期稳定运行，需要研究可再生能源直接电解海水制氢技术、孤岛微网多单元协同控制与能量管控技术。

（四）工商业园区／家用热–电–氢联供系统

电解水制氢和燃料电池发电效率较低，主要原因在于大部分能量转换为热能，而热能未得到有效利用。若能够充分利用制氢和燃料电池发电所产生的热能，实现热–电–氢联供，能够显著提升系统综合效率。在工商业园区、酒店或者居民社区附近构建分布式可再生能源就地制氢系统，将其与园区内部配电网、热网与气网进行深度融合，构建多能源热–电–氢联供系统，实现热–电–氢本地制取本地消纳。热电氢联供系统的典型结构如图 2-47 所示。热–电–氢联供系统内部集成了分布式可再生能源、电化学储能、电解水制氢单元、燃料电池以及多类型负荷。利用分布式可再生能源就地制氢，将所得到的氢气作为燃料，一方面提供给固定式燃料电池发电系统，另一方面提供给园区内氢负荷，如氢燃料电池汽车和大巴。可再生能源电解水制氢和燃料电池发电过程中所产生的热能被回收利用提供给热负荷，如酒店热水、冬季供暖使用等。

集成分布式可再生能源、制氢以及燃料电池的热–电–氢联供系统，具有效率高、噪声低、体积小、排放低等优势，适用于靠近用户的千瓦至兆瓦级的分布式发电系统，能源综合利用效率可高达 85% 以上。从全球发展情况看，日本、美国、韩国

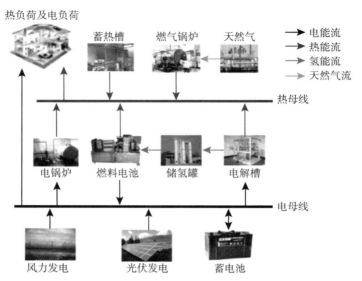

图 2-47　热 – 电 – 氢联供耦合系统

和欧洲在此领域从技术和应用方面均处于世界领先地位。日本为全球小型热电联供最大市场。

在家用方面，日本政府推出了"ENE-FARM"计划，日本松下、爱信精机与东芝都推出了相应的产品，目前已经部署了 40 万套，并提出将在 2030 年推广 530 万套，占日本总家庭的 10%。该产品利用天然气重整产生氢气，作为 PEMFC 的燃料，发电效率可达 39%，热利用效率为 56%，能源综合利用率达到 95%，寿命为 9 万小时以上，不需要特殊维护，在日本属于家用电器。该产品利用燃气重整制取氢气为燃料电池提供燃料，还可以与蓄电池以及屋顶光伏进行适配，进一步提升产品韧性（图 2-48）。

除家用外，日本东芝推出 H_2Rex 系列系统，范围从 700 瓦—3.5 千瓦—100 千瓦，用于零售店和酒店等小型商业应用（图 2-49）。

我国也在积极推进氢能进万家示范项目，国家和相关地方均出台政策支持燃料电池热电联供发展。我国《氢能产业发展中长期规划（2021—2035 年）》提出，因地制宜布局氢燃料电池分布式热电联供设施，推动在社区、园区、矿区、港口等区域内开展氢能源综合利用示范。山东"氢进万家"项目计划通过燃料电池向城市社区供热供暖，建设超过 10 万户的氢能社区，燃料电池热电联供的氢气使用量不低于 1 万吨；北京市提出分布式热 – 电 – 氢联供系统规模 10 兆瓦。佛山市规划 2025 年和 2030 年分布式热 – 电 – 氢联供系统分别为 2 兆瓦和 10 兆瓦。

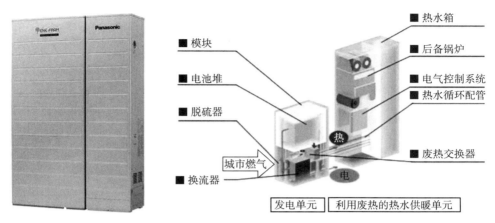

图 2-48 日本松下的燃料电池热电联产家用电器

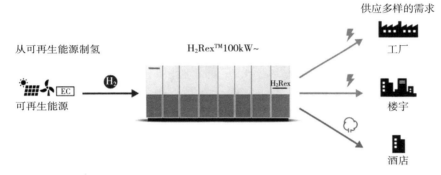

图 2-49 日本东芝的热 – 电 – 氢联供系统 H₂Rex

第五节 可再生能源制氢典型示范工程

根据统计，全球目前运行、建设、规划的制氢工程共计 1400 多项。其中，运行的氢能工程 227 项，制氢总规模约为 400 兆瓦，主要分布在欧洲，以电解水制氢为主，生产的氢气主要用于交通、工业领域。具体情况如表 2-58 所示。

表 2-58 全球氢能示范工程

区域	分布情况	工程类型	规模	技术类型	应用领域
欧洲	德国 182 项	可再生能源制氢、 氢储能电站、 氢热电联供、 分布式电制氢	制氢约 2 万兆瓦、 光伏发电约 35 兆瓦、 风力发电约 1.4 万兆瓦	电解水制氢、 氢储能、燃料电池 + 热电联供	交通、化工、 发电、建筑

续表

区域	分布情况	工程类型	规模	技术类型	应用领域
欧洲	法国 79 项	可再生能源制氢、 氢储能电站、 氢热电联供、 分布式电制氢	制氢约 5500 兆瓦、 光伏发电约 690 兆瓦	电解水制氢、 氢储能、燃料电池 + 热电联供	交通、化工、 发电、建筑
	英国 90 项	可再生能源制氢、 氢储能电站、 氢热电联供、 分布式电制氢	制氢约 7700 兆瓦、 风力发电约 4200 兆瓦	电解水制氢、 氢储能、燃料电池 + 热电联供	交通、化工、 发电、建筑
	西班牙 107 项	可再生能源制氢、 氢储能电站、 氢热电联供、 分布式电制氢	制氢约 1.3 万兆瓦、 光伏发电约 8000 兆瓦、 风力发电约 500 兆瓦	电解水制氢、 氢储能、燃料电池 + 热电联供	交通、化工、 发电、建筑
美洲	美国 114 项	可再生能源制氢、 氢储能电站、 氢热电联供、 分布式电制氢	制氢约 2.2 万兆瓦、 光伏发电约 286 兆瓦、 风力发电约 266 兆瓦	电解水制氢、 氢储能、 燃料电池	交通、工业、 发电
	加拿大 38 项	可再生能源制氢、 氢热电联供、 分布式电制氢	制氢约 800 兆瓦	电解水制氢	交通、工业
亚洲	中国 61 项	可再生能源制氢、 氢储能电站、 氢热电联供、 分布式电制氢	制氢约 1.48 万兆瓦、 光伏发电约 460 兆瓦、 风力发电约 818 兆瓦	电解水制氢、 氢储能、燃料电池 + 热电联供	交通、化工、 发电、 热电联产
	韩国 11 项	可再生能源制氢、 分布式电制氢	制氢约 1400 兆瓦	电解水制氢、 氢储能	交通、化工、 发电
	日本 28 项	可再生能源制氢、 氢热电联供	制氢约 17 兆瓦	电解水制氢、 氢储能	交通、化工
大洋洲	澳大利亚 118 项	可再生能源制氢、 分布式电制氢	制氢约 4.56 万兆瓦、 光伏发电约 2.2 万兆瓦	电解水制氢、 燃料电池	化工、发电
非洲	埃及 17 项	可再生能源制氢	制氢约 1300 兆瓦	电解水制氢	化工

一、海上风电制氢项目

海上风电制氢典型项目主要在国外，且集中在欧洲。北海海域有大量的已建或待建海上风电项目作为支撑，最先进的绿氢全产业链技术在这里持续孵化。

（一）荷兰 NortH$_2$ 项目

荷兰天然气网运营商 Gasunie 公司、荷兰壳牌公司和格罗宁根港务局宣布将联合开发 NortH$_2$ 制氢项目。该项目位于荷兰北部埃姆斯哈文（Eemshaven）近海区域，将通过清洁海上风电制备"绿色氢气"，是截至目前全球规模最大的海上风电制氢项目之一。

荷兰北部地理位置优越，可以成为荷兰和西北欧的绿氢中心。北海具有大规模风能资源，埃姆斯哈文是海上风电与陆地绿氢制取之间的重要纽带。天然气基础设施适合于从北部到荷兰其他地区和西北欧的氢气存储和大规模运输。

预计到 2040 年，NortH$_2$ 项目海上风电最大装机为 1000 万千瓦，可向荷兰及西北欧工业用户提供"绿氢"约 80 万吨，助力荷兰加快碳减排进程。目前 Gasnuie 公司已开发出容量为 1000 千瓦的电解槽，未来还将推出 2 万千瓦大容量电解槽。该项目计划到 2030 年在北海建成 3～4 吉瓦的海上风电场，完全用于绿氢生产，并在荷兰北部港口埃姆斯哈文或其近海区域建设一座大型电解水制氢站；计划到 2040 年实现 10 吉瓦海上风电装机规模和年产 100 万吨绿氢的目标。

（二）德国 AquaVentus 项目

德国 AquaVentus 项目旨在 2035 年就达成 10 吉瓦海上风电装机和年产 100 万吨绿氢的目标。该项目包括了关于海上绿氢"制储输用"全产业链上的多个子项目，其中第 1 个子项目 AquaPrimus 计划于 2025 年在德国赫尔戈兰海岸附近安装 2 个 14 兆瓦的海上风电机组，每台风电机组的基础平台上都安装独立的电解水制氢装置；AquaSector 子项目建设德国首个大型海上氢园区，计划到 2028 年安装 300 兆瓦的电解槽，年产 2 万吨海上绿氢，并通过 AquaDuctus 子项目铺设的海底管道将绿氢输送到赫尔戈兰。

（三）荷兰 PosHYdon 项目

荷兰 PosHYdon 项目是全球首个海上风电制氢示范项目，为了实现海上风电、天然气和氢能综合能源系统的一体化运行，选择海王星能源公司（Neptune Energy）完全电气化的 Q13a-A 平台作为试点，计划安装 1 兆瓦电解槽，验证海上风电制氢的可行性，并将氢气与天然气混合，通过现有的天然气管道馈入国家天然气管网。PosHYdon 项目是全球首个海上制氢项目，其目标不仅是积累在海上环境制氢的经验，还将成为创新电力转气（P2G）和集成技术的测试中心。除了获得海上制氢安装和运行经验，项目还将测试油气分离及处理，多相流管道混合氢气等技术。欧洲 OYSTER

项目在欧盟委员会推出的"燃料电池和氢能联合计划"资助下，开展了将海上风电机组与分布式电解槽直接连接，以及将绿氢运输到岸的可行性研究。该电解槽系统采用紧凑型设计，集成海水淡化和处理工艺并安装在海上风电机组基础平台上。该项目计划于 2024 年底投产。

（四）德国 Westkuste100 项目

德国 Westkuste100 项目于 2020 年从德国联邦经济和能源部获得了 3000 万欧元的资金支持，其目标是通过海上风电制氢使工业、航空、建筑和供暖在未来更加可持续。该项目第 1 阶段计划建造 30 兆瓦电解槽，最终目标是实现包括 700 兆瓦电解槽系统在内的大规模行业耦合。西门子能源牵头一个为期 4 年的 Power-to-X 研究项目，名为"H_2Mare"，旨在研究海上风电就地转化低碳能源的全产业链，具体包含 4 个子项目，其中，OffgridWind 子项目研究海上风电机组，H_2Wind 子项目开发一种适合近海环境并能够适配海上风电机组的 PEM 电解水制氢系统。该项目获得了德国联邦教育及研究部 1 亿欧元的资金支持。

（五）欧洲其他项目

瑞典大瀑布集团 Vattenfall 正在加紧开展名为 Hydrogen Turbine 1（HT1）的海上风电就地制氢示范项目，该项目计划在欧洲海上风电部署中心 B06 号风电机组的过渡段扩展平台上放置长度约 12 米的集装箱，集装箱内安装一套氢电解槽、海水淡化设备以及压缩机，产生的氢气再通过海底管线输送到岸上。该项目预计最早在 2024 年投入运营，运营时间为 8~10 年。挪威 Deep Purple 项目是全球首个漂浮式海上风电制氢项目，旨在利用漂浮式海上风电技术生产绿氢并储存在海底储罐中，从而使用氢燃料电池替代大型燃气轮机，为石油天然气平台提供稳定的可再生电力供应，并为其他行业提供氢气，计划到 2024 年基本实现挪威油气生产的零排放。英国 Dolphyn 项目是目前规模最大的漂浮式海上风电分布式制氢项目，计划在北海开发 4 吉瓦漂浮式海上风电场，拟采用 10 兆瓦机型，每个漂浮式平台都安装单独的电解槽，产生的氢气通过管道外送，不需要海底电缆或海上制氢站。风电机组内部配备足够的备用电源，以保证检修、停机后重启的需求。该项目计划于 2026 年前实现在 10 兆瓦机型上制氢。

二、陆上风电制氢项目

（一）河北沽源风电制氢综合利用示范项目

该项目包括 200 兆瓦风力发电场、10 兆瓦电解水制氢系统以及氢气综合利用系统。风电场装机容量 200 兆瓦，安装 90 台风机；电解水制氢系统分为两期建设：第一期，建设制氢站及年制氢量 280 万标方的 4 兆瓦电解水制氢系统；第二期，建设年制氢量 420 万标方的电解水制氢系统，年制氢能力 1752 万标方。氢气生产后，经压缩送至长管拖车中，每车装载量 200 千克左右。由于安全标准较高、审批手续难度大，并未配备储氢罐。项目总投资 20.3 亿元，其中风电场投资约 15.1 亿元，电解水制氢系统及氢气综合利用系统投资约 5.2 亿元（一期 2.5 亿元，二期 2.7 亿元），电制氢设备成本占比 80%。项目于 2015 年 5 月开工建设，2016 年 10 月 3 日风电场并网运行。2018 年发电利用小时为 2758 小时，风机发电量 5.52 亿千瓦时。制氢站已完成试运行，已具备投产条件。项目计划利用风电场电力自发自用制氢一体，由于审批手续未完成，尚无法使用自有风电场制氢。考虑到电价较高（0.7 元 / 千瓦时左右），以及缺乏氢气销售相关手续，目前处于停运状态。

（二）张家口海珀尔制氢项目

该项目一期总投资 1.13 亿元，主要建设 1 座年产能 1425 吨（4 吨 / 天）氢气的制氢厂，1 座设计加氢能力 18 250 辆车 / 年的加氢站。其中，制氢厂中包含 4 台碱性电解槽，功率 10 兆瓦，成本在 8000 元 / 千瓦左右。整体一期项目已全部实现国产化，相较国外产品故障率较高，但成本低 3~4 倍左右。一期项目于 2020 年 9 月正式投产。采用大电网供电，参与四方供电协议，在交易平台上与风电厂进行交易，多采用弃风电量，用电成本约为 0.3–0.36 元 / 千瓦时。制氢成本约为 40 元 / 千克。氢气生产后直接存入 20 兆帕长管拖车中，每辆长管拖车可储氢 400 千克。之后输送至张家口公交枢纽站，供 200 余辆氢燃料电池公交车，日氢气需求 1.8 吨。该项目电解槽启动需 1 个小时，负荷需高于 60% 左右才能保证基本运行，在 60% 至 100% 间调节大约需要十几分钟。可作为可控负荷参与辅助服务或需求响应，但目前首要是保证公交用氢稳定供应。目前张家口氢市场需求较小，电解槽设备难以满负荷运行。

三、光伏制氢项目

（一）准格尔旗纳日松光伏制氢产业示范项目

准格尔旗纳日松光伏制氢产业示范项目于 2022 年 8 月开工，是三峡集团在氢能领域的首个项目。包括光伏电站及制氢厂两部分，其中光伏电站总装机规模为 400 兆瓦，年平均发电量为 7.4 亿千瓦时，建成后每年可节约标准煤约 23 万吨，减少二氧化碳排放约 60 万吨；制氢厂总装机规模为 75 兆瓦，包括 15 台 1000 标方每小时的碱性电解槽及 1 台 1000 标方每小时的备用碱性电解槽，生产年利用小时数为 8000 小时，每年可生产氢气约 1 万吨，副产氧气 8.5 万吨。项目预计于年内实现电站并网及氢能产出。项目总投资 28.3 亿元。建成后，项目总发电量的 20% 将直接输送至当地电网，剩余 80% 则全部用于电解水制氢。

（二）宝丰能源太阳能电解水制氢综合示范项目

宝丰能源实施的"国家级太阳能电解水制氢综合示范项目"包括 20 万千瓦光伏发电装置和产能为 2 万标方 / 每小时的电解水制氢装置，为已知全球单厂规模最大、单台产能最大的电解水制氢项目。目前，制氢综合成本控制在每标方 1.34 元。下一步，企业将拿出全部的折旧资金和部分利润资金，通过科技创新提高转化率，降低生产成本，使发电成本可控制在 0.068 元 / 度，绿氢成本可控制在 0.7 元 / 标方。

四、风光制氢项目

（一）华电正能圣圆风光制氢一体化示范项目

2022 年 9 月 29 日，《内蒙古自治区能源局关于印发实施 2022 年度风光制氢一体化示范项目的通知》优选了示范项目 7 个，其中正能集团与合作单位投资的"华电正能圣圆风光制氢一体化示范项目"获批 26 万千瓦光伏配置。

华电正能圣圆风光制氢一体化示范项目总规模 260 兆瓦光伏 +20 000 标准立方米 / 小时电解水制氢，其中南区 60 兆瓦光伏 +6000 标准立方米 / 小时电解水制氢考虑 1 回 35kV 线路接入系统站；北区 200 兆瓦光伏 +14 000 标准立方米 / 小时电解水制氢考虑 1 回 110kV 线路接入系统站。制取的氢气主要用于附近加氢站、正能集团厂用重卡和周边煤矿短倒重卡以及正能集团后续建设的煤焦油深加工项目（绿氢与煤焦油耦合制取煤基特种燃料），总规模小时制氢量为 20 000 方，年产氢量约 5214 吨。

（二）中电建赤峰风光制氢一体化示范项目

2023 年 12 月，中电建赤峰风光制氢一体化示范项目（元宝山区部分）环评公告发布。本项目为风光制氢一体化项目中的制氢储氢部分，主要建设内容包括：降压站、制氢厂房、各类制氢储氢配套附属厂房及办公区。项目配置 33 台 1000 立方米 ALK 碱洗电解槽，1 台 1000 立方米 ALK 碱洗电解槽备用。项目最大产氢量 3.4 万标准立方米 / 小时，年理论制氢能力 1.86 万吨，储氢规模 16.5 万标方（等同于 30%，5 小时电储）。项目生产、生活用电均由企业自建风光绿电项目提供，冬季采暖由自建电锅炉提供。项目总投资 7.766 亿元。

五、氢储能示范项目

2022 年 6 月，由国家电网安徽综合能源服务有限公司投资建设，国能建安徽院设计的国内首座兆瓦级固体聚合物电解水制氢及燃料电池发电示范工程在安徽六安投运，总投资 5000 万元，是中国第一个兆瓦级氢能储能电站。工程采用单槽 250 千瓦四槽并联控制技术，应用国内首个兆瓦级 PEM 纯水电解制氢系统，额定制氢功率下产氢量 220 标方 / 小时，系统制氢能效达到 85%，超过国家一级能效要求，可响应宽功率波动条件下的可再生能源输入。

第三章

可再生能源制氢产业机制及路线图

发展氢能是我国消纳利用新能源、实现双碳目标的重要举措。当前，可再生能源制氢处于产业导入期，未来发展将是一个长期的过程，具有广阔的发展前景。需要结合可再生能源政策、机制研究，探寻可再生能源制氢产业技术发展路径，为我国氢能产业的科学有序发展提供有力支撑和战略参考。

第一节　可再生能源制氢政策机制

一、国际氢能国家战略政策

世界主要国家积极发展氢能，推动技术进步，实现深度脱碳。从全球范围看，日本、韩国、德国、美国等三十多个国家提出了氢能相关战略（表 3-1，表 3-2），积极培育氢能及燃料电池技术攻关和产业发展，这些国家占全球 GDP（国内生产总值）的 73%。根据 LBST 预测，至 2025 年制定氢能战略的国家所代表的 GDP 之和将超过全球总量的 80%。这些战略不仅将带动能源结构改变，更将带动相关技术发展，引领其他行业的技术革新。

表 3-1　全球主要经济体氢能源顶层设计战略

国家/地区	时间	文件	具体内容
日本	2017.12	氢能源基本战略	主要目的是实现氢能与其他燃料的成本平价，建设加氢站，替代燃油汽车（包括卡车和叉车），替代天然气及煤炭发电，发展家庭热电联供燃料电池系统。鉴于日本的资源状况，日本政府还将重点推进可大量生产、运输氢的全球性供应链建设。氢能源基本战略还设定了 2020 年、2030 年、2050 年及以后的具体发展目标

续表

国家/地区	时间	文件	具体内容
韩国	2019.1	氢能经济发展路线图	宣布韩国将大力发展氢能产业，引领全球氢能市场发展，重点关注氢燃料电池汽车，到2040年可创造出43万亿韩元的年附加值和42万个工作岗位，氢经济有望成为创新增长的重要动力
欧盟	2019.2	欧洲氢能路线图	指出欧洲已经踏上向脱碳能源系统转型的道路，大规模发展氢能将带来巨大的经济社会和环境效益，是欧盟实现脱碳目标的必由之路。提出了欧洲发展氢能的路线图，明确了欧洲在氢燃料电池汽车、氢能发电、家庭和建筑物用氢、工业制氢方面的具体目标，并为实现所设目标提供了8项战略性建议
日本	2019.3	氢能和燃料电池战略路线图	更新至新版氢能和燃料电池战略路线图。更新后的路线图确定了关于基本技术规格和成本细目的新目标，提出了实现这些目标的必要措施
美国	2019.6	美国氢能经济路线图——减排及驱动氢能在全美实现增长	在一定程度上反映出工业界期盼共同努力"建立跨市场和应用的伙伴关系，长久把持全球能源技术主导权"的战略意图，巩固美国在全球能源领域的领导地位
澳大利亚	2019.11	国家氢能战略	确定了15大发展目标、57项具体行动，意在将澳大利亚打造为亚洲三大氢能出口基地，同时在氢安全、氢经济以及氢认证方面走在全球前列
韩国	2020.2	促进氢经济和氢安全管理法	为氢能供应和氢设施的安全管理提供支持
欧盟	2020.4	欧洲2×40吉瓦绿氢行动计划	计划到2030年安装超过80吉瓦的电解水制氢系统，一半部署在欧盟内部，一半部署在乌克兰和北非
德国	2020.6	国家氢能战略	设定了德国氢能战略的目标与雄心，并根据氢能现状与未来市场，提出了德国国家氢能战略的行动计划。该战略为氢能的生产、运输和利用提供了一个连贯一致的框架，并鼓励相关的创新和投资。设定了实现德国气候目标、创建德国新的经济价值链以及促进国际能源政策合作所需的步骤
俄罗斯	2020.6	2035年前俄罗斯联邦能源战略	明确规定"推动氢生产和消费的发展，并引领俄罗斯进入氢生产和出口的世界一流国家"，明确提出到2024年俄氢能出口量达到20万吨、到2035年达到200万吨的目标
欧盟	2020.7	欧洲氢能战略	为欧洲未来30年清洁能源特别是氢能的发展指明了方向。该战略将通过降低可再生能源成本并加速发展相关技术，扩大可再生能源制氢在所有难以去碳化领域进行大规模应用，最终实现2050年"气候中性"的目标
法国	2020.9	法国国家无碳氢能发展战略	计划到2030年投入70亿欧元发展无碳氢能，即在生产和使用过程中均不排放CO_2的绿色氢能，促进工业和交通等部门脱碳，助力法国打造更具竞争力的低碳经济

续表

国家/地区	时间	文件	具体内容
俄罗斯	2020.10	2020—2024 年俄罗斯氢能发展路线图	计划到 2024 年建成由传统能源企业主导的氢能全产业链,具体包括:制造领域重点倾向以天然气为原料制备的蓝氢和通过核电水解得到的粉氢;应用环节建造并测试以天然气制氢为动力的涡轮机、氢动力载人火车、氢能充电装置等;运输环节建立氢气管网;科研方面开发"氢能全技术链"等
美国	2020.11	氢能计划发展规划	提出未来十年及更长时期氢能研究、开发和示范的总体战略框架,设定了到 2030 年氢能发展的技术和经济指标,研究、开发和验证氢能转化相关技术(包括燃料电池和燃气轮机),并解决机构和市场壁垒,最终实现跨应用领域的广泛部署
加拿大	2020.12	加拿大氢能战略	分 3 个阶段发展国家氢能产业,预计到 2050 年,国内收益超过 500 亿美元的传统石油和天然气部门将会被改造,并建立一个充满活力的氢能出口市场,可实现减排 CO_2 超过 1.9 亿吨。绘制了"氢经济"发展路线图,并制定了战略伙伴关系、投资、创新、规范与标准、政策与法规、用氢意识、地区发展、国际市场等八大方向的行动计划
澳大利亚	2021.7	氢研发计划	澳大利亚联邦科学和工业研究组织将承担一项价值 500 万澳元(约合 378.75 万美元)的氢研究、开发和示范国际合作计划。该项目旨在加强澳大利亚研究机构和国际领先的氢研究组织之间的研究联系、合作和知识共享
英国	2021.8	英国氢能战略	到 2030 年,英国将成为氢能领域的全球领导者,实现 5 吉瓦的低碳氢生产能力,推动整个经济系统脱碳,支持英国促进就业和清洁经济增长。基于氢能价值链的各个环节,战略阐述了未来 10 年发展和扩大氢经济的综合路线图,以及实现 2030 年目标所需的关键步骤
日本	2021.10	第六次能源基本计划	将氢作为实现能源安全、应对气候变化和 2050 碳中和目标的主要动力,计划将氢能打造为具有国际竞争力的新兴产业
美国	2021.11	基础设施投资和就业法案	政府将投入 95 亿美元用于加快区域氢能中心建设以及氢能全产业链示范及研发,持续推动氢能技术进步
俄罗斯	2021.12	国家低碳氢能发展综合计划	主要围绕低碳氢和可再生氢的生产、出口和消费情况进行规划,设想了俄低碳氢能未来发展的四种情景。以"发展 H_2 出口"为基线情景,其后依次为"加速发展 H_2 出口""能源部情景"(即出口为主,内需为辅)和"国内氢市场集约发展"三大情景
澳大利亚	2021.12	2021 年氢能状况	基于《国家氢能战略》中的 13 个发展信号对澳大利亚氢能产业现状进行了评价,并预测了 2025 年、2030 年的发展进程(分为"快速发展""发展""缓慢发展"三个等级)

国家/地区	时间	文件	具体内容
欧盟	2022.3	REPowerEU 计划	减少对俄罗斯煤炭的进口需求，到 2030 年，欧盟将实现可再生 H_2 生产 1000 万吨、进口 1000 万吨，以取代难以减碳的工业、运输部门的化石能源消耗
日本	2022.3	燃料电池重型交通（HDV）技术路线图报告	预计到 2030 年左右，日本重卡、船舶、铁路液压挖掘机、农用拖拉机和叉车等重型车辆将使用燃料电池系统，并聚焦燃料电池基础材料特性研究和技术开发两方面开展技术攻关
欧盟	2022.6	奥地利氢能发展战略	将于 2030 年前提供超 5 亿欧元的补贴用于氢能生产和进口
澳大利亚	2022.7	气候变化法案 2022	法案规定：①到 2030 年将澳大利亚温室气体净排放量在 2005 年的水平上减少 43%，到 2050 年实现净零排放；②气候变化和能源部部长向议会提交年度气候变化声明，以加强问责制；③气候变化管理局就编写年度气候变化声明和温室气体减排目标纳入新的国家自主贡献向气候变化和能源部部长提供建议；④气候变化和能源部部长必须对该法的实施情况进行定期审查
美国	2022.8	通胀削减法案	被誉为绿氢行业发展的关键点。在满足一定要求的前提下，它为低碳氢提供每千克 3 美元的税收抵免，预计将帮助美国生产的绿氢成为世界上最具成本竞争力的氢。与此同时，法案还包括各种资助，支持国内清洁交通技术的生产，包括氢燃料电池汽车（FCEV）
美国	2022.9	国家清洁氢战略与路线图报告	报告分析美国 2030 年、2040 年和 2050 年氢需求情景，提出清洁氢生产发展目标。到 2030 年年生产 1000 万吨清洁氢；到 2040 年，年生产 2000 万吨清洁氢；到 2050 年年生产 5000 万吨。到 2030 前实现千兆瓦级电解槽制造能力，以 2 美元/千克价格实现清洁氢生产；到 2035 年前以 1 美元/千克价格实现清洁氢生产。部署至少 4 个区域清洁氢能源中心，推动清洁氢广泛应用于工业、重型运输和清洁电网长期储能等特定领域，以满足美国净零经济目标战略需求
韩国	2022.11	氢经济发展战略	计划到 2030 年普及 3 万辆氢能商用车。扩大氢能公共汽车和货车的购买补贴，延长购置税、通行费减免等措施，创造氢能需求。将建造年产量达 4 万吨的全球最大规模的液化氢成套设备、年进口量达 400 万吨的氨进口终端等基础设施。为培育氢能产业，将指定七大领域支援企业开展技术研发，同时通过监管沙盒放宽针对尚无安全标准领域的限制
美国	2023.6	国家清洁氢战略与路线图	提供了当今美国氢生产、运输、储存和使用的快照，展望了清洁氢将如何为未来多个部门的国家脱碳目标做出贡献。研究了未来的需求情景，包括到 2030 年年产 1000 万吨清洁氢、到 2040 年年产 2000 万吨、到 2050 年年产 5000 万吨。补充了历史性的 95 亿美元清洁氢投资

表 3-2　全球主要国家及地区氢能发展方向（2020 年）

	发展现状	发展目标与规划
美国	制氢方式：95% 天然气制氢、5% 电解水制氢； 氢储运：气氢储运、液氢储运	至 2025 年，美国加氢站保有量达到 580 座，氢能源汽车保有量达到 30 万辆，各种应用的氢（包括工业用氢、氢燃料等）需求量达到 1300 万吨，每年投资额达到 13 亿美元； 至 2030 年，美国加氢站保有量达到 5600 座，氢能源汽车保有量达到 560 万辆，各种应用的氢需求量达到 1700 万吨
欧盟	制氢方式：55% 天然气制氢、30% 烃类或原油制氢； 氢储运：气氢储运、液氢储运	2021—2025 年，欧盟将安装至少 6 吉瓦的可再生氢电解槽，并生产多达 100 万吨的可再生氢； 2025—2030 年，氢成为综合能源系统的一个固有部分，欧盟至少拥有 40 吉瓦的可再生氢电解槽，生产多达 1000 万吨的可再生氢； 2030—2050 年，欧盟可再生氢技术达到成熟，氢能在能源密集产业（钢铁、物流等）实现大规模应用
日本	制氢方式：63% 盐水电解、8% 天然气制氢； 氢储运：气氢储运、液氢储运	至 2030 年，氢供应能力达到 30 万吨 / 年，氢供应成本下降至 30 日元 / 立方米，加氢站保有量达到 900 座，氢燃料汽车保有量达到 80 万辆； 至 2050 年，氢供应能力达到 500 万 ~ 100 万吨 / 年，氢供应成本下降至 20 日元 / 立方米，加氢站将全面取代传统加油站，氢燃料汽车全面取代传统汽油燃料汽车
中国	制氢方式：64% 化石燃料制氢、32% 工业副产氢； 氢储运：气氢储运； 氢价格：80 元 / 千克	至 2025 年，中国加氢站保有量达到 1000 座，氢能源汽车保有量达到 10 万辆，氢需求量达到 20 万 ~ 40 万吨 / 年；在氢储运方面，将推动高压气态氢、液氢运输管道运输的快速发展； 至 2035 年，中国加氢站保有量达到 3000 座，氢能源汽车保有量达到 80 万 ~ 100 万辆，氢气需求量达到 200 万 ~ 400 万吨 / 年，氢燃料成本下降至 25 元 / 千克

综合来看，海外各国的国家氢能战略，首要目标在于尽快脱碳，其次才是增加能源种类，其中澳大利亚、俄罗斯、加拿大等国还有扩大氢能出口的战略目标。而重点技术领域上，主要集中在降低氢价、发展氢燃料交通和工业脱碳上。值得注意的是，由于各国的资源禀赋存在差异，发展氢能的路线也存在差异（表 3-3，表 3-4），例如天然气资源丰富的俄罗斯，就以发展以天然气为原料的蓝氢，而非常见的绿氢为主要技术方向。

表 3-3　各国当前氢能战略主要目标

	日本	韩国	德国	美国	澳大利亚
脱碳	√	√	√	√	√
能源供应多样化	√	△	√	△	△
经济增长	△	√	△	△	√
技术进步	√	√	√	√	√

续表

	日本	韩国	德国	美国	澳大利亚
推动可再生能源部署	△	△	√	√	△
大规模氢能出口	×	×	×	×	√

√代表国家氢能战略中的重要战略目标；△代表国家氢能战略中的次要战略目标；×代表未在国家氢能战略中布局该方向。

表 3-4　部分欧洲国家氢能投资规划

		英国	德国	法国	意大利	葡萄牙	西班牙	荷兰
战略发布年份		2021	2020	2020	2020	2020	2020	2020
2030 年前投资额（欧元）		40 亿（英镑）	90 亿	70 亿	50 亿~80 亿（绿氢）20 亿~30 亿（交运）	70 亿	90 亿	/
2030 目标	电解槽装机（吉瓦）	5	5	6.5	5	2~2.5	4	3~4
	加氢站（座）	/	/	400~1000	/	50~100	100~150	50（2025 年）
	燃料电池汽车（辆）	/	/	2 万~5 万（乘用车）800~2000（重型车）	/	/	150~220（公交车）5000~7500（轻型和重型车）	30 万

二、中国氢能战略规划

（一）国家层面

我国关于氢能的探究始于 20 世纪 50 年代，最早氢能的研究是为了服务我国的航天事业，利用氢气高热值的特点，将液态氢添加到火箭推进剂中使用。"十三五"期间，关于氢能民用的相关政策逐渐显现，直至"十四五"规划期间，我国大力推广氢能，政策逐渐增多。我国政府部门或组织机构氢能相关政策见表 3-5。

表 3-5　我国政府部门或组织机构氢能相关政策

政府部门或组织机构	政策	主要内容
国家发展改革委、国家能源局	氢能产业发展中长期规划（2021—2035 年）	明确氢能是战略性新兴产业的重点方向，是构建绿色低碳产业体系、打造产业转型升级的新增长点，提出了氢能产业发展基本原则、各阶段发展目标、重大举措

政府部门或组织机构	政策	主要内容
国务院	《关于 2030 年前碳达峰行动方案的通知》	确定全国碳达峰整体战略规划，关注 2030 年整体目标，战略规划目标和任务更加详细化、具体化
国家发展改革委	《"十四五"全国清洁生产推行方案》	规划运用绿氢炼化等清洁无污染新型技术替代传统能源项目，并推进示范性项目的应用
国家能源局	《关于组织开展"十四五"第一批国家能源研创新平台认定工作》	明确能源未来研究方向为氢能一体化、产业化发展；同时确定氢能与可再生新能源共同发展技术
国家发展改革委、国家能源局	《"十四五"现代能源体系规划》	以攻坚氢能等前沿技术为核心，重点研究氢能相关技术及产业的攻克，推动氢能全产业链的发展
国资委	《关于推进中央企业高质量发展做好碳达峰中和工作的指导意见》	关注氢能产业链一体化发展，完善制氢、储氢、运氢和用氢的体系，结合相关产业部署氢能示范项目
工信部	《"十四五"工业绿色发展规划》	积极推广氢能等新型能源在各个行业的应用

2022 年 3 月，国家发展改革委、国家能源局联合印发《氢能产业发展中长期规划（2021—2035 年）》，这是我国首个氢能产业的中长期规划。规划首次明确氢能是未来国家能源体系的重要组成部分，明确氢能是战略性新兴产业的重点方向，是构建绿色低碳产业体系、打造产业转型升级的新增长点。确定可再生能源制氢是主要发展方向，将清洁低碳作为氢能发展的基本原则，提出构建清洁化、低碳化、低成本的多元制氢体系，并提出严格控制化石能源制氢。可再生能源制氢结合氢燃料电池，可以调节电网负荷和储能，能够大幅提高可再生能源发电并网比例，减少弃水、弃风、弃光。规划明确提出支持氢能全产业链发展。各地均在将氢能发展写入十四五发展规划的基础上，继续大力布局氢能产业发展相关规划。

2022 年 6 月 1 日，国家发改委等九部门印发《"十四五"可再生能源发展规划》中明确提到推动可再生能源规模化制氢利用，开展规模化可再生能源制氢示范。在可再生能源发电成本低、氢能储输用产业发展条件较好的地区，推进可再生能源发电制氢产业化发展，打造规模化的绿氢生产基地。推进化工、煤矿、交通等重点领域绿氢替代。推广燃料电池在工矿区、港区、船舶、重点产业园区等示范应用，统筹推进绿氢终端供应设施和能力建设，提高交通领域绿氢使用比例。在可再生能源资源丰富、现代煤化工或石油化工产业基础好的地区，重点开展能源化工基地绿氢替代。积极探索氢气在冶金化工领域的替代应用，降低冶金化工领域化石能源消耗。

我国各省份氢能产业发展的起步时间不同，氢能产业与技术发展水平参差不一。随着"十四五"规划的发布，国家确认氢能在未来能源体系中地位，各省市都陆续发布氢能利用相关政策，支持当地的氢能发展。从氢能专项规划看，有30多个省份、40多个城市发布了氢能专项规划和推广补贴政策，制定了产业产值、氢燃料电池汽车推广等目标，并配套了车辆购置、加氢站建设等补贴扶持。通过系统梳理各省市的氢能规划，结合实地调研，有以下三方面认识：一是全国五大区域氢能发展各具特色。东北地区以吉林白城为代表，将新能源制氢本地消纳作为大方向，支撑长春氢能产业发展。西北地区以宁夏为代表，依托煤化工、清洁能源聚集优势和石油化工产业基础，发展低成本氢源。西南地区以四川为代表，通过开展电解水制氢，带动水电消纳，提供绿色经济氢源。华中和华东地区侧重于对燃料电池汽车等交通领域的零部件制造、研发、示范等方面的支持。二是各省市的氢能发展目标以定性目标为主，仅有7个省区市（北京、天津、上海、广东、山东、河北、宁夏）及20个城市提出了量化目标。量化目标主要聚焦于氢燃料电池汽车和加氢站数量，仅有广东佛山、山西大同、吉林白城等地提出了制氢规模目标，仅有山东（青岛、潍坊）、张家口、白城等地提到制氢的电力来源以及与电网的关系。三是氢能"十四五"发展速度和规模并不乐观。各地绿氢发展不及预期，规划的氢能目标较难实现。结合实地调研情况（见附件3），张家口、大同两地作为国内氢能推进较快的代表性城市，存在项目滞后、需求不足等问题。如张家口海珀尔项目一期电解水设备仅开机45%容量，大同制氢加氢一体项目运行一年半后停运。我国能源法已将氢能正式列为能源，国家"十四五"规划也确立其战略定位。未来在技术、成本、机制、政策突破的前提下，氢能可能迎来更大发展。"双碳"目标下，氢能作为高效清洁的二次能源、灵活智慧的能源载体、绿色低碳的工业原料，未来将以新能源制氢为主要来源，成为多元清洁能源供应体系的重要组成部分。展望未来，预计2030年我国氢气在终端能源消费占比约为6%，2060年占比有望超过15%。2060年我国氢气年需求量增至1亿吨以上，绿氢占比近80%。

（二）省市地区层面

据统计，我国目前已有30个省发布了涉及氢能的规划和政策。

1. 华北地区

华北地区：北京市、天津市、河北省、内蒙古自治区、山西省发布了氢能专项政策。相关政策文件如表3-6所示。

在制氢方面，河北省、内蒙古自治区和山西省支持在风光资源丰富的地区开展风光发电制氢。

在加氢站及交通方面，北京市对本市范围内提供加氢服务并承诺氢气市场销售价格不高于 30 元 / 千克的加氢站，按照 10 元 / 千克的标准给予氢气运营补贴；天津市对加氢制氢设施按照固定资产投资总额的 30% 予以补贴，每座设施补贴最高不超过 500 万元；山西省在氢燃料电池汽车补贴政策不退坡的前提下，按照中央财政补助 1：1 的比例给予省级财政补助，并对加氢站和氢燃料加注进行适度补贴；河北省保定市按照中央标准对基础设施建设、燃料电池车辆推广、加氢站运营给予 1：1 配套补贴。

在发电及热电联供方面，北京市推动在商业中心、数据中心、医院等场景分布式供电 / 热电联供的示范应用；内蒙古在农牧区推广燃料电池热电联供，逐渐实现农牧民供电取暖全覆盖，优先在鄂尔多斯、呼和浩特等园区内探索以绿氢为纽带的多能互补模式；包头市在机关、学校、医院等公共建筑探索布局燃料电池分布式发电 / 供热设施。

在绿氢合成氨和甲醇方面，内蒙古鼓励自治区涉合成氨、甲醇等采用传统煤制氢或天然气制氢的企业有序开展绿氢化工，逐步推动自治区煤化工产业绿色低碳转型；山西将扩大工业领域氢能替代化石能源应用规模，积极引导合成氨、合成甲醇等行业由高碳工艺向低碳工艺转变。

表 3–6　华北地区氢能政策

地区	政策	产业规模	产业规划	技术方向
北京	《北京市氢能产业发展实施方案》	2023 年，京津冀区域累计实现产业链产业规模突破 500 亿元；2025 年，京津冀区域累计实现氢能产业链产业规模 1000 亿元以上	2023 年，力争建成 37 座加氢站，推广氢燃料电池汽车 3000 辆；2025 年，力争完成新增 37 座加氢站建设，实现氢燃料电池汽车累计推广量突破 1 万辆，累计推广分布式系统装机规模 10 兆瓦以上	质子交换膜电解制氢，高温固体氧化物电解制氢，高效大功率碱水电解槽关键技术，安全低压储氢，70MPa 加氢站用加压加注，质子交换膜燃料电池，固体氧化物燃料电池
天津	《天津市氢能产业发展行动方案（2020—2022 年）》	2022 年，氢能产业总产值突破 150 亿元	2022 年，建成至少 10 座加氢站，打造 3 个氢燃料电池车辆推广应用试点示范区，开展至少 3 条公交或通勤线路示范运营，累计推广氢燃料电池车辆 1000 辆以上；建成至少 2 个氢燃料电池热电联供示范项目	高效低成本制氢技术，安全储氢装置（设备）关键技术，氢燃料电池关键材料、核心零部件关键技术及系统集成，氢燃料电池多场景应用示范

续表

地区	政策	产业规模	产业规划	技术方向
河北	《河北省氢能产业发展"十四五"规划》	2025 年，氢能产业链年产值达到 500 亿元	2025 年，累计建成 100 座加氢站，燃料电池汽车规模达到 1 万辆，扩大氢能在交通、储能、电力、热力、钢铁、化工、通信、天然气管道混输等领域的推广应用	高效低成本的氢气制取、储运、加注和燃料电池等关键技术
内蒙古	《内蒙古自治区促进氢能产业发展若干政策》	2025 年，氢能产业总产值力争达到 1000 亿元	2025 年，开展绿氢制备示范项目 15 个以上，绿氢制备能力超过 50 万吨/年；工业副产氢利用超过 100 万吨/年；建成加氢站 100 座以上；推广氢燃料电池重卡 5000 辆以上，累计推广氢燃料电池汽车突破 1 万辆；探索绿氢的示范应用，打造 10 个以上示范项目	可再生能源电解水制氢，50MPa 及以上运输用高压气态储氢瓶和稀土储氢合金，高性能压缩机、加氢机、膜电极等关键组件，氢能冶金，绿氢低温低压合成氨
山西	《山西省氢能产业发展中长期规划（2022—2035 年）》	/	2025 年，氢燃料电池汽车保有量达到 1 万辆以上；2030 年，氢燃料电池汽车保有量达到 5 万辆；2035 年，形成国内领先的氢能产业集群	绿色低碳氢气制取、储存、运输、加注和应用等各环节关键核心技术

2. 东北地区

东北地区：辽宁省和吉林省发布了氢能专项政策。相关政策文件如表 3-7 所示。

在制氢方面，辽宁省和吉林省均支持开展风电、光伏等清洁能源电解水制氢，辽宁省还将发展核能电解水制氢试点示范。

在发电及热电联供方面，吉林省以化工园区为应用场景，推广氢燃料电池在固定式发电方面的试点应用，依托白城北方云谷建设工程，探索使用氢燃料电池进行备用发电，在可再生能源制氢基地附近试点示范天然气掺氢供气、氢电耦合锅炉供暖、热电联供等项目工程；辽宁省在大连大王家岛、兴城觉华岛开展海岛氢分布式发电示范项目，依托海岛风电、光伏等资源，建设可再生能源发电、氢气储能系统和燃料电池分布式发电项目，采取微电网和燃料电池双能源供给的方式，实现热电联供。

在绿氢合成氨和甲醇方面，吉林省将开展可再生能源制氢合成氨、制甲醇、制尿素等工程。

表 3-7　东北地区氢能政策

地区	政策	产业规模	产业规划	技术方向
辽宁	《辽宁省氢能产业发展规划（2021—2025 年）》	2025 年，全省氢能产业实现产值 600 亿元； 2035 年，氢能产业产值突破 5000 亿元	2025 年，全省氢燃料电池车辆保有量达到 2000 辆以上，分布式发电系统、备用电源、热电联供系统装机容量达到 100 兆瓦，加氢站 30 座以上； 到 2035 年，全省氢燃料电池汽车保有量达到 15 万辆以上，分布式发电系统、备用电源、热电联供系统装机容量达到 1000 兆瓦，加氢站 500 座以上	2025 年，形成涵盖氢能产业全链条的技术研发、检验检测体系； 2035 年，在制氢、氢储运、燃料电池电堆、燃料电池系统、燃料电池汽车等领域核心技术达到世界领先水平
吉林	《"氢动吉林"中长期发展规划（2021—2035 年）》	2025 年，氢能产业产值达到 100 亿元； 2030 年，氢能产业产值达到 300 亿元； 2035 年，氢能产业产值达到 1000 亿元	2025 年，建成改造绿色合成氨、绿色甲醇、绿色炼化产能达 25 万～35 万吨，建成加氢站 10 座，氢燃料电池汽车运营规模达到 500 辆； 2030 年，可再生能源制氢产能达到 30 万～40 万吨/年，建成加氢站 70 座，建成改造绿色合成氨、绿色甲醇、绿色炼化、氢冶金产能达到 200 万吨，氢燃料电池汽车运营规模达到 7000 辆； 2035 年，可再生能源制氢产能达到 120 万～150 万吨/年，建成加氢站 400 座，建成改造绿色合成氨、绿色甲醇、绿色炼化、氢冶金产能达到 600 万吨，氢燃料电池汽车运营规模达到 7 万辆	2025 年，逐步构建氢能产业生态，产业布局初步成型，产业链逐步完善，产业规模快速增长； 2030 年，全省氢能产业实现跨越式发展，产业链布局趋于完善，产业集群形成规模； 2035 年，打造成国家级新能源与氢能产业融合示范区，在氢能交通、氢基化工、氢赋能新能源发展领域处于国内或国际领先地位

3. 华东地区

华东地区：上海市、江苏省、浙江省、山东省发布了氢能、氢燃料电池车专项政策。相关政策文件如表 3-8 所示。

在制氢方面，山东省和福建省推进风光可再生能源制氢，积极发展沿海核能制氢；上海和浙江重点发展海上风电制氢。

在加氢站和交通方面，安徽省对加氢站建设与运营、氢能应用示范工程以及推广使用燃料电池车给予补贴；浙江省对氢气零售价格不高于 35 元/千克的加氢站，按氢气实际加注量给予适当奖励；福建省福州市对加氢站的补贴为 14 元/千克。

在绿氢合成氨和甲醇方面，上海市推动甲醇制氢联产二氧化碳项目，来满足长兴岛央企规模化二氧化碳、氢气、热能等用能需求。

表 3-8　华东地区氢能政策

地区	政策	产业规模	产业规划	技术方向
上海	《上海市氢能产业发展中长期规划（2022—2035年）》	2025年，氢能产业链产业规模突破1000亿元	2025年，建设各类加氢站70座左右，培育5~10家具有国际影响力的独角兽企业，建成3~5家国际一流的创新研发平台，氢燃料电池汽车保有量突破1万辆	燃料电池全链条关键核心技术，产业链上下游关键材料和零部件，氢冶金、氢能动力等前沿技术研发
江苏	《江苏省氢燃料电池汽车产业发展行动规划》	/	2025年，基本建立完整的氢燃料电池汽车产业体系，力争全省整车产量突破1万辆，建设加氢站50座以上	整车、电堆、燃料电池系统集成等领域的核心技术，空压机、高压储氢罐等核心零部件，质子交换膜、铂金催化剂、碳纸等关键材料
浙江	《浙江省加快培育氢燃料电池汽车产业发展实施方案》	/	2025年，在公交、港口、城际物流等领域推广应用氢燃料电池汽车接近5000辆，规划建设加氢站接近50座	高性能质子交换膜、催化剂、碳纸等基础材料制备技术
山东	《山东省氢能产业发展工程行动方案》	2025年，氢能产业规模超过1000亿元	2025年，累计推广氢燃料电池汽车1万辆，累计建成加氢站100座	绿色规模化制氢和氢纯化、氢储运、车用燃料电池及关键材料和燃料电池整车关键技术

4. 华中地区

华中地区：河南省发布了氢能和氢燃料电池车专项政策。相关政策文件如表 3-9 所示。

在加氢站与交通方面，武汉市对日加氢能力不低于 500 千克且销售价格不高于 35 元/千克的加氢站，按照年度累计加氢量，按 15 元/千克（2022 年）、12 元/千克（2023 年）、8 元/千克（2024 年）、3 元/千克（2025 年）的标准，给予最高 150 万元的运营补贴。

表 3-9　华中地区氢能政策

地区	政策	产业规模	产业规划	技术方向
河南	《河南省氢燃料电池汽车产业发展行动方案》	2025年，全省氢燃料电池汽车相关产业年产值要突破1000亿元	2023年，各类氢燃料电池汽车推广应用达到3000辆以上，加氢站建成数量50座以上；2025年，示范应用氢燃料电池汽车累计超过5000辆、加氢站达80个以上	氢燃料电池核心关键技术

续表

地区	政策	产业规模	产业规划	技术方向
河南	《河南省氢能产业发展中长期规划（2022—2035年）》	2025年，氢能产业年产值突破1000亿元	2025年，氢能产业链相关企业达到100家以上，推广各类氢燃料电池汽车5000辆以上，车用氢供应能力达到3万吨/年，氢终端售价降至30元/千克以下，建成3~5个绿氢示范项目； 2035年，建成世界一流的燃料电池汽车产业基地、国内领先的氢能产业集群	清洁低碳制氢和氢精准纯化、氢致密储输、燃料电池关键材料和燃料电池整车关键技术

5. 华南地区

华南地区：广东省发布了氢能专项政策。相关政策如表3-10所示。

在制氢方面，广东省鼓励开展核电供热、制冷、制氢等综合利用示范；广西壮族自治区提出积极探索推动可再生能源制氢利用，推动海水制氢。

在加氢站与交通方面，广州市氢气销售价格不高于30元/千克的，补贴15元/千克。

表3-10 华南地区氢能政策

地区	政策	产业规模	产业规划	技术方向
广东	《广州市氢能基础设施发展规划（2021—2030年）》	/	2025年，新建制氢站1座，累计建成制氢站3座以上，累计建成加氢站50座以上，开展1~2座制氢加氢合建站建设，1~2座储氢站建设有关工作； 2030年，新建加氢站50座以上，累计建成加氢站100座以上，形成5座以上制氢加氢合建站布局，3~4座储氢站布局	鼓励新能源制氢项目实施，开展液态储氢、有机质储氢、固态储氢等储氢新工艺、新技术研发

6. 西南地区

西南地区：四川省、贵州省发布了氢能专项政策。相关政策文件如表3-11所示。

在制氢方面，贵州省支持在六盘水市、毕节市、安顺市等风光资源丰富的地区开展风光发电制氢；贵州省和四川省在水电富余及有条件地区，鼓励开展水电制氢。

在加氢站及交通方面，重庆市给予加氢站运营补贴，补贴标准根据国家相关政策并结合重庆市实际每年进行调整。2021年的补贴标准为：对氢气终端销售价格不高于25元/千克的加氢站，按照年度累计加氢量，给予每千克30元、单站最高不超过300万元的运营补贴。

在发电及热电联供方面，贵州省在贵阳市、六盘水市大数据中心、氢能及新能源产业基地园区、机关办公大楼、医院等工业化场所和公共建筑布局分布式燃料电池多能联供设施。

表 3-11　西南地区氢能政策

地区	政策	产业规模	产业规划	技术方向
四川	《四川省氢能产业发展规划（2021—2025年）》	/	2025年，氢燃料电池汽车应用规模达6000辆，建成多种类型加氢站60座；建设氢能分布式能源站和备用电源项目5座、氢储能电站2座	燃料电池核心技术、氢制储运加技术
贵州	《贵州省"十四五"氢能产业发展规划》	2025年，氢能产业总投资规模超100亿元，产业链及相关产业年产值突破200亿元	2025年，多种氢源供氢总产能超过1万吨/年，建成加氢站15座（含油气氢综合能源站），示范运营燃料电池重卡、物流车、环卫车、大巴车、公交车及特种车辆超1000辆，建设氢输送管道20千米，固定式多能联供装机超10兆瓦	氢纯度实时检测技术、液氢储运商业化技术、生物质制氢关键技术等

7.　西北地区

西北地区：宁夏回族自治区、陕西省发布了氢能专项政策。相关政策文件如表3-12所示。

表 3-12　西北地区氢能政策

地区	政策	产业规模	产业规划	技术方向
宁夏	《关于加快培育氢能产业发展的指导意见》	/	2025年，力争建成1~2座日加氢能力500千克及以上加氢站；积极支持银川市率先开通1~2条示范公交线路运营氢燃料电池公交车，并逐步扩大到银川都市圈城际间氢燃料电池客运车示范运营	储氢输氢及氢能综合利用等技术
陕西	《陕西省"十四五"氢能产业发展规划》	2025年，全产业链规模达1000亿元以上	2025年，形成若干个万吨级车用氢气工厂，建成投运加氢站100座左右，力争推广各型燃料电池汽车1万辆左右；2030年，全省形成较为完备的氢能产业技术创新体系和绿氢制备及供应体系	质子交换膜电解池、固体氧化物电解池、光催化制氢技术，液态氢储运技术，固态储氢关键核心技术、碳纤维缠绕复合储氢瓶材料技术，燃料电池膜电极以及电池堆集成、检测技术

在制氢方面，陕西省支持电解水制氢、光电耦合制氢等先进技术研发。

在加氢站及交通方面，陕西省支持各市（区）依据地方政府财力，出台氢能研发补助、车辆购置补助、加氢站建设及运营补助等政策。

在绿氢合成氨和甲醇方面，陕西省支持省属大型企业等开展天然气混氢、绿氢合成氨、二氧化碳加氢制甲醇和氢气炼钢技术示范。

（三）突破性规划政策

1. 分布式制氢加氢一体站补贴政策

四川省在 2020 年 9 月印发《四川省氢能产业发展规划（2021—2035）》，指出开展制氢加氢一体化综合能源站建设，开展油气氢电综合能源站建设，鼓励利用现有加油、加气站点改建等多种加氢站商业模式。河北省在 2021 年 8 月印发《河北省氢能产业发展"十四五"规划》指出，开展加氢 - 加油、加氢 - 加气、加氢 - 充电等合建站示范，推动站内制氢、储氢和加氢一体化加氢站项目建设。上海市在 2022 年 6 月印发《上海市氢能产业发展中长期规划（2022—2035 年）》，规划指出，将在临港、崇明探索现场制氢加氢一体化项目示范。

2. 允许非化工园区制氢政策

广东省住房和城乡建设厅于 2022 年 10 月发布了《广东省燃料电池汽车加氢站管理暂行办法（征求意见稿）》，该文件明确提出，重点支持加氢合建站和制氢加氢一体站建设，并允许在非化工园区建设制氢加氢一体站，这为解决广东地区氢源紧张、氢储运成本高昂的问题奠定了重要的政策基础。吉林省在 2022 年 10 月印发《"氢动吉林"中长期发展规划（2021—2035 年）》，明确指出支持开展分布式可再生能源制氢、加氢一体化站在非化工园区示范建设。唐山市在 2022 年 6 月印发的《唐山市氢能产业发展实施方案》，指出积极利用太阳能、风能等可再生能源，开发和发展规模化绿色制氢，支持在非化工园区开展风电制氢、光伏制氢项目。

3. 允许谷电制氢政策

深圳市发改委于 2022 年 10 月 28 日印发了《深圳市关于促进绿色低碳产业高质量发展的若干措施（征求意见稿）》，对电解制氢设施谷期用电量超过 50% 的免收容量（需量）电费，对符合条件的制氢加氢一体站，电解水制氢用电价格执行蓄冷电价政策。内蒙古在 2022 年 2 月印发了《内蒙古自治区"十四五"氢能发展规划》，指出探索利用弃风弃光电量制氢平衡电网负荷的技术示范，优先在大型工业企业聚集地区及氢能应用示范区推广谷电制氢示范项目，形成带动推广效应，构建零碳、低成本、安全可靠的绿氢供给体系。广州市在 2022 年 9 月印发《广州市氢能基础设施发展规划（2021—2030 年）》，指出允许在加氢站内电解水制氢，落实燃料电池汽车专用制氢站用电价格执行蓄冷电价政策，积极发展谷电电解水制氢。

三、可再生能源制氢市场机制

（一）绿氢及其衍生物市场与认证

1. 绿氢市场及认证

氢气根据制取来源进行分类，主要包括灰氢、蓝氢和绿氢。当前，灰氢和蓝氢在制氢环节占比高，其制氢产量高、成本低，但碳排放高，在未来低碳转型进程中将被逐步取代。电解水制氢碳排放低、纯度品质高，随可再生能源发电度电成本和电解槽成本的降低，可再生能源电解制取绿氢有望成为主流制氢手段，是未来氢能发展的重点，绿氢的占比也将逐步提升。根据 IEA 预测，2023 年绿氢占比有望达到 38%，需求量预计超过 4000 万吨；2050 年绿氢占比将达到 61%，需求量预计超过 3 亿吨。如表 3-13 和图 3-1 所示。

表 3-13　2023/2050 年全球氢能需求量

	2023 年	2050 年
IEA 预测（亿吨）	1.15	5.2
终端能源占比	5%	13%
IRENA 预测（亿吨）	1.54	6.14
终端能源占比	3%	12%

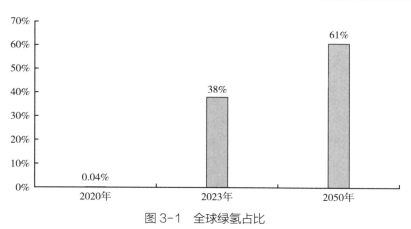

图 3-1　全球绿氢占比

为反映我国主要产氢区域氢气价格的变化、趋势和程度，为政府监测市场、氢能上下游关联企业决策和投资分析等提供价格参考，发挥氢能作为大宗商品的交易价值，推动全国性氢交易平台及体系建设，促进氢能市场化发展，中国氢能联盟研究院统计氢能全产业链"生产侧"和"消费侧"超 50 个城市、200 多个样本点展示价格变化趋势，制定"中国氢价指数"。

　　2023 年 3 月 28 日，在 2023 中国国际氢能及燃料电池产业展览会（2023 中国氢能展）暨氢能产业创新发展论坛上，我国首个全国性的氢能价格指数"中国氢价指数"正式发布。如图 3-2 中国氢价指数（生产侧）和图 3-3 中国氢价指数（消费侧）显示，生产侧指数较为平稳，全国及燃料电池示范城市群平均水平大约保持 35 元 / 千克；消费侧指数总体呈下降趋势，全国平均水平在 58 元 / 千克，燃料电池汽车城市群价格平均 52 元 / 千克，非燃料电池汽车城市群价格较高，全年平均在 70 元 / 千克。

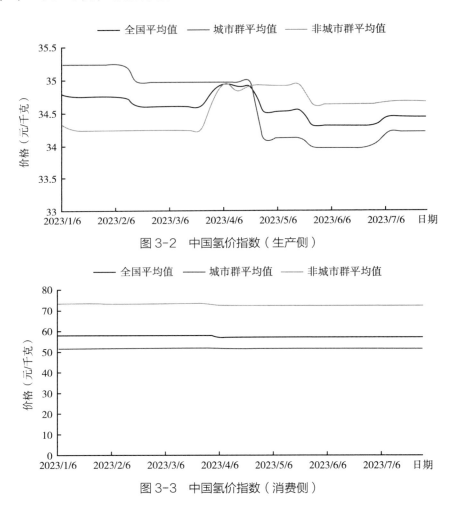

图 3-2　中国氢价指数（生产侧）

图 3-3　中国氢价指数（消费侧）

　　为确保对温室气体减排产生积极影响，绿氢认证工作必须着眼于氢气生产和供应的全产业链排放，通常需要考虑四个基本步骤：①技术开发和生产，包括可再生能源电厂、电解、海水淡化厂和其他氢气衍生产品生产技术；②制氢站设计、工程和建筑施工等全流程；③制氢站运行（如果衍生产品计划出口，还需对其进行提纯）；④将氢气或衍生产品运输到应用和储存点。除了管道、海运和公路等运输方式不同，进、出口国间的运输距离也存在很大差异，可能大部分温室气体的排放是在绿氢产业链的最后一环即运输中产生。除非以上所有四个步骤都使用零碳能源，否则氢气不可能完全达到零碳标准，而只可能达到低碳标准。因此，需要为低碳氢限定单位氢气温室气体排放值。

2020 年 11 月初，中国氢能联盟组织编制的《低碳氢、清洁氢与可再生能源氢气标准及认定》（以下简称"标准"）团体标准正式对外征求意见，2020 年 12 月 29 日由中国产学研合作促进会正式发布并实施。根据标准的征求意见稿，氢气分为 3 种类型，分别是低碳氢、清洁氢、可再生氢气，其定义如表 3-14 所示。

表 3-14　低碳氢、清洁氢、可再生氢气定义

氢气类型	定义	备注
低碳氢	指生产过程中所产生的温室气体排放值低于特定限值的氢	特定限值为 $14.51 kgCO_2 eq/kgH_2$
清洁氢	指生产过程中所产生的温室气体排放值低于 $4.90 kg CO_2 eq/$ 千克氢的氢	/
可再生氢气	氢生产过程中所产生的温室气体排放的限值与清洁氢相同，且氢的生产所消耗的能源为可再生能源	不直接生产可再生能源的申请组织通过购买绿色电力生产氢，可视为使用可再生能源

低碳氢、清洁氢与可再生氢气生命周期评价包括氢气生产原料的获取、运输、氢气生产制造及现场储运等四个阶段，评价的功能单位为：1 千克纯度大于等于 99%，压力大于等于 3 兆帕的氢气。氢能产业大数据中心根据评价结论，向申请组织出具低碳氢、清洁氢或可再生氢气证书。由于中国超过 60% 的氢气来源于煤炭，所以国家能源集团以煤化气制氢碳排量为基准来确定上表中特定限值。以煤化气制氢的碳排放量 29.02 千克 $CO_2/$ 千克 H_2 为基准，结合我国氢气来源的实际，选取 2 个阈值（14.51 千克 $CO_2 eq/$ 千克 H_2 和 4.90 千克 $CO_2 eq/$ 千克 H_2）将氢气划分为三大类，如图 3-4 所示，即非低碳、低碳、清洁。第三类"清洁"包括清洁氢和可再生氢气，两种均为绿氢。

参考 TÜV Rheinland 编制的认证标准，对欧洲绿氢有两种定义。一是，绿氢是指

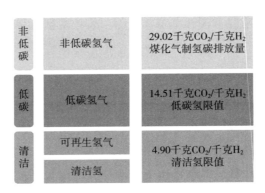

图 3-4　低碳氢、清洁氢与可再生能源氢气标准

相关温室气体排放强度（基于生命周期评价方法）低于规定阈值的可再生能源氢。二是，绿氢是指被分配的相关温室气体排放强度为零（基于生命周期评价方法）的工厂在过去 12 个月氢气生产过程中温室气体平均排放强度不超过天然气蒸汽甲烷重整过程的可再生能源氢气。

欧洲氢气主要来源于天然气重整制氢、工业副产氢、电解水制氢，绿氢定义则以最佳可利用技术——天然气蒸汽甲烷重整碳排放量为基准。由于欧洲氢气纯度相对较高，低碳氢的规定阈值只有一个，即 4.37 千克 CO_2 eq/ 千克 H_2。根据上述两种定义，低碳氢即为绿氢，欧洲绿氢标准略高于中国清洁氢标准。

2. 氨市场

氨作为绿氢的衍生物，发展氨作为储氢介质，不仅有望解决传统高压储运氢的难题，还将贯穿可再生能源、氢能和传统产业，开发出一条符合我国能源结构特点的"氢 - 氨"绿色循环经济路线，这对保障国家能源环保安全和社会经济可持续发展具有重要意义。与此同时，合成氨生产过程中的绿色化有助于化工过程的深度脱碳。

据估算，利用氨作为储氢介质具有显著经济性。如果采用氨分解制氢现场为加氢站供氢，可将加氢站的加氢成本降至 35 元 / 千克以下；若开发耦合"氨制氢 - 燃料电池"的间接氨基燃料电池技术，实现用户终端"氨变电"（NH₃-to-power），发电成本约为 1 元 / 千瓦时或乘用车燃料成本约为 25 元 /100 千米，并使现有氢燃料电池系统的续航能力提升近 1 倍；若采用氨作为车用燃料加注，加油站仅需稍加改造即可用于加氨，预计加氢站的改建成本较加氢站的建设成本可降低 1 个数量级。依照 2050年中国建成 1 万座加氢站的目标，可节约近千亿元的基础设施建设投资。

合成氨已有 100 多年发展历史，氨的生产、储运及使用已形成了完备的产业链、行业标准及安全规范。按照我国每年 5000 万吨的氨产量（其中 80% 来自煤制合成氨，

20% 来自天然气合成氨）来计算，2030 年合成氨工业将排放 2.7 亿吨二氧化碳。我国是可再生能源装机容量最大的国家，但因光伏、风电和水电等可再生能源存在间歇性、波动性和季节性等缺点，导致存在大量"弃风、弃光和弃水"现象。发展可再生能源光解/电解水制氢耦合合成氨技术，可实现低成本、跨地域长距离存储运输，并与丰富的氨下游产业相结合，如掺氨火电技术，利用氨气的可燃性和无碳特性，通过控制火焰的轴向温度和空燃比，抑制氮氧化物的生成，降低二氧化碳排放。

2022 年我国合成氨市场行情整体高涨，如图 3-5 所示，年均价刷新合成氨最高价纪录，达到 4002 元/吨，同比上涨 45%。受"十三五"期间国内供给侧改革及淘汰落后产能等影响，合成氨产能经历了短暂下滑后，在国内与国际市场需求带动下，合成氨产量过剩局面好转，并随着下游己内酰胺与丙烯腈等工业产能的跟进，市场旺季供需转紧。另外，俄乌冲突的进一步加剧导致国际天然气及化肥产量下调、价格快速上涨，而国内受化肥保供政策影响，价格走势涨幅相对缓和，国际市场与国内市场价格倒挂严重，在部分出口贸易企业带动下，我国快速向出口国转变，一定程度上缓解了国内供需压力，也促进了国内价格的进一步走高。

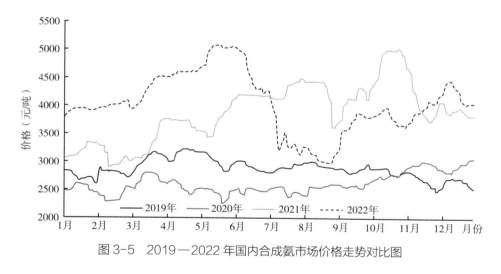

图 3-5　2019—2022 年国内合成氨市场价格走势对比图

3. 甲醇市场

作为氢的另一种衍生物，甲醇可分为黑色甲醇、灰色甲醇、蓝色甲醇以及绿色甲醇。黑色甲醇是以煤炭为原料，全球产能多集中在中国；灰色甲醇是以天然气为原料，通过转化、蒸馏合成等工艺生产；蓝色甲醇是从废水、工业副产品中生产，是一种可再生甲醇；绿色甲醇，即使用太阳能和风能电解水产生绿氢和绿氧，精简掉空分和水气变换工艺单元，传统甲醇生产设施只需进行改造翻新即可用于制取绿色甲醇。

甲醇作为一种重要的燃料和原料，在传统化学领域和能源领域均有广泛应用。在传统化学领域，甲醇可以用于制造油漆、溶剂、合成纤维等产品；在能源领域，甲醇可以作为清洁的燃烧燃料，与传统化石燃料相比，可实现二氧化碳减排 59%。甲醇还可以用于制造甲醇燃料电池，通过甲醇重整制氢或直接使用甲醇发电等。同时，甲醇还可作为一种理想的储氢载体，解决氢能储运的难题。

甲醇行业供需规模扩大，从供给端看，甲醇产量呈上升态势（图 3-6）。2022 年上半年，我国甲醇产量约为 3835 万吨。从需求端看，受下游有机合成、医药、汽车等领域需求拉动，甲醇需求量在逐年增长。2022 年上半年，甲醇表观需求量达到 4425.72 万吨，较去年同期增长 2.83%。从全国甲醇价格走势看，甲醇市场整体呈现稳中向好，在煤炭、天然气等甲醇的基础原料价格上涨情况下，甲醇价格保持高位波动。截至 2022 年 6 月 24 日，全国甲醇平均价格达到 2903 元 / 吨，价格总体稳定在 2600 ~ 3000 元 / 吨区间内。

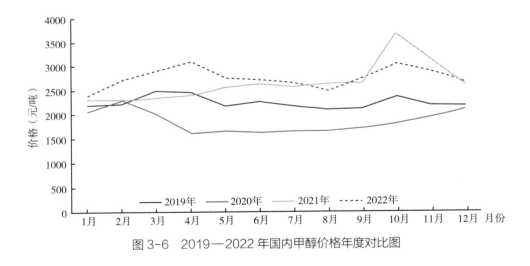

图 3-6　2019—2022 年国内甲醇价格年度对比图

中国现有的甲醇生产主要依赖煤炭，煤制甲醇的产能达到了 9000 万吨 / 年，生产 1 吨产品需要排放 3.5 ~ 4 吨二氧化碳。发展绿色甲醇不仅有利于实现碳中和、碳达峰，还能加快氢能产业发展，推进能源结构改革，保障国家能源安全。我国拥有绿色甲醇原材料及技术优势，绿色甲醇产业规模化发展趋势逐渐显现，如河南安阳顺成集团的二氧化碳制取绿色甲醇项目即将投产，绿色甲醇产能将达到 11 万吨 / 年，减少二氧化碳排放 10 万吨；山西省赛鼎设计研究院相关在建装置，可利用约 7.5 亿吨 / 年的生物质体量，制取超 3 亿吨绿色甲醇；山西为我国焦炭主产区，可制取绿色甲醇约 1400 万吨 / 年，消纳二氧化碳超 1200 万吨。

我国是全球最大的甲醇生产国和消费国，但国产甲醇以黑色、灰色甲醇为主，绿色甲醇产能占比极低，发展绿色甲醇产业不仅有利于实现碳中和，还能保障我国能源安全，在碳中和、碳达峰战略目标下，我国绿色甲醇产业发展潜力极大。随着相关在建、拟建项目投产，未来绿色甲醇有望取代灰色甲醇成为市场主流产品，同时氢和绿色甲醇将在能源转型中发挥更大的作用。

（二）电力现货市场

可再生能源制氢的经济性受到多种因素的影响，其中，电价直接决定了绿氢的成本。一般来说，可再生能源电价越低，绿氢成本越低，且并网型绿氢的下网电和上网电未来都是现货市场的主体，现货市场可以为绿氢技术提供更多的市场机会和收益来源。绿氢技术可以利用清洁能源在低负荷时段进行水解制氢，储存氢气，在高负荷或高电价时段通过燃料电池或燃气轮机发电参与现货市场竞价，实现双向收益。同时，绿氢技术也可以通过提供调频、调峰等辅助服务，增加其收入来源。

据中电联规划发展部统计，2022 年全国各电力交易中心累计组织完成市场交易电量 52 543.4 亿千瓦时，同比增长 39%，占全社会用电量比重为 60.8%。其中，省内交易电量合计为 42 181.3 亿千瓦时，省间交易电量为 10 362.1 亿千瓦时。1—12 月，全国电力市场中长期电力直接交易电量合计为 41 407.5 亿千瓦时，同比增长 36.2%。其中，省内电力直接交易（含绿电、电网代购）电量合计为 40 141 亿千瓦时，省间电力直接交易（外受）电量合计为 1266.5 亿千瓦时。据统计，2023 年 2—7 月的电力现货价格如图 3-7 所示（价格采用月均价）。

在经济方面，电力市场激发多元竞争主体的创新活力，促进新能源、储能、分布式能源等新型市场主体的发展，推动能源结构的清洁低碳转型，促进电力资源在更大范围内的优化配置，提高电力系统的稳定性和灵活性，降低电力成本和用电价格，增加经济效益。在氢能发展方面，电力市场的交易体制降低绿氢制取成本，增加氢储能的收益，如电力市场提供可再生能源的价格信号，使得制氢企业可以选择低价时间进行电解水，选择高价时段进行发电，从而降低绿氢的制造成本，增加氢储能的收益。

（三）碳市场

按照碳交易的分类，目前我国碳交易市场有两类基础产品，一类为政府分配给企业的碳排放配额，另一类为核证自愿减排量（CCER）。2020 年 12 月发布的《碳排放

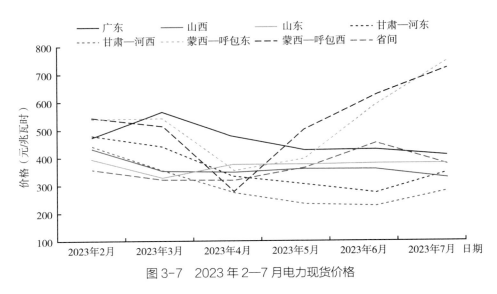

图 3-7　2023 年 2—7 月电力现货价格

权交易管理办法（试行）》中指出，CCER 是指对我国境内可再生能源、林业碳汇、甲烷利用等项目的温室气体减排效果进行量化核证，并在国家温室气体自愿减排交易注册登记系统中登记的温室气体减排量，交易机理如图 3-8 所示。

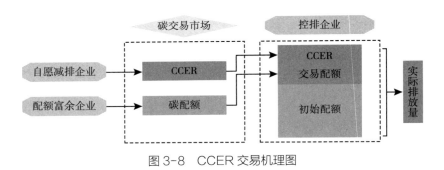

图 3-8　CCER 交易机理图

碳市场有助于绿氢的发展。碳市场会提高灰氢的成本，降低其竞争力，促使制氢企业转向清洁低碳的制氢方式。从 CCER 的角度来看，碳市场可以增加绿氢的收益。首先，可再生能源项目可以通过出售 CCER 获得环境价值收益，增加投资回报率，吸引更多的资金投入。其次，通过 CCER 交易可以激励更多的市场主体自愿认购可再生能源电力，增加可再生能源电力的消纳，增加绿氢的供给。

截至 2023 年 7 月 14 日，全国碳市场上线交易已满两周年，碳排放配额累计成交量约为 2.4 亿吨，累计成交额约 110 亿元，市场运行平稳有序，交易价格稳中有升，促进企业温室气体减排和加快绿色低碳转型的作用初步显现，相关部门也正组织开展扩大全国碳市场行业覆盖范围专项研究，全国碳市场扩容有望取得新进展。

2023 年 7 月 17 日，生态环境部发布《关于全国碳排放权交易市场 2021、2022 年度碳排放配额清缴相关工作的通知》，全国第二个履约周期清缴日是 2023 年 12 月 31 日，履约规则明确、履约日期将近，推动碳价自 17 日起逐步上扬。同时，虽然生态环境部已经就《温室气体自愿减排交易管理办法（试行）》向全社会公开征求意见，但全国统一 CCER 交易市场的启动时间尚不确定，预期今年（2023 年）也不会签发基于新方法学的 CCER，即使 2017 年 3 月 CCER 项目暂停之前已经备案但尚未签发项目的 CCER 在今年得到签发，也难以满足履约企业的抵消需求，市场 CCER 存量依然严重不足，因此在新的履约时间确定后，配额不足企业纷纷加快落实交易的工作，推动了下半月碳价的持续走高，并加剧了价格波动。2023 年 7 月各区域市场配额成交量如图 3-9 所示，各区域市场 CCER 成交情况如图 3-10 所示。

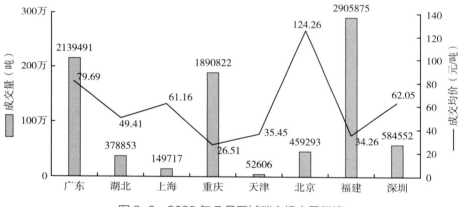

图 3-9　2023 年 7 月区域碳市场交易行情

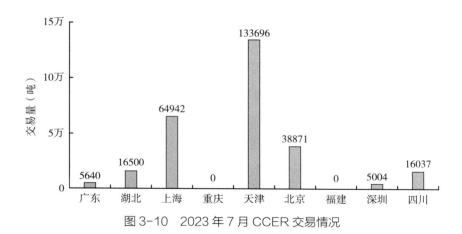

图 3-10　2023 年 7 月 CCER 交易情况

第二节　可再生能源制氢发展路线图

可再生能源制氢已成为欧盟、美国、日本等发达经济体能源转型的战略方向，全球氢能产业链正逐渐形成，氢能将在制、储、用各环节与电力系统产生更多的耦合关系，实现氢能高质量发展与可再生能源的有机结合。

随着氢能及燃料电池产业发展和技术进步，氢能将成为中国能源体系的重要组成部分。预测到 2050 年氢能在中国能源体系中占比约为 10%，氢气需求量接近 6000 万吨，年经济产值超过 10 万亿元。全国加氢站达到 1 万座以上，交通运输、工业、电力等领域将实现氢能普及应用，燃料电池车产量达到 520 万辆 / 年，固定式发电装置 2 万台套 / 年，燃料电池系统产能 550 万台套 / 年（见表 3–15）。

表 3–15　氢能及燃料电池产业总体目标

产业目标		近期（当前—2025）	中期（2026—2035）	远期（2036—2050）	长期（2050—2060）
氢能源比例（%）		4%	5.9%	10%	20%
产业产值（万亿元）		1	5	12	25
装备制造规模	加氢站（座）	600	1500	10 000	15 000
	燃料电池车（万辆）	12	130	500	3000
	固定式电源（座）	1000	5000	20 000	26 000
	燃料电池系统（万套）	6	150	550	800

可再生能源制氢技术方面，在氢能产业发展初期，电解水制氢中电解系统成本及电耗成本尚不具备经济性，将以化石燃料制氢和工业副产氢就近供给为主，同时大力发展电解水制氢技术示范，攻关电解系统关键部件及关键技术；2026—2035 年，可再生能源发电规模将达到约 6 万亿千瓦时，电价降至 0.2 元 / 千瓦时，通过推动电解水制氢技术规模化发展，可再生能源制氢成本下降至 15 元 / 千克氢气，有望实现与煤制氢 +CCUS 平价；2036—2050 年，电价降至 0.13 元 / 千瓦时，电解水制氢成本与煤制氢 +CCUS 具有一定竞争优势，形成规模化电制氢 + 化石能源制氢集中供氢为主，

工业副产氢补充的氢源供给格局；2050—2060 年，电价降至 0.1 元 / 千瓦时甚至更低，电解水制氢成本与化石燃料制氢相当或略有优势，形成电解水制氢为主，其他制氢技术补充的稳定供氢体系。

氢能储运方面，将按照"低压到高压""气态到多相态"的技术发展方向，逐步提升储存和运输能力。储氢技术方面，现阶段以 35 兆帕气态储氢为主，并向 70 兆帕气态储氢靠拢，同时发展液态储氢、固态储氢、地下储氢等储氢技术示范；2026—2035 年，高压气态储氢占据主体地位，液态储氢、固态储氢和地下储氢中具体突出优势的储氢方式开始崭露头角并逐渐小规模推广；2036—2050 年，高压气态、低温液态、固态、地下储氢方式针对应用场景和应用领域规模化协同发展；2060 年，各类储氢技术的技术成熟度达到商业化应用级别，储氢密度达到 6.5wt%，形成因地制宜、高密度、高安全的储氢体系。运氢技术方面，现阶段以高压气氢运输为主，同时开展液氢、天然气掺氢运输试点推广；2025—2035 年，液氢运输技术逐渐成熟，根据输送距离远近，形成液氢和气氢运输互补的输送格局，同时推广管道输氢示范应用；2036—2050 年，高压气氢 + 液氢 + 管道 + 有机液体多种运输路径并行发展，因地制宜开展基础设施建设；2050—2060 年，各类运氢渠道逐渐完善，形成管道作为主动脉、卡车 + 船运作为毛细血管的运氢模式。

氢能应用方面，氢能具有物质和能量双重属性，可以同时充当原料和能源载体的角色，在工业、交通、电力、建筑四大领域均有广阔的发展空间。现阶段我国近八成的氢气应用于合成氨、制甲醇、炼化等传统工业领域，在交通、电力、建筑领域的应用大多处于示范应用阶段；2026—2035 年，交通领域将作为下游应用市场的突破口，这一阶段以氢燃料电池车弥补电动车行驶距离有限且充电周期长的问题为主，着重发展客车、物流车等重型车，形成氢燃料电池车和电动汽车的互补发展，并逐渐向工业、电力、建筑行业拓展，将大力推动工业领域绿氢替代灰氢、蓝氢商业实践，规模化部署电制氢设备以保障可再生能源平稳可持续大规模开发利用，通过探索建筑天然气掺氢混烧为纯氢应用成本下降提供动力；2035—2050 年，随着氢源结构中绿氢占比的提高，交通领域氢燃料电池车全生命周期经济性有望实现与电动汽车平价，通过推动基础设施多元化、网格化发展，逐步提升氢燃料电池车渗透率，推动在船舶、航空领域氢能交通示范，越来越多的氢气以原料形式应用于工业领域以加速规模化绿氢替代进程，电力领域氢能制、储运、发电全产业链与电力系统源、网、荷、储深度融合发展，建筑领域小规模氢能热电联供开始商业化推广；2050—2060 年，绿氢成为供氢主体，实现工业领域规模化绿氢替代和深度脱碳、交通领域海陆空交通网络、电力领域电氢协同发展以及建筑领域纯氢热电联供（图 3-11）。

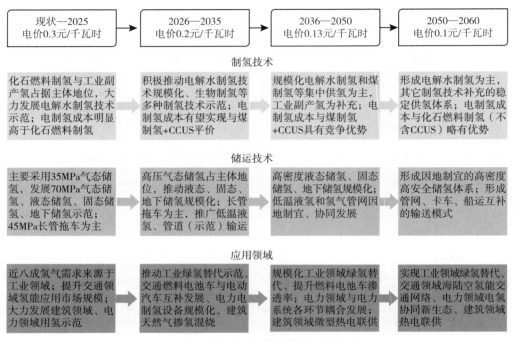

图 3-11 可再生能源制氢技术发展趋势

综合考虑国内外可再生能源制氢政策、机制特点，围绕需求、目标、技术发展、关键技术等四个方面，提出可再生能源制氢发展路线图，如图 3-12 所示。2030 年，我国氢能需求将达到 4346.2 万吨，氢能产业产值将突破 3 万亿元，通过开展氢能全产业链技术攻关，氢能综合技术水平达到国际先进水平，实现氢能和燃料电池的大规模推广示范应用。2060 年，我国氢能需求将达到 13 400 万吨，氢能产业产值将超过 15 万亿元，完全拥有氢能技术自主知识产权，关键零部件和核心装备全部国产化，氢能技术总体达到国际领先水平，实现氢能与燃料电池的大规模商业化推广和应用。与新型电力系统各场景相适配的氢能技术包括电解制氢技术（ALK、PEM 和 SOEC）、固态和盐穴储氢技术、管道输氢技术、燃料电池和燃氢轮机发电技术。

可再生能源制氢发展路线图可大致分为三个阶段：

（一）当前—2030 年：场景探索及技术攻关

2030 年碳达峰前，传统电力系统处于向新型电力系统演变的初级阶段，即量变的累积阶段，新能源发电量占比在 25% 以下，通过实施火电机组灵活性改造可以基本

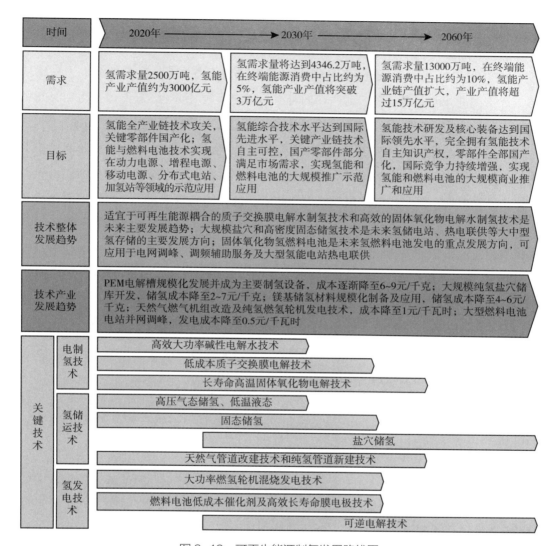

图 3-12　可再生能源制氢发展路线图

保障安全稳定运行，同时通过电解制氢技术可消纳富余电力、平抑新能源出力波动，可消纳新能源电力 2173 亿千瓦时。在此阶段，部分可再生能源制氢技术成熟度等级在 9 级以下，处于可再生能源制氢关键技术攻关、零部件和核心设备国产化阶段，经济性远低于抽蓄、压缩空气等储能技术，在新型电力系统中的应用处于理论可行、落地示范的初级阶段。此阶段制氢作为氢能产业最前端环节，电制氢设备以灵活性负荷形式成为与电力系统主要互动环节，氢能助力电网源侧新能源消纳作用凸显。此阶段的电网主要任务是加大氢能各环节关键技术和核心部件的攻关力度，积极推动可再生能源制氢的应用场景试点示范，在电源侧新能源基地部署电解制氢设备以支撑新能源电力消纳。

（二）2030－2050年：降本增效及规模化推广

2030—2050年，新型电力系统建设的不断推进，电力系统中新能源电力占比从25%逐步提高45%，电网源、荷两端的时空不匹配性愈发明显，新能源出力在时间尺度上出现数小时、数天乃至数周的电量不均衡问题，依靠传统调节方式和抽水蓄能、压缩空气等新型储能方式基本可以保障电网安全稳定运行。随着可再生能源制氢技术水平的不断提高，氢能作为仅有的储能容量能达到太瓦级、可跨季节储存的能量储备方式，碱性电解制氢技术、燃氢轮机发电技术、盐穴储氢技术、大规模固态储氢技术和PEM电解制氢技术相继实现商业化推广，可再生能源制氢产业进入降本增效和规模化推广阶段，氢能作为长时储能资源解决电力系统新能源发电带来的季节性电力供需平衡问题，同时，通过氢气管网实现氢能的大规模远距离运输，缓解特高压线路"西电东送"压力。此阶段的电网主要任务是统筹推进可再生能源制氢产业基础设施建设，提前部署大规模盐穴和固态绿氢储存中心，加快构建安全、稳定、高效的全国氢能供应体系，逐步构建便捷和低成本的氢气管网输送网络。

（三）2050－2060年：电氢协同支撑新型电力系统建设

各个省份逐步全面建成新型电力系统，新能源成为电量供应主体，电力系统中新能源电力占比达到45%以上，开始出现持续数天、数周乃至跨季节的电力失衡问题，对灵活性资源的需求显著增加，依靠抽蓄、压缩空气等多元新型储能仍无法满足灵活调节需求。经过近30年的发展，可再生能源制氢技术全部实现商业化应用，凭借在能量、时间、空间三个维度的性能优势，氢能制、储、发电等各个环节与新型电力系统源、网、荷深度互动融合，电－氢协同分别从源端、受端同步发力，平滑新能源发电和用户用电之间的时空大范围不平衡。此外，可再生能源制氢成为连接电力行业与其他终端消费行业的重要媒介，电力行业与工业、建筑、交通等行业紧密耦合。此阶段的电网主要任务是结合各个区域资源、经济发展模式，因地制宜的探索电－氢协同发展模式，发挥电网电－氢协同的能源枢纽作用，助力各个领域碳中和目标实现。

第三节　推进可再生能源制氢产业发展思路及建议

2022年，国家发展改革委、国家能源局联合发布《"十四五"可再生能源发展规划》和《氢能产业发展中长期规划（2021—2035年）》，明确要推动可再生能源规模化制氢利用，为氢能产业的发展明确了方向。氢能产业是我国战略性新兴产业的重点发展方向，推进可再生能源制氢等低碳前沿技术攻关，加强氢能生产、储存、应用关键技术研发、示范和规模化应用是碳中和的重要抓手。我国在推进可再生能源制氢产业发展中需围绕可再生能源制氢产业高质量发展重大需求，准确把握氢能产业创新发展方向，持续加强基础研究、关键技术和颠覆性技术创新，建立完善更加协同高效的创新体系，不断提升产业竞争力和创新力。

一、持续提升可再生能源制氢关键核心技术水平

加快推进质子交换膜燃料电池技术创新，开发关键材料，提高主要性能指标和批量化生产能力，持续提升燃料电池可靠性、稳定性、耐久性。支持新型燃料电池等技术发展。着力推进核心零部件以及关键装备研发制造。加快提高可再生能源制氢转化效率和单台装置制氢规模，突破氢能基础设施环节关键核心技术。开发临氢设备关键影响因素监测与测试技术，加大制、储、输、用氢全链条安全技术开发应用。持续推进绿色低碳氢能制取、储存、运输和应用等各环节关键核心技术研发。持续开展光解水制氢、氢脆失效、低温吸附、泄漏/扩散/燃爆等氢能科学机理，以及氢能安全基础规律研究。持续推动氢能先进技术、关键设备、重大产品示范应用和产业化发展，构建氢能产业高质量发展技术体系。

二、加强绿氢发展的政策供给

充分发挥政策引导和保障产业发展的双重作用。统筹推进绿氢发展制度设计，借鉴碳达峰碳中和"一加多"政策体系，建立绿氢发展"一加多"政策支撑体系，培育绿氢在能源、工业、电力、交通等领域的发展模式。厘清绿氢从规划建设到生产消费各环节管理职责，明确政府主管部门，形成职责清晰、协同高效的管理体系。

研究探索可再生能源发电制氢支持性电价政策，完善可再生能源制氢市场化机制，健全覆盖氢储能的储能价格机制，探索氢储能直接参与电力市场交易的交易机制，降低绿氢成本；加快完善绿氢产业标准体系，做好产业上下游模块衔接。建立覆盖绿氢全生命周期的安全管理体系和安全维护数据库，确保绿氢安全稳定发展。推动完善氢能制、储、输、用标准体系，重点围绕建立健全氢能质量、氢安全等基础标准，制氢、储运氢装置、加氢站等基础设施标准，交通、储能等氢能应用标准，增加标准有效供给。鼓励龙头企业积极参与各类标准研制工作，支持有条件的社会团体制

定发布相关标准。在政策制定、政府采购、招投标等活动中，严格执行强制性标准，积极采用推荐性标准和国家有关规范。推进氢能产品检验检测和认证公共服务平台建设，推动氢能产品质量认证体系建设。

三、推进绿氢基础研究和科研攻关平台建设

大力推进绿氢基础研究和科研攻关平台建设，强化氢能国家战略科技力量。发挥我国新型举国体制优势，设立绿氢国家科研专项计划，在国家实验室、全国重点实验室等国家级科研平台布局绿氢项目，推动绿氢基础研究；加快推进科研主体、市场主体协同攻关，围绕绿氢制、储、输、用等环节，组织科研院所、高校、产业链上下游企业搭建科技创新和成果转化平台，引导各类主体对"卡脖子"技术开展集中攻关。依托龙头企业整合行业优质创新资源，布局产业创新中心、工程研究中心、技术创新中心、制造业创新中心等创新平台，构建高效协作创新网络，支撑行业关键技术开发和工程化应用；深入落实《能源领域首台（套）重大技术装备评定和评价办法》，激励各主体在绿氢空白领域、商业化程度较低领域探索试验，加快推动性能取得重大突破的技术装备投向市场应用。

四、全面开展绿氢产业链试点示范与推广

支持可再生能源资源丰富、多种能源互补的地区开展绿氢生产，保障电力稳定供应，并就近开展氢储存、氢化工等项目示范，制定绿电制氢价格优惠政策，充分运用碳税、碳排放交易机制，降低制氢成本。结合资源禀赋特点和产业布局，因地制宜选择制氢技术路线，逐步推动构建清洁化、低碳化、低成本的多元制氢体系。在焦化、氯碱、丙烷脱氢等行业集聚地区，优先利用工业副产氢，鼓励就近消纳，降低工业副产氢供给成本。在风光水电资源丰富地区，开展可再生能源制氢示范，逐步扩大示范规模，探索季节性储能和电网调峰。推进固体氧化物电解池制氢、光解水制氢、海水制氢、核能高温制氢等技术研发。探索在氢能应用规模较大的地区设立制氢基地；明确相关职能部门管理边界，加强协作，支持加氢站建设，探索建设"油气氢电"能源综合站。借鉴纯电动汽车发展模式，建立阶段性价格补贴机制，积极推进氢燃料电池汽车使用。加快大容量、长距离输氢管道规划建设，开展天然气管网输氢经济性研究，降低运输成本，推进天然气掺氢供能供暖试验，进一步拓展用氢场景，通过完善绿氢产业链，推动绿氢规模化应用。

参考文献

［1］中华人民共和国中华人民共和国国家发展和改革委员会，国家能源局. 氢能产业发展中长期规划（2021—2035 年）［EB/OL］.（2022-03-24），［2024-01-03］. https://www.gov.cn/xinwen/2022-03/24/content_5680975.htm.

［2］中华人民共和国国家发展和改革委员会，国家能源局. "十四五"现代能源体系规划［EB/OL］.（2022-01-29），［2024-01-03］. https://www.gov.cn/zhengce/zhengceku/2022-03/23/content_5680759.htm.

［3］中华人民共和国国家发展和改革委员会，国家能源局. "十四五"新型储能发展实施方案［EB/OL］.（2022-01-29），［2024-01-03］. https://www.gov.cn/zhengce/zhengceku/2022-03/22/content_5680417.htm.

［4］中华人民共和国科技部，等. 科技支撑碳达峰碳中和实施方案（2022—2030 年）［R/OL］.（2022-08-18），［2024-01-03］. https://www.gov.cn/zhengce/zhengceku/2022-08/18/content_5705865.htm.

［5］中国氢能联盟研究院. 中国氢能和燃料电池手册［M］，北京：中国电力出版社，2020.

［6］UK Research and Innovation. Designs for green ammonia plant become reality［EB/OL］.［2023-4-13］. https://www.ukri.org/news/designs-for-green-ammonia-plant-become-reality/.

［7］中国船级社. 航运低碳发展展望 2021［R］. 中国船检，2021（11）：1.

［8］欧阳明高. 中国氢能产业展望［Z］. 波士顿咨询公司，2023.

［9］俞红梅，衣宝廉. 电解制氢与氢储能［J］. 中国工程科学，2018，20（03）：58-65.

［10］腾勇，王泽凯，黄子豪. "氢"心相助碳中和——中国氢能产业发展白皮书［Z］. 科尔尼，2022.

［11］中国电解水制氢产业蓝皮书［Z］. 势银，2022：8-14.

［12］IEA. Towards hydrogen definitions based on their emissions intensity［R］. 2023.https://www.iea.org/reports/towards-hydrogen-definitions-based-on-their-emissions-intensity.

［13］IEA. Net Zero by 2050：A Roadmap for the Global Energy Sector［R］. 2023.https://www.iea.org/events/net-zero-by-2050-a-roadmap-for-the-global-energy-system.

［14］IRENA. Global energy transformation：A roadmap to 2050［R］. 2019.https://www.irena.org/publications/2019/Apr/Global-energy-transformation-A-roadmap-to-2050-2019Edition.

［15］IEA. An energy sector roadmap to carbon neutrality in China［R］. 2021.https://www.iea.org/reports/an-energy-sector-roadmap-to-carbon-neutrality-in-china.

［16］中国电力企业联合会. 中国电力工业经济运行报告（2021）［R］. 2021.http://lwzb.stats.gov.cn/pub/lwzb/tzgg/202205/W020220511403033990320.pdf.

［17］美国能源部. 能源电池技术回顾（2021）［R］. 2021.https://www.hydrogen.energy.gov/docs/hydrogenprogramlibraries/pdfs/plenary8_papageorgopoulos_2021_o.pdf? Status=Master.

［18］IEA. Global hydrogen Review［R］. 2021.https://www.iea.org/reports/global-hydrogen-review-2021.

［19］IEA. Global hydrogen Review［R］. 2022.

［20］英国石油公司. BP 世界能源统计年鉴［Z］. 2022.

［21］中国能源体系碳中和路线图［Z］. 国际能源组织，2022.

［22］Wu Zhiqiang, Gao Feng, Deng Yibing, et al. Key technology review of research on regenerative environmental control and life support system for space station［J］. Space Medicine&Medical Engineering, 2018, 31（2）: 105-111.

［23］何泽兴，史成香，陈志超，等. 质子交换膜电解水制氢技术的发展现状及展望［J］. 化工进展，2021，40（09）: 4762-4773.

［24］Hydrogen Council. Hydrogen insights 2021［EB/OL］.（2021-07-15）［2022-11-15］. https://Hydrogencouncil.com/en/hydrogen-insights-2021/.

［25］Dante Fernando Recalde Melo, Chang-Chien L R. Synergistic control between hydrogen storage system and offshore wind farm for grid operation［J］. IEEE Transactions on Sustainable Energy, 2014, 5（1）: 18-27.

［26］Mathur yotirmay, Nalin Agarwal, Swaroop Rakesh, et al. Economics of producing hydrogen as transportation fuel using offshore wind energy systems［J］. Energy Policy, 2008, 36（3）: 1212-1222.

［27］Franco Brais Armino, Baptista Patricia, Netor Costa, et al. Assessment of offloading pathways for wind-powered offshore hydrogen production: Energy and economic analysis［J］. Applied Energy, 2021, 286: 116553.

［28］D'Amore-Domenech Rafael, LEO Teresa J, Pollet Bruno G. Bulk power transmission at sea: Life cycle cost comparison of electricity and hydrogen as energy vectors［J］. Applied Energy, 2021, 288: 116625.

［29］Lee Jun, Zhao Feng. Global offshore wind report 2021［R］. Brussels: Global Wind Energy Council, 2021.

［30］Wu Yunna, Liu Fangyong, Wu Junhao, et al. Barrier identification and analysis framework to the development of offshore wind-to-hydrogen projects［J］. Energy, 2022, 239: 122077.

［31］张长令. 国外氢能产业导向、进展及我国氢能产业发展的思考［J］. 中国发展观察，2020（Z1）: 116-119.

［32］张丽，陈硕翼. 风电制氢技术国内外发展现状及对策建议［J］. 科技中国，2020（01）：13-16.

［33］蔡旭，施刚，迟永宁，等. 海上全直流型风电场的研究现状与未来发展［J］. 中国电机工程学报，2016，36（08）：2036-2048.

［34］EVTank and Ivey Economic Research Institute. Hydrogen Storage and Transportation Industry Development Research Report in China（2019）［R］. 2019.

［35］Zuo Zhongqi, Jiang Wenbing, Qin Xujin, et al. Numerical investigation on full thermodynamic venting process of liquid hydrogen in an on-orbit storage tank［J］. International Journal of Hydrogen Energy, 2020, 45（51）：27792-27805.

［36］George Justin K, Yadav Ashish, Verma Nishith. Electrochemical hydrogen storage behavior of Ni-Ceria impregnated carbon micro-nanofibers［J］. International Journal of Hydrogen Energy, 2021, 46（2）：2491-2502.

［37］Panella Barbara, et al. Hydrogen adsorption in different carbon nanostructures［J］. Carbon, 2005.43（10）：2209-2214.

［38］Faezeh Jokar, Nguyen Dinhduc, Pourkhalil Mahnaz, et al. Effect of single and multiwall carbon nanotubes with activated carbon on hydrogen storage［J］. Chemical Engineering&Technology, 2021, 44（3）：387-394.

［39］Bader Najoua. Optimization of biomass-based carbon materials for hydrogen storage［J］. Journal of Energy Storage, 2016, 5：77-84.

［40］Ariharan A, Ramesh K, Vinayagamoorthi R, et al. Biomass derived phosphorous containing porous carbon material for hydrogen storage and high-performance supercapacitor applications［J］. The Journal of Energy Storage, 2021, 35（7）：102185.

［41］Li Yao, Xiao Yong, Dong Hanwu, et al. Polyacry lonitrile-based highly porous carbon materials for exceptional hydrogen storage［J］. International journal of hydrogen energy, 2019, 44（41）：23210-23215.

［42］Gao Peng, Li Ji-wen, Zhang Jie, et al. Computational exploration of magnesium-decorated carbon nitride（g-C_3N_4）monolayer as advanced energy storage materials［J］. International Journal of Hydrogen Energy, 2021, 46（42）：21739-21747.

［43］Huo Yajin, Zhang Yue, Wang Chunbo, et al. Boron-doping effect on the enhanced hydrogen storage of titanium-decorated porous graphene：A first-principles study［J］. International Journal of Hydrogen Energy, 2021, 46（80）：40301-40311.

［44］Lin Lili, Zhou Wu, Gao Rui, et al. Low-temperature hydrogen production from water and methanol using Pt/α-MoC catalysts［J］. Nature, 2017, 544：80-83.

［45］韩扬眉.“液态阳光”让“碳中和”更近一步［N］. 中国科学报，2020-11-11（03）.

［46］史铁，张玉广，宋时莉，等. 海上风电制氢的现状和展望［J］. 中国资源综合利用，2022，40（05）：135-136+139.

［47］IEA. Global Hydrogen Review［R］. 2023.

［48］Abdalla Abdalla M，Hossain Shahzad，Nisfindy Ozzan B，et al. Hydrogen production，storage，transportation and key challenges with applications：A review［J］. Energy Conversion and Management，2018，165：602–627.

［49］Huang Junchao，Zhou Chun，Duan Xiangmei. Li decorated C_9N_4 monolayer as a potential material for hydrogen storage［J］. International Journal of Hydrogen Energy，2021，46（65）.

［50］Shuang J J，Liu Y W. Efficiency analysis of depressurization process and pressure control strategies for liquid hydrogen storage system in microgravity［J］. International journal of hydrogen energy，2018，44（30）：15949–15961.

［51］张学，裴玮，梅春晓，等. 含电／氢复合储能系统的孤岛直流微电网模糊功率分配策略与协调控制方法［J］. 高电压技术，2022，48（03）：958–968.

［52］张学，裴玮，谭建鑫，等. 基于附加电压平衡器的可再生能源直流制氢装置接地环流抑制方法［J］. 中国电机工程学报，2021，41（17）：5936–5947.

［53］密思怡，马隆龙，刘建国. 连续流选择性加氢技术研究进展［J/OL］. 有机化学，1–13［2024–01–04］. http://kns.cnki.net/kcms/detail/31.1321.o6.20231228.2353.004.html.

［54］林今，余志鹏，张信真，等. 可再生能源电制氢合成氨系统的并／离网运行方式与经济性分析［J/OL］. 中国电机工程学报，1–13［2024–01–04］. https://doi.org/10.13334/j.0258–8013.pcsee.230278.

［55］郭丹丹，俞红梅，迟军，等. 自支撑 NiFe LDHs@Co–OH–CO₃ 纳米棒阵列电极用于碱性阴离子交换膜电解水［J］. 电化学，2022，28（09）：80–96.

［56］许传博，刘建国. 氢储能在我国新型电力系统中的应用价值、挑战及展望［J］. 中国工程科学，2022，24（03）：89–99.

［57］Yan H，Zhang W，Kang J，et al. The Necessity and Feasibility of Hydrogen Storage for Large–Scale，Long–Term Energy Storage in the New Power System in China［J］. Energies，2023，16（13）：4837.

［58］Wan J，Kang J，Liu Z，et al. Research on scenario construction and economic analysis for electric–hydrogen coupling［J］. Journal of Physics: Conference Series，2024，2728（1）：012075.

中央及地方涉氢政策及文件

表 1　国家层面氢能政策出台情况

日期	相关政策与文件
2023.2	• 国家能源局、国家标委会联合发布《新型储能标准体系建设指南》 • 国家市场监管总局、国家标委会联合发布《氢系统安全的基本要求》国家标准
2022.11	• 科技部安排公示国家重点研发计划"氢能技术"重点专项 2022 年度项目 • 住房和城乡建设部发布《氢气站设计标准（征求意见稿）》
2022.10	• 国家市场监督管理总局、国家标准化管理委员会发布国家标准《GB/T31138-2022 加氢机》 • 国家能源局《能源碳达峰碳中和标准化提升行动计划》
2022.9	• 工业和信息化部发展改革委财政部生态环境部交通运输部《关于加快内河船舶绿色智能发展的指导意见》
2022.8	• 工信部等三部门发布《工业领域碳达峰实施方案》 • 科技部等九部门发布《科技支撑碳达峰碳中和实施方案（2022—2030 年）》 • 交通运输部《绿色交通标准体系（2022 年）》 • 工信部、财政部等五部《加快电力装备绿色低碳创新发展行动计划》
2022.6	• 发改委等九部委发布《"十四五"可再生能源发展规划》 • 工信部《新能源汽车推广应用推荐车型目录》 • 生态环境部等七部门发布《减污降碳协同增效实施方案》
2022.4	• 国家科技部《关于发布国家重点研发计划"氢能技术"等 2022 年度项目申报指南的通知》 • 国务院安全生产委员会发布《"十四五"国家安全生产规划》，加快氢能安全生产标准制修订 • 工信部等六部门《关于"十四五"推动石化化工行业高质量发展的指导意见》
2022.3	• 国家发改委、能源局发布《氢能产业发展中长期规划（2021—2035 年）》 • 国家发改委、能源局发布《"十四五"现代能源体系规划》 • 国家海事局印发《氢燃料电池动力船舶技术与检验暂行规则（2022）》 • 国家自然科学基金委发布"重型车辆氨氢融合零碳动力系统基础研究"专项指南
2022.2	• 国家发改委、能源局印发《"十四五"新型储能发展实施方案》 • 国家发改委、能源局发布《完善能源绿色低碳转型体制机制和政策措施》 • 国家发改委等四部委联合发布《高耗能行业重点领域节能降碳改造升级实施指南（2022 年版）》 • 科技部就"催化科学"重点专项 2022 年项目申报指南征求意见，五个氢能项目入选 • 教育部公布《2021 年度普通高等学校本科专业备案和审批结果》，新增"氢能科学工程"专业

日期	相关政策与文件
2022.1	● 国家能源局发布《2022 年能源行业标准计划立项指南》 ● 交通运输部印发《绿色交通"十四五"发展规划》 ● 七部委联合印发《促进绿色消费实施方案》，加强加氢等配套基础设施建设
2021.12	● 科技部公示国家重点研发计划"氢能技术"重点专项 2021 年度项目安排 ● 四项氢能技术装备入选国家能源局能源首台（套）装备目录 ● 国资委印发《关于推进中央企业高质量发展做好碳达峰碳中和工作的指导意见》 ● 工信部《"十四五"工业绿色发展规划》
2021.11	● 中共中央、国务院印发《关于深入打好污染防治攻坚战的意见》，推动氢燃料电池汽车示范应用 ● 工信部印发《"十四五"工业绿色发展规划》，推动氢能多元化利用
2021.9	● 科技部发布"氢能技术"重点专项 2021 年定向项目申报指南
2021.8	● 财政部等五部委联合批准北京、上海、广东为首批氢燃料电池汽车示范城市群 ● 可再生能源电力制氢设计规范等 5 项氢能标准列入能源局能源领域拟立项行业标准制修订计划 ● 中国标准化协会就《天然气掺氢混气站技术规程》征求意见
2021.7	● 国家发改委、能源局将共同探索开展储氢研究和示范应用 ● 住建部发布国家标准《汽车加油加气加氢站技术标准》 ● 国家海事局发布《氢燃料动力船舶技术与检验暂行规则（征求意见稿）》 ● 可再生能源／资源制储运氢技术入选教育部《高等学校碳中和科技创新行动计划》
2021.6	● 工业和信息化部发布《燃料电池汽车测试规范》（试行版）
2021.5	● 国家市场监管总局发布三项液氢国家标准 ● 国资委发布《中央企业科技创新成果推荐目录（2020 年版）》，五项氢能领域科技创新成果入选
2021.4	● 中美发表《应对气候危机联合声明》，绿氢成为脱碳重要工具 ● 国家能源局印发《2021 年能源工作指导意见》，拟开展氢能产业试点示范 ● 国家发改委、能源局就《关于加快推动新型储能发展的指导意见》征求意见，探索开展氢储能
2021.3	● 发展氢能列入《中华人民共和国国民经济和社会发展第十四个五年规划和 2035 年远景目标纲要》 ● 工信部公示 2016—2019 年燃料电池汽车最终补贴名单 ● 国家市场监管总局发布《燃料电池电动汽车加氢口》国家标准 ● 住建部发布批准国家标准《加氢站技术规范》局部修订的条文
2021.2	● 国务院发布《加快建立健全绿色低碳循环发展经济体系的指导意见》
2020.12	●《新时代的中国能源发展》白皮书正式发布，加速发展绿氢供应链
2020.11	● 国务院发布《新能源汽车产业发展规划（2021—2035 年）》 ● 科技部正式答复《关于加快推动燃料电池商用车发展的建议》
2020.9	● 五部门发布《关于开展燃料电池汽车示范应用的通知》
2020.8	● 国家发改委、能源局印发《关于公布 2020 年风电、光伏发电平价上网项目的通知》，四个涉氢项目在列
2020.6	● 国家能源局印发《2020 年能源工作指导意见》 ● 国家市场监督管理总局发布《车用质子交换膜燃料电池堆使用寿命测试评价方法》等三项国家标准

续表

日期	相关政策与文件
2020.5	● 国家财政部发布燃料电池汽车示范推广征求意见函 ● 国家能源局发布《关于建立健全清洁能源消纳长效机制的指导意见（征求意见稿）》 ● 全国汽标委就《燃料电池电动汽车加氢口》征求意见
2020.4	● 国家能源局发布《中华人民共和国能源法（征求意见稿）》 ● 财政部等四部委联合发布《关于完善新能源汽车推广应用财政补贴政策的通知》
2019.12	● 工信部《新能源汽车产业发展规划（2021—2035年）》（征求意见稿） ● 国家能源局公开征集氢能发展及技术创新研究等课题承担单位
2019.10	● 工信部发布了关于征求《新能源汽车产业发展规划（2021—2035年）》（征求意见稿）意见的函 ● 中电联发布关于征求《电化学储能系统接入配电网技术经济评价导则》等5项中电联标准意见的函，其中涉及氢能领域相关标准有2项 ● 《电力储能用有机液体氢储存系统技术条件（征求意见稿）》和《氢燃料电池移动应急电源技术条件（征求意见稿）》
2019.9	● 全国政协人资环委在京召开"加快确立氢能国家战略，切实推进能源生产与消费革命"专题研讨会
2019.7	● 中国第一个有关燃料电池工厂设计的规范——《燃料电池系统工厂设计规范》已经通过中国汽车工业协会立项批复
2019.6	● 交通部、国家发改委、生态环境部等12部门和单位联合印发了《绿色出行行动计划（2019—2022年）》 ● 科技部发布了国家重点研发计划"可再生能源与氢能技术"等重点专项2019年度项目申报指南的通知 ● 全国氢能标准委员会发布关于对《液氢生产系统技术规范》等三项国家标准征求意见 ● 国家发改委和商务部联合发布《鼓励外商投资产业目录（2019年版）》，其中共有8条目录涉及氢能及燃料电池领域
2019.5	● 中国汽车工程学会编写的《长三角氢走廊建设发展规划》正式发布
2019.4	● 国家发改委发布关于就《产业结构调整指导目录（2019年本，征求意见稿）》公开征求意见的公告，其中氢能及燃料电池部分均为鼓励类
2019.3	● 国家发展改革委连同工业和信息化部、自然资源部、生态环境部、住房城乡建设部、人民银行、国家能源局等有关部门制定并发布了《绿色产业指导目录（2019年版）》 ● 科技部高技术研究发展中心发布了《关于国家重点研发计划"可再生能源与氢能技术"重点专项2018年度项目安排公示的通知》 ● 财政部、工业和信息化部、科技部、发展改革委四部委联合发布《关于进一步完善新能源汽车推广应用财政补贴政策的通知》
2019.2	● 国家发改委发布了国家发展改革委商务部关于《鼓励外商投资产业目录（征求意见稿）》公开征求意见的公告。其中直接涉及氢能和燃料电池领域的共计6条，包括制氢、储运、液化及相关配套设备，氢循环泵、空压机、氢瓶等燃料电池关键零部件等 ● 工业和信息化部组织召开《新能源汽车产业发展规划（2021—2035年）》编制工作启动会

表 2　北京氢能政策出台情况

日期	相关政策与文件
2023.1	• 关于征求《加氢站运营管理规范》北京市地方标准意见的通知
2022.11	• 《北京市燃料电池汽车标准体系》 • 《北京市氢燃料电池汽车车用加氢站发展规划（2021—2025 年）》
2022.10	• 《大兴区氢能产业发展行动计划（2022—2025 年）》 • 《北京经济技术开发区关于促进氢能产业高质量发展的若干措施》
2022.9	• 《加氢站运营管理规范（征求意见稿）》
2022.8	• 《北京市关于支持氢能产业发展的若干政策措施》 • 《北京市大兴区氢能产业发展行动计划（2022—2025 年）（征求意见稿）》
2022.7	• 《氢能技术应用试点示范项目清单（第一批）》
2022.4	• 北京市经信局开展 2021—2022 年度北京市燃料电池汽车示范应用项目申报 • 《大兴区促进氢能产业发展暂行办法（2022 年修订版）》 • 《北京市"十四五"时期制造业绿色低碳发展行动方案（征求意见稿）》 • 《氢燃料电池汽车车用加氢站建设管理暂行办法（征求意见稿）》
2021.12	• 大兴区经信局就《促进氢能产业发展暂行办法（2022 年修订版）》征求意见
2021.11	• 昌平区经信局印发《促进氢能产业创新发展支持措施》
2021.9	• 昌平区发布《氢能产业创新发展行动计划（2021—2025 年）》
2021.8	• 《关于征集氢能技术应用试点示范项目方案的通知》
2021.5	• 房山区发布《氢能产业发展规划（2021—2030）》
2021.4	• 发布《氢能产业发展实施方案（2021—2025 年）》（征求意见稿）
2020.12	• 大兴区印发《大兴区促进氢能产业发展暂行办法》
2020.9	• 《氢燃料电池汽车产业发展规划（2020—2025 年）》
2019.6	• 国家电投中电国际与北京市延庆区政府签署《绿色氢能战略合作框架协议》
2017.12	• 《北京市加快科技创新培育新能源智能汽车产业的指导意见》

表 3　上海氢能政策出台情况

日期	相关政策与文件
2022.12	• 《关于开展 2022 年度上海市燃料电池汽车示范应用项目申报工作的通知》 • 《上海市工业领域碳达峰实施方案》
2022.9	• 《上海市燃料电池汽车示范应用专项资金管理办法（征求意见稿）》
2022.8	• 《关于支持中国（上海）自由贸易试验区临港新片区氢能产业高质量发展的若干政策》 • 《上海市能源电力领域碳达峰实施方案》
2022.7	• 《上海市交通节能减排专项扶持资金管理办法》 • 《上海市碳达峰实施方案》
2022.6	• 《上海市氢能产业发展中长期规划（2022—2035 年）》

续表

日期	相关政策与文件
2022.2	●《燃料电池汽车加氢站建设运营管理办法》 ● 青浦区组织申报 2022 年氢能补贴扶持资金项目
2022.1	● 上海市经信委公示 2021 年燃料电池汽车示范应用拟支持单位 ●《嘉定区加快推动氢能与燃料电池汽车产业发展的行动方案（2021—2025）》
2021.12	●《关于开展 2021 年度上海市燃料电池汽车示范应用项目申报工作的通知》 ● 临港新片区印发《燃料电池汽车加氢站建设运营若干规定（试行）》 ● 嘉定区发布《加快推动氢能与燃料电池汽车产业发展的行动方案（2021—2025）》
2021.11	● 临港新片区印发《关于加快氢能和燃料电池汽车产业发展及示范应用的若干措施》
2021.10	● 发展改革委等六部门印发《关于支持本市燃料电池汽车产业发展若干政策》 ● 临港新片区发布《氢燃料电池汽车产业发展规划（2021—2025）》 ●《关于下达 2021 年度氢能专项扶持资金的通知》
2021.9	● "十四五"期间拟推动氢能多场景应用与产业链发展 ● 临港新片区拟打造可再生能源和谷电制氢产业
2021.7	● "十四五"期间拟推动长三角燃料电池车产业创新发展
2021.3	●《嘉定区鼓励氢燃料电池汽车产业发展的有关意见（试行）》 ●《嘉定区鼓励氢燃料电池汽车产业发展的有关意见（试行）实施细则》
2020.11	●《燃料电池汽车产业创新发展实施计划》
2020.8	●《嘉定区鼓励氢燃料电池汽车产业发展的有关意见（试行）》
2019.6	● 嘉定区推出《氢燃料电池汽车产业集聚区规划》和《鼓励氢燃料电池汽车产业发展的有关意见（试行）》
2018.5	●《上海市燃料电池汽车推广应用财政补助方案》
2017.9	●《上海市燃料电池汽车发展规划》

表 4　山东氢能政策出台情况

日期	相关政策与文件
2023.1	●《山东省建设绿色低碳高质量发展先行区三年行动计划（2023—2025 年）》
2022.12	●《山东省碳达峰实施方案》《青岛市加快新能源汽车产业高质量发展若干政策措施》
2022.10	●《淄博市加氢站建设管理暂行办法》
2022.9	●《关于征集 2022—2023 年淄博市燃料电池汽车示范应用项目的通知》
2022.8	●《淄博市氢能产业发展中长期规划（2022—2030 年）》
2022.7	●《氢能产业发展工程行动方案》 ●《山东省氢能产业发展工程行动方案》 ●《济南市"十四五"绿色低碳循环发展规划》
2022.5	● 临沂市《能源发展"十四五"规划》 ● 青岛市《"十四五"节约能源规划（征求意见稿）》

续表

日期	相关政策与文件
2022.1	• 青岛西海岸新区印发《氢能产业发展规划（2021—2030 年）》 •《泰安市"十四五"能源发展规划》 • 潍坊《关于政策氢能产业发展的若干政策措施》
2021.10	• 潍坊市就《支持氢能产业发展的若干政策》征求意见
2021.9	• 淄博市印发《关于进一步鼓励氢能产业发展的意见》 •"十四五"期间拟加快油气电氢交通能源设施融合
2021.8	• 潍坊出台《"氢进万家"科技示范工程工作推进方案》 •"十四五"期间拟围绕创建"国家氢能产业示范基地"健全完善全产业链氢能体系
2021.7	•"十四五"期间拟启动实施"氢进万家"科技示范工程 • 淄博市就《支持氢能产业发展的若干政策》征求意见
2021.3	•《山东省国民经济和社会发展第十四个五年规划和 2035 年远景目标纲要》
2021.2	•《2021 年全省能源工作指导意见》
2021.1	• 泰安发布《关于加快推进氢能产业发展的实施意见》
2020.10	• 青岛发布《氢能产业发展规划（2020—2030 年）》
2020.8	• 济南市发布《氢能产业发展三年行动计划（2020—2022 年）》
2020.7	• 青岛市发布《氢能产业发展规划（2020—2030 年）（征集意见稿）》
2020.6	•《氢能产业中长期发展规划（2020—2030 年）》
2020.1	• 潍坊市发布《潍坊市氢能产业发展三年行动计划》
2019.11	• 济宁市政府出台《关于支持氢能产业发展的意见》
2018.9	•《山东省新能源产业发展规划（2018—2028 年）》

表 5　江苏氢能政策出台情况

日期	相关政策与文件
2023.2	• 南京市发布《加快发展储能与氢能产业行动计划（2023—2025 年）》 • 常州市武进区发布《加快推动氢能产业发展的实施意见》
2023.1	•《江苏省工业领域及重点行业碳达峰实施方案》
2022.11	•《南通市氢能与燃料电池汽车产业发展指导意见（2022—2025 年）》
2022.5	• 无锡市出台《氢能企业安全管理暂行规定》 • 苏州市发布《能源发展"十四五"规划》
2022.3	• 常熟市印发《2022 年氢燃料电池产业发展工作要点》
2022.1	•《省政府关于加快建立健全绿色低碳循环发展经济体系的实施意见》 •《2022 年度省碳达峰碳中和科技创新专项资金项目指南》
2021.9	• 无锡市就《氢能产业链安全管理暂行规定》征求意见
2021.7	•《常熟市氢燃料电池产业发展规划（2021—2030 年）》

日期	相关政策与文件
2021.3	● 常熟印发《2021 年氢燃料电池产业发展工作要点》《加氢站布局规划（2021—2025 年）》
2021.2	●《江苏省国民经济和社会发展第十四个五年规划和 2035 年远景目标纲要》
2020.9	● 昆山市发布《氢能产业发展规划（2020–2025）》
2020.4	● 常熟市印发《关于氢燃料电池产业发展的若干政策措施》
2020.2	● 常熟市发布《2020 年氢燃料电池汽车产业发展工作要点》
2019.8	● 工信厅、省发改委、省科技厅联合印发《江苏省氢燃料电池汽车产业发展行动规划》
2019.7	●《张家港市氢能产业发展规划》
2019.3	●《张家港市氢能产业发展规划（征求意见稿）》
2019.2	●《常熟市氢燃料电池汽车产业发展规划》 ●《宁波市人民政府办公厅关于加快氢能产业发展的若干意见》
2018.12	●《张家港市氢能产业发展三年行动计划（2018—2020）》
2018.10	●《如皋市扶持氢能产业发展实施意见》
2018.3	●《苏州市氢能产业发展指导意见（试行）》

表 6　安徽氢能政策出台情况

日期	相关政策与文件
2022.12	●《安徽省科技支撑碳中和实施方案（2022—2030 年）》《安徽省碳达峰实施方案》
2022.11	●《安徽省氢能产业发展中长期规划》
2022.7	●《关于印发支持新能源汽车和智能网联汽车产业提质扩量增效若干政策的通知》 ●《阜阳市氢能源产业发展规划（2021—2035 年）征求意见稿》
2020.9	● 六安市印发《氢能产业发展规划（2020—2025 年）》
2020.4	● 铜陵市发布《氢能产业发展规划纲要》
2019.4	●《六安市人民政府关于大力支持氢燃料电池产业发展的意见》

表 7　江西氢能政策出台情况

日期	相关政策与文件
2023.1	●《江西省氢能产业发展中长期规划（2023—2035 年）》
2022.10	●《关于印发江西省工业领域碳达峰实施方案的通知》
2022.7	●《江西省碳达峰实施方案》
2022.5	●《江西省"十四五"能源发展规划》
2022.4	●《九江市"十四五"能源发展规划》
2020.1	●《江西省新能源产业高质量跨越式发展行动方案》

表 8　浙江氢能政策出台情况

日期	相关政策与文件
2023.1	●《浙江省加快新能源汽车产业发展行动方案》
2022.12	●《浙江省汽车加氢站建设专项规划技术导则（征求意见稿）》 ●《浙江省汽车加氢站建设专项规划编制技术手册（指南）（征求意见稿）》
2022.10	● 嘉兴市《2022 年第一批市本级新能源汽车推广应用补助线上申报》 ●《浙江省加快新能源汽车产业发展行动方案（征求意见稿）》
2022.8	●《嘉兴市燃料电池汽车加氢站规划建设运营管理实施意见（征求意见稿）》
2022.7	●《关于批复同意省级氢燃料电池汽车示范区（点）的通知》 ●《宁波市能源发展"十四五"规划》
2022.5	● 嘉兴市嘉兴港区发布《氢能产业发展扶持政策》 ●《浙江省能源发展"十四五"规划》
2022.2	●《关于完整准确全面贯彻新发展理念做好碳达峰碳中和工作的实施意见》
2022.1	● 嘉兴市印发《推动氢能产业发展财政补助实施细则》 ●《嘉兴市推动氢能产业发展财政补助实施细则》
2021.12	● 嘉兴市印发《氢能产业发展规划（2021—2035 年）》 ●《浙江省加氢站布局规划研究（2022—2025 年）》
2021.11	● 发改委等六部门印发加快培育氢燃料电池汽车产业发展实施方案
2021.10	● 温州拟从三方面扶植氢能与燃料电池汽车产业
2021.7	● 发改委就《加快培育氢燃料电池汽车产业发展实施方案》征求意见 ●《宁波市氢能产业中长期发展规划（2020—2035）年》
2021.4	●"十四五"期间拟推进杭州湾氢车示范城市群建设 ● 嘉兴发布《氢能产业发展实施意见（2021—2025）》
2021.2	●《能源发展"十四五"规划》征求意见
2021.1	●《浙江省国民经济和社会发展第十四个五年规划和 2035 年远景目标纲要》 ●《金华市加快培育氢能产业发展的实施意见》 ● 舟山市《关于加快新旧动能转换推动氢能产业强势发展的若干意见》
2020.9	● 舟山市发布《加快培育氢能产业发展的指导意见》
2020.4	●《浙江省加快培育氢能产业发展的指导意见（征求意见稿）》
2020.1	● 嘉兴市发布《嘉兴市加快氢能产业发展的工作意见》 ●《平湖市加快推进氢能产业发展和示范应用实施意见的通知》
2019.10	●《宁波市促进氢能产业发展实施办法》
2019.9	● 发改委、经信厅、科技厅联合发布《浙江省加快培育氢能产业发展的指导意见》
2019.8	● 发改委、经信厅、科技厅联合发布《浙江省加快培育氢能产业发展的指导意见》，经信厅对《浙江省高端装备制造业发展重点领域（2017 版）》进行了修订完善，新增了氢能和燃料电池领域的内容 ●《关于加快嘉兴氢能产业发展的若干意见》
2019.7	●《关于加快嘉兴氢能产业发展的若干意见》
2019.4	●《浙江省培育氢能产业发展的若干意见（征求意见稿）》

表 9　福建氢能政策出台情况

日期	相关政策与文件
2022.12	●《福建省氢能产业发展行动计划（2022—2025 年）》 ●《福州市促进氢能源产业发展扶持办法》
2022.8	●《关于完整准确全面贯彻新发展理念做好碳达峰碳中和工作的实施意见》
2022.4	● 福建省"十四五"期间拟打造清洁能源制氢基地 ●《漳州市"十四五"能源发展专项规划》
2021.11	● 福州"十四五"期间拟支持氢能核心技术研发
2021.7	●"十四五"期间拟以福州氢能产业基地为核心打造氢能全产业链
2021.3	●《福建省国民经济和社会发展第十四个五年规划和 2035 年远景目标纲要》
2021.1	● 福州印发《促进氢能源产业发展扶持办法的通知》
2020.11	● 福州印发《加氢站建设及经营管理暂行办法》

表 10　内蒙古氢能政策出台情况

日期	相关政策与文件
2023.1	●《内蒙古自治区加氢站管理暂行办法》 ● 关于实施兴安盟京能煤化工可再生能源绿氢替代示范项目等风光制氢一体化示范项目的通知》
2022.11	●《关于第三批风光制氢一体化示范项目》
2022.10	●《内蒙古自治区能源局关于印发实施 2022 年度风光制氢一体化示范项目的通知》 ●《通辽市"十四五"能源发展规划》
2022.9	●《可再生能源制氢项目能评中关于能耗强度计算咨询》 ●《内蒙古自治区关于碳达峰目标下能源保障供应的实施方案》 ●《内蒙古自治区供应完善能源绿色低碳转型体制机制和政策措施的实施意见》 ●《关于印发实施 2022 年度风光制氢一体化示范项目的通知》
2022.7	●《2022 年度风光制氢一体化示范项目的通知》
2022.6	●《鄂尔多斯市氢能产业发展规划》和《鄂尔多斯市氢能产业发展三年行动方案（2022 年—2024 年）》
2022.4	● 内蒙古鄂尔多斯市发布《氢能产业发展三年行动方案（2022 年—2024 年）》 ●《蒙西新型电力系统建设行动方案（1.0 版）（征求意见稿）》
2022.3	●《关于促进氢能产业高质量发展的意见》 ●《鄂尔多斯市 2023 年国民经济和社会发展计划》
2022.2	●《"十四五"氢能发展规划》 ●《内蒙古自治区"十四五"节能规划》 ●《内蒙古自治区人民政府关于促进制造业高端化、智能化、绿色化发展的意见》 ●《关于推广普及以氢燃料电池为主新能源重卡的倡议书》
2022.1	●《国有资本支持风光氢储产业的指导意见》

续表

日期	相关政策与文件
2021.9	• "十四五"期间拟开展风光氢一体化高效制氢技术攻关
2021.8	• 拟开展氢能技术应用试点示范
2021.7	• 能源局就《促进氢能产业发展若干政策（试行）》和《加氢站管理暂行办法》征求意见
2021.5	• 乌兰察布印发《关于推进氢能产业发展的实施意见》
2021.2	•《内蒙古自治区国民经济和社会发展第十四个五年规划和 2035 年远景目标纲要》
2020.12	• 就《促进燃料电池汽车产业发展若干措施（试行）》征求意见
2020.11	• 呼和浩特发布《关于推进氢能产业高质量发展的实施意见（征求意见稿）》 •《呼和浩特市燃料电池加氢站建设管理指导意见（试行）》
2020.7	•《乌海市氢能产业发展规划（2020—2025）》
2020.4	•《乌海市加氢站管理办法（试行）》
2019.12	•《乌海市关于加快氢能产业创新发展的实施意见（试行）》

表 11　天津氢能政策出台情况

日期	相关政策与文件
2022.3	•《燃料电池汽车示范城市地方财政支持政策指导意见》
2022.1	•《可再生能源发展"十四五"规划》
2021.7	• "十四五"期间拟大力整合企业副产氢资源供应能力
2021.2	•《天津市国民经济和社会发展第十四个五年规划和 2035 年远景目标纲要》
2020.5	• 港保税区管委会发布《天津港保税区氢能产业发展行动方案（2020—2022 年）》 •《天津市氢能示范产业园实施方案的通知》 •《天津港保税区关于扶持氢能产业发展若干若干政策》
2020.1	•《天津市氢能产业发展行动方案（2020—2022 年）》
2019.10	• 公开征求《天津市氢能产业发展行动方案（征求意见稿）》意见
2019.9	• 发改委牵头组织编制了《天津市氢能产业发展行动方案（2019—2022 年）》

表 12　河北氢能政策出台情况

日期	相关政策与文件
2022.8	•《石家庄市氢能产业发展"十四五"规划》
2022.7	• 张家口《支持建设燃料电池汽车示范城市的若干措施》 • 保定市《氢燃料电池汽车产业安全监督和管理办法（试行）》
2022.6	•《唐山市氢能产业发展实施方案》
2022.5	• 唐山市《氢燃料电池汽车加氢站建设管理暂行办法（征求意见稿）》 •《河北省"十四五"节能减排综合实施方案》

日期	相关政策与文件
2021.12	• 河北省公示 2021 年度电力源网荷储一体化和多能互补试点项目，含制氢项目六个 • 《张家口市氢能产业链和化工行业安全隐患排查整治方案》 • 《保定市氢能产业发展"十四五"规划》
2021.11	• 唐山发布《氢能产业发展规划（2021–2025）》 • "十四五"期间将加强氢能关键技术研发和装备制造提升
2021.10	• 《关于加快氢能产业创新发展的实施意见（试行）》
2021.9	• 下达 2021 年风电、光伏发电保障性并网项目计划，含制氢项目 11 个 • 邢台市拟支持氢能产业链高质量发展
2021.8	• 保定"十四五"期间拟加快推进"氢能产业链一体化示范城市"建设
2021.7	• 发改委发布《氢能产业发展"十四五"规划》 • 定州市发布《氢能产业发展规划（2021—2023 年）》
2021.6	• 《定州市加氢（合建）站管理实施意见（试行）》
2021.5	• 《河北省国民经济和社会发展第十四个五年规划和 2035 年远景目标纲要》
2021.3	• 《2021 年氢能产业重点谋划推进项目清单（第二批）》
2021.2	• 张家口桥东区发布《支持氢能经济发展的十五条措施》
2020.10	• 保定发布《氢燃料电池汽车产业发展三年行动方案（2020—2022 年）》
2020.9	• 《保定市做好加氢站项目审批管理工作的意见》
2020.7	• 《氢能产业链集群化发展三年行动计划（2020—2022 年）》
2020.3	• 《2020 年氢能产业重点项目清单（第一批）》 • 张家口市发布《氢能保障供应体系一期工程建设实施方案》
2019.12	• 发布张家口首都"两区"建设规划（2019—2035 年）实施意见 • 发展和改革委员会批复同意组建河北省氢能产业创新中心
2019.8	• 《河北省推进氢能产业发展实施意见》
2019.7	• 《张家口市支持氢能产业发展的十条措施》

表 13　山西氢能政策出台情况

日期	相关政策与文件
2023.1	• 《山西省碳达峰实施方案》 • 吕梁市 2022 年氢能重卡汽车示范应用拟补贴名单公示
2022.12	• 《吕梁市 2022 年氢能产业专项资金使用管理办法（暂行）》
2022.9	• 《山西省推进氢能产业发展工作方案的通知》
2022.8	• 《山西省氢能产业发展中长期规划（2022—2035 年）》
2022.6	• 吕梁市《氢能产业中长期发展规划（2022—2035 年）》 • 《吕梁市加氢站建设管理办法（试行）》
2022.4	• 《吕梁市氢能产业发展 2022 年行动计划的通知》

续表

日期	相关政策与文件
2022.2	● 《山西省未来产业培育工程行动方案》
2021.7	● 《长治市加氢站建设运营管理实施意见（试行）》
2021.6	● 大同市"十四五"期间拟加快风光水火储氢一体化发展，建设氢能示范城市
2020.10	● 大同发布《氢能产业发展规划（2020—2030 年）》 ● 山西长治发布《氢能产业发展规划》《长治市氢能与燃料电池汽车产业发展行动计划》《长治市加氢站审批和管理暂行办法》《长治市燃料电池汽车交通运输暂行管理办法》《长治市燃料电池汽车推广应用财政补助实施细则》
2020.9	● 《大同市加氢站审批和管理实施意见（试行）》
2019.3	● 《长治市上党区氢能产业扶持办法（试行）》
2016.8	● 《山西省"十三五"战略性新兴产业发展规划》

表 14　河南省氢能政策出台情况

日期	相关政策与文件
2023.2	● 郑州市发布《郑州市主城区燃料电池汽车加氢站布局专项规划（2022—2025 年）》 ● 安阳市发布《汽车加氢站管理暂行办法》
2023.1	● 《新乡市氢能产业发展中长期规划（2022—2035 年）》
2022.11	● 《洛阳市开展燃料电池汽车示范应用行动方案》
2022.10	● 《安阳市"十四五"制造业高质量发展规划》
2022.9	● 《河南省氢能产业发展中长期规划（2022—2035 年）》 《郑汴洛濮氢走廊规划建设工作方案》
2022.8	● 濮阳市《促进氢能产业发展扶持办法的通知》
2022.7	● 濮阳市《支持氢能与氢燃料电池产业发展若干政策 2.0》
2022.6	● 《郑州市支持燃料电池汽车示范应用若干政策（征求意见稿）》 ● 《郑州市汽车加氢站管理暂行办法（征求意见稿）》
2022.4	● 《新乡市加氢站运营管理办法（试行）》《新乡市燃料电池汽车运营管理办法（试行）》
2022.3	● 《关于征集氢能产业链研发机构、重点企业和技术产品的通知》 ● 《濮阳市加氢站管理办法（试行）》
2022.2	● 《加快新乡市新能源汽车相关产业发展的实施意见》
2022.1	● 《关于印发河南省第一批可再生能源制氢示范项目的通知》
2021.11	● 濮阳印发《支持氢能与氢燃料电池产业发展若干政策》，"十四五"期间将以郑州城市群为牵引，鼓励企业联合高校加快攻克氢能应用支撑技术
2020.9	● 《河南省氢燃料电池汽车产业发展行动方案》
2020.4	● 《氢燃料电池汽车产业发展行动方案》 ● 《新乡市氢能与燃料电池汽车产业发展规划和新乡市氢能与燃料电池产业发展实施意见》

表 15　湖北氢能政策出台情况

日期	相关政策与文件
2022.11	●《湖北省关于支持氢能产业发展的若干措施》
2022.10	●《老河口市加氢站管理办法（征求意见稿）》 ●《武汉市支持氢能产业发展财政资金管理办法的通知》
2022.7	●《支持氢能产业发展意见的实施细则（征求意见稿）》
2022.5	●《湖北省能源发展"十四五"规划》
2022.3	● 武汉市发布《关于支持氢能产业发展的意见》
2022.1	●《荆州市氢能及燃料电池产业发展规划》
2021.10	●《京山市加氢站管理暂行办法》
2021.9	● 武汉市将重点推动氢能示范应用
2021.7	●《关于支持武汉市氢能产业突破性发展的若干政策》
2021.4	●《湖北省国民经济和社会发展第十四个五年规划和 2035 年远景目标纲要》
2020.11	● 黄冈发布《关于推进氢能产业发展的实施意见》 ●《关于进一步加快新能源科技装备产业发展的通知》
2020.9	● 武汉市印发《氢能产业突破发展行动方案》
2019.11	●《老河口市氢能产业发展五年行动计划（2020—2024 年）的通知》
2019.10	● 武汉市政府常务会议通过了《关于促进新能源汽车产业发展若干政策的通知（送审稿）》
2019.7	●《老河口市加氢站管理办法（征求意见稿）》 ●《武汉市支持氢能产业发展财政资金管理办法的通知》

表 16　湖南氢能政策出台情况

日期	相关政策与文件
2023.1	●《长沙市氢能产业发展行动方案（2023—2025 年）》
2022.11	●《湖南省氢能产业发展规划》
2020.10	● 岳阳审议通过《氢能城市建设及氢能产业发展规划》
2019.7	●《株洲市氢能产业发展规划（2019—2025）》

表 17　重庆氢能政策出台情况

日期	相关政策与文件
2023.3	●《关于确认增设加氢功能站点审查意见（2023 年第一批）》
2022.11	●《关于确认增设加氢功能站点审查意见（2022 年第三批）》
2021.11	●《支持氢燃料电池汽车推广应用政策措施（2021—2023 年）》
2021.6	●《重庆市支持氢燃料电池汽车推广应用政策措施（2021—2023 年）》
2021.2	●《重庆市国民经济和社会发展第十四个五年规划和 2035 年远景目标纲要》

续表

日期	相关政策与文件
2020.3	● 《重庆市氢燃料电池汽车产业发展指导意见》
2019.11	● 重庆市经信委公开征求对《重庆市氢燃料电池汽车产业发展指导意见（征求意见稿）》的意见
2019.8	● 重庆首批燃料电池城市客车在重庆正式载客示范运营

表 18   四川氢能政策出台情况

日期	相关政策与文件
2023.1	● 《四川省能源领域碳达峰实施方案》
2022.12	● 《攀枝花市燃料电池汽车加氢站建设运营管理办法（试行）（征求意见稿）》
2022.11	● 《攀枝花市氢能产业示范城市发展规划（2021—2030 年）》 ● 《四川省关于推进氢能及燃料电池汽车产业高质量发展的指导意见（征求意见稿）》
2022.5	● 成都市《加氢站建设运营管理办法（试行）》 ● 《成都市"十四五"能源发展规划》 ● 《四川省"十四五"电力发展规划》 ● 攀枝花市《关于支持氢能产业高质量发展的若干政策措施（征求意见稿）》
2021.8	● 成都"十四五"期间拟开展可再生能源电解水制氢加氢一体化试点 ● 《2021 年成都市氢能产业高质量发展资金项目申报指南》
2021.6	● 成都经开区协同改革先行区拟试点将氢能源企业纳入能源管理范畴
2021.4	● 《关于组织开展 2021 年成都氢能产业高质量发展项目资金申报工作》
2021.3	● 成都印发《加氢站建设运营管理办法（试行）》
2021.2	● 《四川省国民经济和社会发展第十四个五年规划和 2035 年远景目标纲要》
2020.12	● 雅安多措并举推动氢能产业发展
2020.11	● 内江 8 举措全面推进氢能产业发展
2020.9	● 《四川省氢能产业发展规划（2021—2025 年）》
2020.7	● 成都市印发《关于促进氢能产业高质量发展的若干意见》
2019.10	● 成都市经信局、财政局、科技局、发改委联合发布《成都市支持氢能暨新能源汽车产业发展及推广应用若干政策》
2019.7	● 成都市氢能暨新能源汽车产业推进工作领导小组办公室印发《成都市氢能产业发展规划（2019—2023 年）》

表 19   贵州氢能政策出台情况

日期	相关政策与文件
2023.1	● 《贵州省能源领域碳达峰实施方案》 ● 《盘州市氢能产业发展规划（2022—2030 年）》
2022.7	● 《贵州省"十四五"氢能产业发展规划》

续表

日期	相关政策与文件
2022.4	●《新能源和可再生能源发展"十四五"规划》
2020.8	● 发改委召开《"十四五"氢能产业发展规划》启动会
2019.9	●《六盘水市氢能源产业发展规划（2019—2030年）》

表 20　云南氢能政策出台情况

日期	相关政策与文件
2021.7	●《关于氢能产业发展的指导意见》
2021.2	●《云南省国民经济和社会发展第十四个五年规划和2035年远景目标纲要》

表 21　陕西氢能政策出台情况

日期	相关政策与文件
2023.2	● 陕西省发布《碳达峰实施方案》
2023.1	●《西咸新区氢能产业发展三年行动方案（2023—2025年）》 ●《西咸新区促进氢能产业发展的若干政策措施》
2022.8	●《陕西省"十四五"氢能产业发展规划》 ●《陕西省氢能产业发展三年行动方案（2022—2024年）》 ●《陕西省促进氢能产业发展的若干政策措施》
2021.12	●《西安市氢能产业链提升方案（征求意见稿）》
2021.3	●《陕西省国民经济和社会发展第十四个五年规划和2035年远景目标纲要》

表 22　甘肃氢能政策出台情况

日期	相关政策与文件
2023.1	●《甘肃省关于氢能产业发展的指导意见》
2022.10	●《白银市"十四五"能源发展规划》
2022.9	●《金塔县氢能产业发展工作方案（2022—2025）》 ●《酒泉市"十四五"能源发展规划》 ●《酒泉市氢能产业发展中长期规划（2022—2025年）》
2022.8	●《酒泉市氢能产业安全管理办法（试行）》
2022.7	●《酒泉市氢能产业发展实施方案（2022—2025年）》
2022.6	● 酒泉市《氢能产业发展实施方案（2022—2025年）》
2022.5	● 兰州市《氢能产业发展实施方案（2022—2025年）》
2021.10	● "十四五"拟将张掖经济圈建设成为氢能示范基地
2021.9	● "十四五"期间拟在河西走廊地区开展新能源发电制氢加氢一体化工程

表 23　青海氢能政策出台情况

日期	相关政策与文件
2023.1	●《青海省氢能产业发展中长期规划（2022—2035 年）》 ●《青海省氢能产业发展三年行动方案（2022—2025 年）》 ●《青海省促进氢能产业发展的若干政策措施》

表 24　新疆氢能政策出台情况

日期	相关政策与文件
2022.5	●《关于进一步加快新能源汽车推广应用和充电基础设施建设实施方案》

表 25　宁夏氢能政策出台情况

日期	相关政策与文件
2022.12	●《宁东基地促进氢能产业高质量发展的若干措施（试行）》
2022.9	● 宁夏"十四五"期间拟创建宁东绿氢耦合煤化工示范区 ●《宁夏回族自治区能源发展"十四五"规划》
2022.7	●《自治区碳达峰实施方案（征求意见稿）》
2022.5	●《氢能产业发展规划（征求意见稿）》 ●《宁夏能源转型发展科技支持行动方案》
2022.3	●《宁夏回族自治区新能源碳达峰实施方案》
2022.1	● 宁夏回族自治区"十四五"期间将试点建设制氢示程示范和产业化应用
2021.11	● 拟创建宁东可再生能源制氢耦合煤化工产业示范区
2020.5	●《加快培育氢能产业发展的指导意见》
2020.4	● 通过《关于加快培育氢能产业发展的指导意见》

表 26　广东氢能政策出台情况

日期	相关政策与文件
2023.2	● 广东省发布《碳达峰实施方案》
2022.12	●《广州市燃料电池汽车示范应用工作方案（2022—2025 年）》 ●《佛山市南海区促进加氢站建设运营及氢能源车辆运行扶持办法（2022 年修订）》
2022.10	●《广东省燃料电池汽车加氢站管理暂行办法（征求意见稿）》 ●《中山市氢能产业发展规划（2022—2025 年）》 ●《佛山市能源发展"十四五"规划》 ●《潮州市能源发展"十四五"规划》 ●《湛江市能源发展"十四五"规划（征求意见稿）》
2022.9	●《广州市氢能基础设施发展规划（2021—2030 年）》 ●《关于组织实施深圳市 2022 年氢能产业发展扶持计划的通知》 ●《广州市能源发展"十四五"规划》

日期	相关政策与文件
2022.8	● 《广东省加快建设燃料电池汽车示范城市群行动计划（2022—2025 年）》 ● 惠州市《能源发展"十四五"规划》 ● 《关于组织开展 2022 年（第二批）区促进氢能产业发展办法兑现工作的通知》 ● 肇庆市《能源发展"十四五"规划》
2022.7	● 珠海市《氢能产业发展规划（2022—2035 年）》 ● 深圳市《氢能产业创新发展行动计划（2022—2025 年）（征求意见稿）》
2022.5	● 东莞市《加氢站"十四五"发展规划（2021—2025 年）》
2022.4	● 广东省"十四五"期间拟形成燃料电池产业集群 ● 《揭阳市能源发展"十四五"规划》 ● 《广州市战略性新兴产业发展"十四五"规划》 ● 《佛山市南海区推进氢能产业发展三年行动计划（2022—2025 年）》 ● 《阳江市能源发展"十四五"规划》
2022.2	● 广州《2022 年区促进氢能产业发展办法兑现工作（第一批）》 ● 《制氢加氢一体站安全技术规范（征求意见稿）》
2021.12	● 深圳市印发《氢能产业发展规划（2021—2025 年）》
2020.9	● 《氢燃料电池汽车标准体系与规划路线图（2020—2024 年）》
2020.3	● 茂名市发布《氢能产业发展规划（征求意见稿）》
2020.2	● 佛山南海区发布《氢能产业发展规划（2020–2035）》
2019.11	● 《佛山市南海区氢能产业发展规划（2019 — 2030）（征求意见稿）》 ● 《佛山市高明区氢能源产业发展规划（2019—2030 年）》
2017.9	● 《云浮市推进落实氢能产业发展和推广应用工作方案》

表 27　广西氢能政策出台情况

日期	相关政策与文件
2022.9	● 广西"十四五"期间拟打造全国先进的氢能汽车产业链 ● 《广西能源发展"十四五"规划》
2022.1	● 广西壮族自治区"十四五"期间将攻关车用氢能源电池技术 ● 《广西新能源汽车产业发展"十四五"规划》
2021.4	● 《广西壮族自治区国民经济和社会发展第十四个五年规划和 2035 年远景目标纲要》

表 28　海南氢能政策出台情况

日期	相关政策与文件
2021.9	● 三亚"十四五"期间拟重点支持可再生能源制氢技术研发
2021.5	● 将以副产氢提纯制氢为启动资源，构建氢能体系
2020.2	● 《清洁能源汽车推广 2021 年行动计划》

日期	相关政策与文件
2020.1	●《加氢站技术审批流程（试行）》
2019.3	●《海南省清洁能源汽车发展规划》

表 29 辽宁氢能政策出台情况

日期	相关政策与文件
2022.8	●《辽宁省氢能产业发展规划（2021—2025 年）》
2022.7	●《辽宁省"十四五"能源发展规划》
2021.6	● 大连拟安排专项资金 6610 万元支持 14 个氢能项目研发
2021.5	● 大连公示 2020 年氢能综合利用示范工程项目
2020.10	● 大连发布《加快培育氢能产业发展的指导意见》

表 30 吉林氢能政策出台情况

日期	相关政策与文件
2022.12	●《吉林省支持氢能产业发展的若干政策措施（试行）》 ●《"氢动吉林"行动实施方案》
2022.10	●《"氢动吉林"中长期发展规划（2021—2035 年）》
2022.9	●《吉林白山市能源发展"十四五"规划》
2022.8	●《吉林省能源发展"十四五"规划》
2022.5	●《推进能源重点项目施工进度和投资进度工作方案》
2022.4	● 吉林省印发《"一主六双"高质量发展战略专项规划》，加快氢能走廊建设
2022.2	●《关于支持我省西部地区建设国家级清洁能源基地的若干举措》
2021.9	● 白城"十四五"期间拟建成百万吨级"氢田"，打造"中国北方氢谷"
2021.3	●《吉林省国民经济和社会发展第十四个五年规划和 2035 年远景目标纲要》
2019.6	● 白城市对外发布《白城市新能源与氢能产业发展规划》

表 31 黑龙江氢能政策出台情况

日期	相关政策与文件
2022.10	●《黑龙江省城建设领域碳达峰实施方案》
2021.10	● "十四五"拟围绕氢能与燃料电池开展关键技术研究与产业化应用

电制氢相关研究机构

表 32　电制氢相关研究机构

机构名称	国内	国外	
机构名称	中国科学院 清华大学 中国科技大学 武汉大学 中国船舶重工集团公司第七一八研究所 中国科学院大连物理化学研究所 苏州竞立制氢设备有限公司 北京中电丰业技术开发有限公司 天津市大陆制氢设备有限公司 山东赛克赛斯氢能源有限公司 扬州中电制氢设备有限公司 陕西华秦新能源科技有限责任公司 南通安思卓新能源有限公司 中国航天科技集团公司 507 所	美国	Proton On-Site Teledyne Energy Systems 美国爱达荷国家实验室 Bloom Energy 美国东北大学 美国宾夕法尼亚州立大学 美国国家可再生能源实验室
		日本	日本旭化成公司 神钢环境 日本东芝公司 京瓷 日本三菱重工
		加拿大	Hydrogenics
		韩国	韩国能源研究所
		法国	McPhy Areva H2gen
		意大利	Idroenergy SPA Erredue SpA Acta SpA
		挪威	Nel Hydrogen
		丹麦	丹麦托普索燃料电池公司
		英国	ITM Power 萨里大学
		德国	德国西门子公司 ELB Elektrolysetechnik GmbH Enapter